■ 中国气象局成都高原气象研究所基本科研业务费专项资助
项目名称：西南低涡年鉴的研编
项目编号：BROP201829

2017

西南低涡 年鉴

中国气象局成都高原气象研究所
中国气象学会高原气象学委员会 编著

李跃清 闵文彬 彭 骏 徐会明 肖递祥 向朔育 张虹娇

科 学 出 版 社

北 京

内 容 简 介

西南低涡是影响我国灾害性天气的重要天气系统。本年鉴根据对2017年西南低涡的系统分析，得出该年西南低涡的编号、名称、日期对照表、概况、影响简表、影响地区分布表、中心位置资料表及活动路径图，计算得出该年影响降水的各次西南低涡过程的总降水量图、总降水日数图。

本年鉴可供气象、水文、水利、农业、林业、环保、航空、军事、地质、国土、民政、高原山地等方面的科技人员参考，也可作为相关专业教师、研究生、本科生的基本资料。

审图号：GS(2018)6601号

图书在版编目(CIP)数据

西南低涡年鉴. 2017 / 中国气象局成都高原气象研究所，中国气象学会高原气象学委员会编著. -- 北京：科学出版社，2019.1
　ISBN 978-7-03-060371-5

Ⅰ. ①西… Ⅱ. ①中… ②中… Ⅲ. ①低涡－天气图－西南地区－2017－年鉴 Ⅳ. ①P447-54

中国版本图书馆CIP数据核字(2019)第005215号

责任编辑：罗　吉　沈　旭
责任校对：刘亚琦 / 责任印制：师艳茹

科 学 出 版 社 出版
北京东黄城根北街 16 号
邮政编码：100717
http://www.sciencep.com

中国科学院印刷厂 印刷

科学出版社发行　　各地新华书店经销
*
2019年1月第 一 版　　开本：A4（880×1230）
2019年1月第一次印刷　　印张：15
字数：510 000

定价：598.00元
（如有印装质量问题，我社负责调换）

前　言

西南低涡（简称西南涡）是在青藏高原特殊地形影响下，我国西南地区生成的特有的天气系统。其发生、发展和移动常常伴随暴雨、洪涝等气象灾害，并且，我国夏季多发泥石流、滑坡等地质灾害，在很大程度上也与西南低涡的发展、东移密切相关。西南低涡不仅影响我国西南地区，而且东移影响我国青藏高原以东广大地区，是我国主要的灾害性天气系统，它造成的暴雨强度、频次、范围仅次于台风及残余低压。

新中国成立以来，随着观测站网的建立，卫星资料的应用，以及我国第一、第二次青藏高原大气科学试验的开展，尤其是中国气象局成都高原气象研究所近几年实施的西南低涡加密观测科学试验，关于西南低涡的科研工作也取得了一些新的成果，使我国西南低涡的科学研究、业务预报水平不断提升，在气象服务中做出了显著的贡献。

为了进一步适应经济社会发展、人民生活生产的需要，满足广大气象、农业、水利、国防、经济等部门科研、业务和教学的要求，更好地掌握西南低涡的演变规律，系统地认识西南低涡发生、发展的基本特征，提高科学研究水平和预报技术能力，做好气象灾害的防御工作，由中国气象局成都高原气象研究所负责，四川省气象台等单位参加，组织人员，开展了西南低涡年鉴的研编工作。

经过项目组的共同努力，以及有关省、市、自治区气象局的大力协助，西南低涡年鉴顺利完成。它的整编出版，将为我国西南低涡研究和应用提供基础性保障，推动我国灾害性天气研究与业务的深入发展，发挥对国家防灾减灾、环境保护、公共安全的气象支撑作用。

本年鉴由中国气象局成都高原气象研究所李跃清、闵文彬、彭骏、向朔育，四川省气象台肖递祥，成都市气象台徐会明，四川省气象服务中心张虹娇完成。

本册《西南低涡年鉴2017》的内容主要包括西南低涡概况、路径以及西南低涡引起的降水等资料图表。

Foreword

As a unique weather system, the Southwest China Vortex (SCV) is originated in Southwest China due to the terrain effect of Tibetan Plateau. Rain storms, floods and other meteorological disasters are usually caused by the generation, development and movement of SCV, frequently resulting in the natural disasters such as mud-rock flow and landslide in summer. The moving SCV could bring strong rainfall over the vast areas east of Tibetan Plateau stretching from Southwest China to Central-Eastern China. As a severe weather system, the SCV is known just to be inferior to the typhoon and its residual low in respect of intensity, periods and areas of rainfall in China.

After the foundation of P. R. China, the enormous advances of scientific research and operational prediction on the SCV have been made along with the establishment of meteorological monitoring network and the application of satellite data. The achievements from the First and the Second Tibetan Plateau Experiment of Atmospheric Sciences, especially the intensive observation scientific experiment of SCV organized by Institute of Plateau Meteorology, China Meteorological Administration, Chengdu (IPM) during recent years have already benefited the scientific research of SCV, its operational weather prediction and the meteorological service in disaster prevention and the public safety.

To further adapt to the economic social development with the people life and production requirements and to meet the demands of research, teaching and professional work in meteorological agricultural, hydrological, military, and economic sectors, the characterizations of SCV generation and evolution should be better and comprehensively understood, improving the scientific level and forecast capacity of SCV for more efficient disaster prevention. Therefore, IPM organized to compile the SCV Yearbook with the participation of Sichuan Provincial Meteorological Observatory (SPMO) and the other groups.

With the joint efforts of all research groups and the great support from related meteorological bureaus of provinces, autonomous Regions and cities, this *SCV Yearbook* has been completed successfully. It provides the basis summary for the SCV research and the application, promoting our scientific research and operational forecast of hazardous weather. And it could be useful to the natural disaster prevention, environment protection and public safety service in China.

The *SCV Yearbook* has been accomplished by Li Yueqing, Min Wenbin, Peng Jun and Xiang Shuoyu of IPM, Xiao Dixiang of SPMO, Xu Huiming of Chengdu Municipal Meteorological Observatory and Zhang Hongjiao of Sichuan Meteorological Service Center.

The *SCV Yearbook 2017* is mainly composed of figures, tables and data of SCV-survey, -tracks and -rainfall.

说　明

本年鉴主要整编西南低涡生成的位置、路径及西南低涡引起的降水量、降水日数等基本资料。

西南低涡是指700hPa等压面上反映的生成于青藏高原背风坡(99°~109°E、26°~33°N)，连续出现两次或者只出现一次但伴有云涡，有闭合等高线的低压或有三个站风向呈气旋式环流的低涡。

冬半年指1~4月和11~12月，夏半年指5~10月。

本年鉴所用时间一律为北京时间。

● 西南低涡概况

西南低涡根据低涡生成区域可以分为九龙低涡、四川盆地低涡(简称盆地涡)和小金低涡。

九龙低涡是指生成于99°E以东至<104°E、26°N以北至≤30.5°N范围内的低涡。

小金低涡是指生成于99°E以东至<104°E、30.5°N以北至≤33°N范围内的低涡。

四川盆地低涡是指生成于104°E以东至109°E、26°N以北至33°N范围内的低涡。

西南低涡移出是指九龙低涡、四川盆地低涡、小金低涡移出其生成的区域。

西南低涡编号是以"D"字母开头，按年份的后二位数与当年低涡顺序三位数组成。

西南低涡移出几率是指某月西南低涡移出个数与该年西南低涡个数的百分比。

西南低涡月移出率是指某月西南低涡移出个数与该年西南低涡移出个数的百分比。

西南低涡当月移出率是指某月西南低涡移出个数与该月西南低涡个数的百分比。

九龙低涡或四川盆地低涡或小金低涡移出几率是指某月移出其生成区域的低涡个数与该年其生成区域低涡个数的百分比。

九龙低涡或四川盆地低涡或小金低涡月移出率是指某月移出其生成区域的低涡个数与该年移出其生成区域低涡个数的百分比。

九龙低涡或四川盆地低涡或小金低涡当月移出率是指某月移出其生成区域的低涡个数与该月其生成区域低涡个数的百分比。

西南低涡中心位势高度最小值频率分布指按各时次西南低涡700hPa等压面上位势高度（单位：位势什米）最小值统计的频率分布。

说　明

● 西南低涡中心位置资料表

"中心强度"指在700hPa等压面上低涡中心位势高度，单位：位势什米。

● 西南低涡纪要表

1. "发现点"指不同涡源的西南低涡活动路径的起始点，由于资料所限，此点不一定是真正的源地。

2. 西南低涡活动的发现点、移出涡源的地点，一般准确到县、市。

3. "转向"指路径总的趋向由向某一个方向移动转为向另一个方向移动。

4. "移出涡源区"指西南低涡移出其发现点所属的低涡(九龙低涡或四川盆地低涡或小金低涡)生成的范围。

● 西南低涡降水及移动路径

1. 降水量统计使用的是12小时雨量资料。

2. 西南低涡和其他天气系统共同造成的降水，仍列入整编。

3. "总降水量及移动路径图"指一次西南低涡活动过程的移动路径和在我国引起的总降水量分布图。总降水量一般按0.1mm、10mm、25mm、50mm、100mm等级，以色标示出，绘出降水区外廓线，标注出中心最大的总降水量数值。

4. "总降水日数图"指一次西南低涡活动过程在我国引起的总降水量≥0.1mm的降水日数区域分布图。

C 目 录
Contents

C 目 录
ontents

C目 录
ontents

C 目 录
ontents

C目 录
ontents

C目 录
ontents

2017年
西南低涡概况

2017年发生在西南地区的低涡共有93个，其中在四川九龙附近生成的低涡有50个，在四川盆地生成的低涡有35个，在四川小金附近生成的低涡有8个（表1~表4）。

2017年西南低涡最早生成在1月初，最迟生成在12月底。虽然每月都有西南低涡生成，但生成个数存在较大差异，6月生成最多，是13个，4月次之，是12个，3月生成了11个，这三个月生成的低涡个数占到全年的38.71%，1月和7月西南低涡生成个数最少，都只有3个，一共才占到全年的6.44%（表1）。

2017年九龙低涡最早生成在1月底，最迟生成在12月下旬。九龙低涡6月生成个数最多，为10个，占全年的20%，2月、3月、4月、5月和12月生成个数较多，分别是6个、6个、5个、5个和5个，5个月共27个，占全年的54%，其他各月均有九龙低涡生成（表2）。四川盆地低涡最早生成在1月上旬，最迟生成在12月底，3月、4月和11月生成个数最多，各有5

个，三个月共15个，占全年的42.87%，其他各月均有盆地低涡生成（表3）。小金低涡最早生成在1月中旬，最迟生成在12月初，4月生成个数最多，有2个，占全年的25%，3月、5月、6月、7月和8月均没有小金低涡生成（表4）。

2017年移出的西南低涡共有23个（表5），其中九龙低涡移出15个，四川盆地低涡移出6个，小金低涡移出2个（表6~表8）。西南低涡移出的地点分布于四川、重庆、云南、陕西、湖北和安徽6个省市，其中四川12个，重庆5个，云南3个，陕西、湖北和安徽各1个（表9）。九龙低涡移出的地点分布于四川、重庆和云南3个省市，其中四川10个，重庆3个，云南2个（表10）。四川盆地低涡移出的地点分布于陕西、重庆、云南、湖北和安徽5个省市，其中重庆2个，陕西、云南、湖北和安徽各1个（表11）。小金低涡移出的地点主要分布于四川省，为2个（表12）。

2017年西南低涡中心位势高度最小值在304~311位势什米范围内最

1

多，占75.70%（表13）。夏半年的西南低涡，其中心位势高度最小值在308~311位势什米范围内最多，占60.91%（表14）。冬半年的西南低涡，其中心位势高度最小值在300~311位势什米范围内最多，占90.39%（表15）。

2017年西南低涡偏南风最大风速在4~12m/s的频率最多，占79.72%（表16）。夏半年，西南低涡偏南风最大风速在4~12m/s的频率最多，占87.16%（表17）。冬半年，西南低涡偏南风最大风速在6~12m/s范围内的频率最多，占63.11%（表18）。

2017年的93次西南低涡过程，其中92次造成了明显的降水。西南低涡过程降水量在100mm以上的有13次，200mm以上只有1次，其对应的西南低涡编号是D17058，造成湖北鹤峰过程降水量达263.0mm，降水日数为3天。

就西南低涡造成的过程降水量、影响范围和持续时间而言，D17058、D17030和D17045号西南低涡较为突出；就降水强度而言，D17035号西南低涡较为突出，该过程造成四川东部渠县地区，单站日降水量达到大暴雨量级，为109.2mm。

D17058号盆地低涡是本年度单站过程降水量最大，并且过程降水量超过100mm的站点个数最多的西南低涡，生成于四川平昌，历时4天。该低涡于7月6日08时生成，中心强度为308位势什米，生成后向西南方向移动，7月6日20时移至四川蓬溪，转向东北方向移动，7月7日08时移出源地至重庆巫溪，中心强度为309位势什米，又转为西南方向移动，7月7日20时移至重庆南川，中心强度为310位势什米，7月8日08时重新转为东北方向移动至重庆黔江，中心强度维持在310位势什米，之后继续向东北方向移动，直至7月9日08时低涡减弱消失。受其影响，四川省盆地地区，重庆，贵州，湖北西部，甘肃东南部个别地区，陕西南部，湖南北部和云南东北部局部地区，均有降水，其中四川、重庆和湖北有成片降水量大于100mm的区域，其中湖北鹤峰过程降水量最大为263.0mm，降水日数为3天。

D17030号九龙低涡是本年度对我国长江流域降水影响范围最大的西南低涡，生成于四川遂宁，历时3天。该低涡生成于4月24日20时，中心强度为305位势什米，生成后低涡向东移动；25日08时低涡移至四川邻水，之后继续向东北方向移动，中心强度为306位势什米，25日20时，低涡移出涡源至安徽安陆，中心位势高度为307位势什米，26日08时，低涡进入上海金山，中心强度减弱为309位势什米，之后出海消失。受其影响，在低涡的移动路径上造成长江流域大范围降水，其分布区域主要在四川省盆地地区，重庆，湖北，安徽，浙江，上海，甘肃、陕西、河南、江苏南部，江西、湖南、湖北北部，贵州东部，福建西北部和云南东北部个别地区，其中江西、湖北和浙江有成片降水量大于50mm的区域，三个降水中心：江西东乡为74.3mm，降水日数为2天；湖北宜都为59.6mm，降水日数为1天；浙江定海为53.7mm，降水日数为1天。

D17045号九龙低涡是本年度对我国降水影响范围最大的西南低涡，生成于四川康定，历时3天。该低涡生成于6月3日20时，中心强度为303位势什米，生成后低涡向东北移动；4日08时低涡移出源地至四川阆中，之后继续向东北移动，中心强度为304位势什米，4日20时，低涡继续向东北方向移动至四川东北通江，中心强度维持为304位势什米，5日08时，低涡移出四川进入陕西蓝田，之后减弱消失。受其影响，在低涡的移动路径上造成大范围降水，其分布区域主要在四川、重庆、湖北大部，陕西，河南，浙江，甘肃东部，宁夏、河北南部，山西中、南部，山东西部，江苏西北部，湖南、安徽北部，云南西北部和贵州北部个别地区，其中四川、重庆、陕西和湖北有成片降水量大于50mm的区域，降水极值出现在重庆巫溪，为97.9mm，降水日数为2天。

表1　2017年西南低涡出现频次

	1月	2月	3月	4月	5月	6月	7月	8月	9月	10月	11月	12月	全年
次数	3	8	11	12	9	13	3	5	7	7	7	8	93
频率/%	3.22	8.60	11.83	12.90	9.68	13.98	3.22	5.38	7.53	7.53	7.53	8.60	100

表2　2017年九龙低涡出现频次

	1月	2月	3月	4月	5月	6月	7月	8月	9月	10月	11月	12月	全年
次数	1	6	6	5	5	10	1	4	3	3	1	5	50
频率/%	2.00	12.00	12.00	10.00	10.00	20.00	2.00	8.00	6.00	6.00	2.00	10.00	100

表3　2017年四川盆地低涡出现频次

	1月	2月	3月	4月	5月	6月	7月	8月	9月	10月	11月	12月	全年
次数	1	1	5	5	4	3	2	1	3	3	5	2	35
频率/%	2.86	2.86	14.29	14.29	11.42	8.57	5.71	2.86	8.57	8.57	14.29	5.71	100

表4　2017年小金低涡出现频次

	1月	2月	3月	4月	5月	6月	7月	8月	9月	10月	11月	12月	全年
次数	1	1	0	2	0	0	0	0	1	1	1	1	8
频率/%	12.50	12.50	0.00	25.00	0.00	0.00	0.00	0.00	12.50	12.50	12.50	12.50	100

表5　2017年西南低涡移出源地次数

	1月	2月	3月	4月	5月	6月	7月	8月	9月	10月	11月	12月	全年
次数	1	4	2	2	2	4	2	2	1	1	1	1	23
移出几率 / %	1.08	4.30	2.15	2.15	2.15	4.30	2.15	2.15	1.08	1.08	1.08	1.08	24.75
月移出率 / %	4.35	17.38	8.70	8.70	8.70	17.38	8.70	8.70	4.35	4.35	4.35	4.35	100
当月移出率 / %	33.33	50.00	18.18	16.67	22.22	30.77	66.67	40.00	14.29	14.29	14.29	12.50	/

表6　2017年九龙低涡移出源地次数

	1月	2月	3月	4月	5月	6月	7月	8月	9月	10月	11月	12月	全年
次数	0	3	2	0	2	4	0	1	0	1	1	1	15
移出几率 / %	0.00	6.00	4.00	0.00	4.00	8.00	0.00	2.00	0.00	2.00	2.00	2.00	30.00
月移出率 / %	0.00	20.00	13.33	0.00	13.33	26.66	0.00	6.67	0.00	6.67	6.67	6.67	100
当月移出率 / %	0.00	0.00	50.00	0.00	40.00	40.00	0.00	25.00	0.00	33.33	100.00	20.00	/

表7　2017年四川盆地低涡移出源地次数

	1月	2月	3月	4月	5月	6月	7月	8月	9月	10月	11月	12月	全年
次数	0	0	0	2	0	0	2	1	1	0	0	0	6
移出几率 / %	0.00	0.00	0.00	5.71	0.00	0.00	5.71	2.86	2.86	0.00	0.00	0.00	17.14
月移出率 / %	0.00	0.00	0.00	33.33	0.00	0.00	33.33	16.67	16.67	0.00	0.00	0.00	100
当月移出率 / %	0.00	0.00	0.00	40.00	0.00	0.00	100.00	100.00	33.33	0.00	0.00	0.00	/

表8　2017年小金低涡移出源地次数

	1月	2月	3月	4月	5月	6月	7月	8月	9月	10月	11月	12月	全年
次数	1	1	0	0	0	0	0	0	0	0	0	0	2
移出几率 / %	12.50	12.50	0.00	0.00	0.00	0.00	0.00	0.00	0.00	0.00	0.00	0.00	25.00
月移出率 / %	50.00	50.00	0.00	0.00	0.00	0.00	0.00	0.00	0.00	0.00	0.00	0.00	100
当月移出率 / %	100.00	100.00	0.00	0.00	0.00	0.00	0.00	0.00	0.00	0.00	0.00	0.00	/

表9　2017年西南低涡移出源地的地区分布

	四川	陕西	重庆	贵州	云南	湖北	湖南	甘肃	安徽	河南	合计
次数	12	1	5	0	3	1	0	0	1	0	23
出源地率 / %	52.17	4.35	21.74	0.00	13.04	4.35	0.00	0.00	4.35	0.00	100

表10　2017年九龙低涡移出源地的地区分布

	四川	陕西	重庆	贵州	云南	湖北	湖南	甘肃	安徽	河南	合计
次数	10	0	3	0	2	0	0	0	0	0	15
出源地率 / %	66.67	0.00	20.00	0.00	13.33	0.00	0.00	0.00	0.00	0.00	100

表11　2017年四川盆地低涡移出源地的地区分布

	四川	陕西	重庆	贵州	云南	湖北	湖南	甘肃	安徽	河南	合计
次数	0	1	2	0	1	1	0	0	1	0	6
出源地率 / %	0.00	16.67	33.32	0.00	16.67	16.67	0.00	0.00	16.67	0.00	100

表12　2017年小金低涡移出源地的地区分布

	四川	陕西	重庆	贵州	云南	湖北	湖南	甘肃	安徽	河南	合计
次数	2	0	0	0	0	0	0	0	0	0	2
出源地率 / %	100.00	0.00	0.00	0.00	0.00	0.00	0.00	0.00	0.00	0.00	100

表13　2017年西南低涡中心强度频率分布

位势高度 / 位势什米	315 | 312	311 | 308	307 | 304	303 | 300	299 | 296	295 | 292	291 | 288	287 | 284	283 | 280
频率 / %	11.68	45.33	30.37	9.35	2.80	0.47			

表14　2017年夏半年西南低涡中心强度频率分布

位势高度 / 位势什米	315 | 312	311 | 308	307 | 304	303 | 300	299 | 296	295 | 292	291 | 288	287 | 284	283 | 280
频率 / %	20.00	60.91	16.36	2.73					

表15 2017年冬半年西南低涡中心强度频率分布

位势高度 / 位势什米	315 | 312	311 | 308	307 | 304	303 | 300	299 | 296	295 | 292	291 | 288	287 | 284	283 | 280
频率 / %	2.88	28.85	45.19	16.35	5.77	0.96			

表16 2017年西南低涡偏南风最大风速频率分布

最大风速 / (m/s)	2	4	6	8	10	12	14	16	18	20	22	24
频率 / %	2.83	10.85	16.51	20.28	16.51	15.57	7.55	6.13	2.36	1.41	0.00	0.00

表17 2017年夏半年西南低涡偏南风最大风速频率分布

最大风速 / (m/s)	2	4	6	8	10	12	14	16	18	20	22	24
频率 / %	1.83	12.84	20.18	24.78	15.60	13.76	5.50	4.59	0.92	0.00	0.00	0.00

表18 2017年冬半年西南低涡偏南风最大风速频率分布

最大风速 / (m/s)	2	4	6	8	10	12	14	16	18	20	22	24
频率 / %	3.88	8.74	12.62	15.53	17.48	17.48	9.71	7.77	3.88	2.91	0.00	0.00

2017年西南低涡纪要表

序号	编号	中英文名称	起止日期 (月/日)	中心最小 位势高度 /位势什米	发现点 经纬度	移出涡源 的地点	移出涡源 的时间 (月/日时)	移出涡源中 心位势高度 /位势什米	路径趋向
1	D17001	西充, Xichong	1/5	306	31.10°N,105.97°E				源地附近活动
2	D17002	茂县, Maoxian	1/15~1/16	303	32.09°N,103.61°E	南部	1/16⁰⁸	303	东南行
3	D17003	雅江, Yajiang	1/31	302	30.08°N,101.35°E				源地生消
4	D17004	蓬溪, Pengxi	2/7	302	30.65°N,105.50°E				东北行
5	D17005	盐源, Yanyuan	2/8	308	27.47°N,101.06°E				源地生消
6	D17006	乡城, Xiangcheng	2/9~2/11	295	29.16°N,99.91°E	酉阳	2/11⁰⁸	310	东行转东南行转东北行
7	D17007	茂县, Maoxian	2/16~2/17	307	31.64°N,103.66°E	盐亭	2/17⁰⁸	310	东南行
8	D17008	木里, Muli	2/17	311	28.52°N,101.24°E				源地生消
9	D17009	丹棱, Danling	2/20~2/23	297	30.04°N,103.37°E	三台	2/21⁰⁸	298	东北行转东南行 反复一次后转东北行
10	D17010	得容, Derong	2/26~2/27	304	28.66°N,99.26°E	安岳	2/27⁰⁸	309	东南行转东北行
11	D17011	九龙, Jiulong	2/27	307	28.89°N,101.31°E				源地生消
12	D17012	中甸, Zhongdian	3/1	311	28.43°N,99.85°E				源地生消
13	D17013	盐亭, Yanting	3/3~3/4	299	31.12°N,105.51°E				源地附近活动

2017年西南低涡纪要表（续-1）

序号	编号	中英文名称	起止日期（月/日）	中心最小位势高度/位势什米	发现点经纬度	移出涡源的地点	移出涡源的时间（月/日^时）	移出涡源中心位势高度/位势什米	路径趋向
14	D17014	邻水, Linshui	3/5	303	30.37°N,107.11°E				源地附近活动
15	D17015	雅江, Yajiang	3/5~3/7	299	29.15°N,101.00°E	合川	3/7^{08}	306	源地附近活动转东北行
16	D17016	乡城, Xiangcheng	3/7~3/8	302	29.03°N,99.75°E				东南行
17	D17017	宣汉, Xuanhan	3/13	301	31.63°N,107.98°E				源地生消
18	D17018	巴中, Bazhong	3/17	303	31.94°N,106.45°E				源地生消
19	D17019	泸定, Luding	3/20	308	30.03°N,102.13°E				源地生消
20	D17020	仁寿, Renshou	3/23~3/24	304	29.89°N,104.34°E				东北行
21	D17021	九龙, Jiulong	3/26~3/27	305	29.14°N,101.18°E				源地附近活动
22	D17022	九龙, Jiulong	3/28~3/30	304	29.15°N,101.16°E	梓潼	3/29^{20}	307	源地附近活动转东北行转东行
23	D17023	康定, Kangding	4/4	304	30.26°N,101.57°E				源地生消
24	D17024	松潘, Songpan	4/6	301	32.82°N,103.52°E				源地生消
25	D17025	梓潼, Zitong	4/7~4/10	302	31.89°N,105.12°E				东南行转渐东北行
26	D17026	蓬安, Pengan	4/11	305	31.00°N,106.33°E				源地生消

2017年西南低涡纪要表（续-2）

序号	编号	中英文名称	起止日期 （月/日）	中心最小 位势高度 /位势什米	发现点 经纬度	移出涡源 的地点	移出涡源 的时间 （月/日^时）	移出涡源中 心位势高度 /位势什米	路径趋向
27	D17027	九龙, Jiulong	4/11~4/12	306	28.50°N,101.52°E				东南行
28	D17028	平武, Pingwu	4/15~4/16	307	32.82°N,104.16°E	略阳	4/15²⁰	308	东北行转南行
29	D17029	康定, Kangding	4/19~4/20	299	29.25°N,101.32°E				源地附近活动
30	D17030	遂宁, Suining	4/24~4/26	305	30.43°N,105.17°E	安陆	4/25²⁰	307	东南行转东北行转东行
31	D17031	九龙, Jiulong	4/24~4/25	300	29.16°N,101.20°E				源地附近活动
32	D17032	叙永, Xuyong	4/26	310	29.69°N,105.74°E				东北行
33	D17033	丽江, Lijiang	4/27~4/28	305	27.63°N,100.41°E				东南行
34	D17034	松潘, Songpan	4/30	307	32.92°N,103.67°E				源地生消
35	D17035	广安, Guangan	5/3	305	30.67°N,106.71°E				源地生消
36	D17036	石棉, Shimian	5/5~5/6	309	29.09°N,102.32°E	安岳	5/5²⁰	313	东北行
37	D17037	石棉, Shimian	5/6	311	29.16°N,102.41°E				源地生消
38	D17038	仪陇, Yilong	5/11	308	31.42°N,106.49°E				源地生消
39	D17039	潼南, Tongnan	5/14	310	30.01°N,105.75°E				源地生消

2017年西南低涡纪要表（续-3）

序号	编号	中英文名称	起止日期（月/日）	中心最小位势高度/位势什米	发现点经纬度	移出涡源的地点	移出涡源的时间（月/日时）	移出涡源中心位势高度/位势什米	路径趋向
40	D17040	剑川,Jianchuan	5/14	310	26.53°N,99.68°E				源地生消
41	D17041	木里,Muli	5/22	308	28.45°N,100.70°E				源地生消
42	D17042	丽江,Lijiang	5/23~5/25	310	27.13°N,99.75°E	新平	5/25[08]	313	东北行转东南行
43	D17043	平昌,Pingchang	5/31	305	31.51°N,106.86°E				源地生消
44	D17044	盐源,Yanyuan	6/1~6/3	306	27.54°N,101.64°E	潼南	6/2[20]	306	西北行转东行转西南行
45	D17045	康定,Kangding	6/3~6/5	303	29.26°N,101.13°E	阆中	6/4[08]	304	东北行
46	D17046	盐源,Yanyuan	6/5~6/6	308	27.42°N,101.66°E	弥渡	6/6[08]	312	西南行
47	D17047	康定,Kangding	6/8	309	29.34°N,101.02°E				源地生消
48	D17048	九龙,Jiulong	6/9	302	29.28°N,101.62°E				源地生消
49	D17049	岳池,Yuechi	6/12~6/13	309	30.45°N,106.51°E				东南行转东北行
50	D17050	盐源,Yanyuan	6/15	308	27.51°N,101.41°E				西北行
51	D17051	木里,Muli	6/17~6/19	304	28.19°N,100.48°E				渐东南行
52	D17052	安岳,Anyue	6/17~6/20	308	29.92°N,105.45°E				源地附近活动转西南行转东南行再转西南行

2017年西南低涡纪要表（续-4）

序号	编号	中英文名称	起止日期（月/日）	中心最小位势高度/位势什米	发现点经纬度	移出涡源的地点	移出涡源的时间（月/日^时）	移出涡源中心位势高度/位势什米	路径趋向
53	D17053	九龙, Jiulong	6/22	308	28.76°N,101.71°E	泸县	6/22^{20}	308	东行
54	D17054	雅江, Yajiang	6/23~6/25	307	30.41°N,101.04°E				渐南行转东南行
55	D17055	广安, Guangan	6/23~6/24	307	30.52°N,106.61°E				东南行
56	D17056	九龙, Jiulong	6/29	308	29.07°N,101.32°E				西南行
57	D17057	九龙, Jiulong	7/6~7/7	305	28.72°N,101.38°E				西南行
58	D17058	平昌, Pingchang	7/6~7/9	308	31.81°N,107.16°E	巫溪	7/7^{08}	309	西南行转东北行转西南行转东北行转西南行转东行
59	D17059	安岳, Anyue	7/19~7/21	309	29.92°N,105.16°E	鲁甸	7/20^{08}	310	东南行转西南行
60	D17060	木里, Muli	8/1	302	28.81°N,100.86°E				西南行
61	D17061	中甸, Zhongdian	8/10	308	28.12°N,99.73°E				源地生消
62	D17062	资阳, Ziyang	8/11~8/12	307	30.14°N,105.00°E	巫溪	8/12^{08}	308	东北行
63	D17063	九龙, Jiulong	8/12	308	28.77°N,101.34°E	南充	8/12^{20}	308	东北行
64	D17064	九龙, Jiulong	8/13	309	29.07°N,101.29°E				源地生消
65	D17065	仪陇, Yilong	9/1~9/3	309	31.65°N,106.39°E				东北行转西南行转北行回到源地附近活动

2017年西南低涡纪要表（续-5）

序号	编号	中英文名称	起止日期 （月/日）	中心最小 位势高度 /位势什米	发现点 经纬度	移出涡源 的地点	移出涡源 的时间 （月/日^时）	移出涡源中 心位势高度 /位势什米	路径趋向
66	D17066	木里, Muli	9/3	308	28.36°N,100.80°E				源地生消
67	D17067	松潘, Songpan	9/4	309	32.35°N,103.43°E				源地生消
68	D17068	西充, Xichong	9/5	311	31.15°N,105.95°E				东北行
69	D17069	木里, Muli	9/9	309	28.66°N,101.21°E				源地生消
70	D17070	江油, Jiangyou	9/17~9/20	311	31.74°N,104.76°E	六安	9/20^{08}	312	东行转西行来回摆动 后转东行
71	D17071	九龙, Jiulong	9/18~9/19	308	29.18°N,101.67°E				西北行转东南行
72	D17072	九龙, Jiulong	10/1~10/4	310	29.00°N,101.23°E	阆中	10/2^{08}	313	源地附近活动后转 东北行转东行
73	D17073	松潘, Songpan	10/6	308	32.81°N,103.89°E				源地生消
74	D17074	广安, Guangan	10/14	311	30.57°N,106.99°E				源地生消
75	D17075	丽江, Lijiang	10/15	312	27.08°N,99.67°E				源地生消
76	D17076	广安, Guangan	10/15	313	30.52°N,106.97°E				东北行
77	D17077	会理, Huili	10/21	311	27.03°N,102.27°E				源地生消
78	D17078	南充, Nanchong	10/22~10/23	312	30.91°N,106.05°E				东行

2017年西南低涡纪要表（续-6）

序号	编号	中英文名称	起止日期（月/日）	中心最小位势高度/位势什米	发现点经纬度	移出涡源的地点	移出涡源的时间（月/日时）	移出涡源中心位势高度/位势什米	路径趋向
79	D17079	巴中, Bazhong	11/1	312	31.93°N,106.78°E				源地生消
80	D17080	剑阁, Jiange	11/10	312	31.90°N,105.48°E				源地生消
81	D17081	九寨沟, Jiuzhaigou	11/15	307	32.95°N,103.90°E				源地生消
82	D17082	蓬安, Pengan	11/22	309	30.95°N,106.57°E				西南行
83	D17083	资阳, Ziyang	11/25	310	30.13°N,104.69°E				源地生消
84	D17084	盐亭, Yanting	11/28	308	31.27°N,105.59°E				源地附近活动
85	D17085	九龙, Jiulong	11/29~11/30	306	28.76°N,101.49°E	南充	11/30[08]	311	东北行
86	D17086	松潘, Songpan	12/2	307	32.82°N,103.90°E				源地生消
87	D17087	丽江, Lijiang	12/3	307	27.67°N,100.37°E				源地生消
88	D17088	九龙, Jiulong	12/6	305	29.00°N,101.63°E				源地生消
89	D17089	九龙, Jiulong	12/7	307	28.94°N,101.38°E				源地生消
90	D17090	木里, Muli	12/18	311	28.34°N,100.70°E				源地生消
91	D17091	康定, Kangding	12/21~12/23	306	29.49°N,101.56°E	简阳	12/22[08]	306	东北行转东南行再转东北行
92	D17092	蓬安, Pengan	12/26	310	31.24°N,106.45°E				源地生消
93	D17093	蓬安, Pengan	12/29	310	31.16°N,106.30°E				东北行

2017年西南低涡对我国降水影响简表

序号	编号	简述活动的情况	西南低涡对我国降水的影响		
			时间（月/日）	概况	极值
1	D17001	盆地低涡源地附近活动	1/5~1/6	降水区域有四川东部、陕西南部、重庆北部和湖北西部地区，降水日数为1~2天	陕西郧西 10.2mm（2天）
2	D17002	小金低涡东南行	1/15~1/16	降水区域有四川盆地西部、甘肃南部、陕西南部、重庆北部和湖北西部地区，降水日数为1~2天	四川峨眉山 11.2mm（1天）
3	D17003	九龙低涡源地生消	1/31~2/1	降水区域有四川盆地西南部分地区，降水日数为1~2天	四川犍为 1.5mm（1天）
4	D17004	盆地低涡东北行	2/7~2/8	降水区域有四川东部、甘肃南部、陕西南部、湖北西部、重庆大部、贵州北部和云南东北部地区，降水日数为1~2天	四川南部 15.8mm（1天）
5	D17005	九龙低涡源地生消	2/8	无降水	
6	D17006	九龙低涡东行转东南行转东北行	2/9~2/11	降水区域有四川盆地大部、重庆大部、贵州西部和云南东北部地区，降水日数为1~3天	四川大邑 14.9mm（2天）
7	D17007	小金低涡东南行	2/16~2/18	降水区域有四川中、东南、东北部，重庆大部，陕西东南部，湖北西部和贵州东北部地区，降水日数为1~2天	重庆云阳 0.6mm（2天）
8	D17008	九龙低涡源地生消	2/17	降水区域有四川南部个别地区，降水日数为1天	四川雷波 0.0mm（1天）
9	D17009	九龙低涡东北行转东南行反复一次后转东北行	2/20~2/23	降水区域有四川盆地，重庆，甘肃南部，陕西南部，湖北西、南部，湖南北部，贵州北部和云南东北部地区，降水日数为1~4天	四川大竹 49.4mm（3天）
10	D17010	九龙低涡东南行转东北行	2/26~2/28	降水区域有四川中、南部，贵州，重庆西部，云南东北部，湖南、湖北、广西的局部，降水日数为1~2天	四川普格 6.2mm（2天）

2017年西南低涡对我国降水影响简表（续-1）

序号	编号	简述活动的情况	西南低涡对我国降水的影响		
			时间（月/日）	概况	极值
11	D17011	九龙低涡源地生消	2/27~2/28	降水区域有四川西南部地区，降水日数为1~2天	四川康定 4.7mm（2天）
12	D17012	九龙低涡源地生消	3/1	降水区域有四川中、南部，贵州西部和云南东北部地区，降水日数为1天	四川越西 7.4mm（1天）
13	D17013	盆地低涡源地附近活动	3/3~3/4	降水区域有四川中、东部和重庆北部地区，降水日数为1~2天	四川大邑 7.4mm（1天）
14	D17014	盆地低涡源地附近活动	3/5~3/6	降水区域有四川中、东部，重庆，湖北西南部，贵州北部和云南东北部地区，降水日数为1~2天	贵州赤水 15.5mm（2天）
15	D17015	九龙低涡源地附近活动转东北行	3/5~3/8	降水区域有四川大部，重庆，湖北西南部，贵州东北部和云南西北部地区，降水日数为1~4天	云南贡山 47.7mm（2天）
16	D17016	九龙低涡东南行	3/7~3/8	降水区域有四川中、西南部，贵州西北部和云南北部地区，降水日数为1~2天	云南维西 20.9mm（1天）
17	D17017	盆地低涡源地生消	3/13	降水区域有四川东部，甘肃东南部，陕西南部，湖北西部，重庆和贵州东北部地区，降水日数为1天	重庆巫山 33.9mm（1天）
18	D17018	盆地低涡源地生消	3/17	降水区域有四川东北部、甘肃南部个别地区、陕西南部和重庆北部个别地区，降水日数为1天	甘肃康县 0.3mm（1天）
19	D17019	九龙低涡源地生消	3/20	降水区域有四川西、中、东南部和贵州北部个别地区，降水日数为1天	四川小金 9.9mm（1天）
20	D17020	盆地低涡东北行	3/23~3/24	降水区域有四川中、东部，重庆大部，贵州北部和云南东北部地区，降水日数为1~2天	四川叙永 16.1mm（2天）

2017年西南低涡对我国降水影响简表（续-2）

序号	编号	简述活动的情况	西南低涡对我国降水的影响		
			时间（月/日）	概 况	极值
21	D17021	九龙低涡源地附近活动	3/26~3/27	降水区域有四川南部、重庆西部、贵州西北部和云南北部地区，降水日数为1~2天	云南巧家31.9mm（1天）
22	D17022	九龙低涡源地附近活动转东北行转东行	3/28~3/30	降水区域有四川中、东、南部个别地区，甘肃东南部，陕西南部，湖北西部，重庆北、东部和云南西北部地区，降水日数为1~2天	重庆城口45.3mm（2天）
23	D17023	九龙低涡源地生消	4/4~4/5	降水区域有四川西部地区，降水日数为1~2天	四川汉源4.4mm（2天）
24	D17024	小金低涡源地生消	4/6~4/7	降水区域有四川中部、北部个别地区，降水日数为1~2天	四川都江堰6.0mm（1天）
25	D17025	盆地低涡东南行转渐东北行	4/7~4/10	降水区域有四川中、东部，重庆，甘肃东南部，陕西南部，湖北西部和贵州个别地区，降水日数为1~4天。其中四川、陕西和重庆有成片降水量大于50mm的区域，重庆开县为降水中心，降水量为126.1mm	重庆开州126.1mm（3天）
26	D17026	盆地低涡源地生消	4/11	降水区域有四川东部、重庆及与甘肃、陕西、湖北的交界地区，降水日数为1天	四川青神15.2mm（1天）
27	D17027	九龙低涡东南行	4/11~4/12	降水区域有四川西、中、南部，贵州西、北部和云南东北部地区，降水日数为1~2天	贵州赤水14.1mm（2天）
28	D17028	盆地低涡东北行转南行	4/15~4/16	降水区域有四川中、东部，甘肃南部，陕西南部，湖北西部，重庆和贵州北部地区，降水日数为1~2天	重庆奉节59.9mm（1天）
29	D17029	九龙低涡源地附近活动	4/19~4/21	降水区域有四川中、南部，贵州西部和云南东北部地区，降水日数为1~3天	四川西昌27.7mm（2天）

2017年西南低涡对我国降水影响简表（续-3）

序号	编号	简述活动的情况	西南低涡对我国降水的影响		
			时间（月/日）	概况	极值
30	D17030	盆地低涡东南行转东北行转东行	4/24~4/26	降水区域有四川省盆地地区，重庆，湖北，安徽，浙江，上海，甘肃、陕西、河南、江苏南部，江西、湖南、湖北北部，贵州东部，福建西北部和云南东北部个别地区，降水日数为1~2天。其中江西、湖北和浙江有成片降水量大于50mm的区域，三个降水中心：江西东乡为74.3mm；湖北宜都为59.6mm；浙江定海为53.7mm	江西东乡74.3mm（2天）
31	D17031	九龙低涡源地附近活动	4/24~4/26	降水区域有四川西南、中部和云南北部地区，降水日数为1~3天	四川荥经49.1mm（3天）
32	D17032	盆地低涡东北行	4/26~4/27	降水区域有四川省盆地地区，重庆，甘肃南部，陕西南部，湖北西部，湖南西北部，贵州北部和云南东北局部地区，降水日数为1~2天	重庆沙坪坝54.0mm（2天）
33	D17033	九龙低涡东南行	4/27~4/29	降水区域有四川西南部、云南北部、贵州西部，降水日数为1~3天	云南贡山22.9mm（3天）
34	D17034	小金低涡源地生消	4/30	降水区域有四川北部和甘肃南部地区，降水日数为1天	四川黑水11.2mm（1天）
35	D17035	盆地低涡源地生消	5/3	降水区域有四川省盆地地区，重庆大部，陕西、湖北西南部和贵州北部地区，降水日数为1天。其中四川和重庆有成片降水量大于50mm的区域，四川渠县为降水中心，降水量为109.2mm	四川渠县109.2mm（1天）
36	D17036	九龙低涡东北行	5/5~5/6	降水区域有四川大部，重庆，甘肃、陕西南部，湖北西部，贵州北部和云南东北部个别地区，降水日数为1~2天	贵州赤水38.1mm（2天）
37	D17037	九龙低涡源地生消	5/6~5/7	降水区域有四川中、西南部地区，降水日数为1~2天	四川康定16.3mm（2天）
38	D17038	盆地低涡源地生消	5/11	降水区域有四川省盆地地区，重庆大部，甘肃、陕西南部，湖北西南部，贵州北部和云南东北部地区，降雨日数为1天	重庆垫江56.1mm（1天）

2017年西南低涡对我国降水影响简表（续-4）

序号	编号	简述活动的情况	西南 低 涡 对 我 国 降 水 的 影 响		
			时间（月/日）	概　况	极值
39	D17039	盆地低涡源地生消	5/14	降水区域有四川省盆地地区，重庆大部，湖北西南部，贵州北部局部和云南东北部个别地区，降水日数为1天	重庆武隆19.5mm（1天）
40	D17040	九龙低涡源地生消	5/14~5/15	降水区域有四川西南部和云南大部地区，降水日数为1~2天	云南江城38.3mm（1天）
41	D17041	九龙低涡源地生消	5/22~5/23	降水区域有四川西南部、贵州西部和云南北部地区，降水日数为1~2天	四川冕宁44.8mm（2天）
42	D17042	九龙低涡东北行转东南行	5/23~5/25	降水区域有四川西南部，云南、贵州西部和广西西部个别地区，降水日数为1~3天	云南文山45.3mm（1天）
43	D17043	盆地低涡源地生消	5/31~6/1	降水区域有四川省盆地地区、东部，甘肃、陕西南部，重庆东、北、南部和湖北西南部地区，降水日数为1~2天	陕西西乡36.5mm（2天）
44	D17044	九龙低涡西北行转东行转西南行	6/1~6/3	降水区域有四川大部，重庆大部，甘肃、陕西南部，湖北西南部和贵州、云南北部地区，降水日数为1~2天	四川广元17.6mm（1天）
45	D17045	九龙低涡东北行	6/3~6/5	降水区域有四川、重庆、湖北大部，陕西，河南，浙江，甘肃东部，宁夏，河北南部，山西中、南部，山东西部，江苏西北部，湖南、安徽北部，云南西北部和贵州北部个别地区，降水日数为1~2天。其中四川、重庆、陕西和湖北有成片降水量大于50mm的区域，重庆巫溪为降水中心，降水量为97.9mm	重庆巫溪97.9mm（2天）
46	D17046	九龙低涡西南行	6/5~6/6	降水区域有四川南部，贵州西北部和云南北、中部地区，降水日数为1~2天	四川大关36.3mm（1天）
47	D17047	九龙低涡源地生消	6/8	降水区域有四川中部地区，降水日数为1天	四川洪雅38.6mm（1天）

2017年西南低涡对我国降水影响简表（续-5）

序号	编号	简述活动的情况	西南低涡对我国降水的影响		
			时间（月/日）	概况	极值
48	D17048	九龙低涡源地生消	6/9~6/10	降水区域有四川西部地区，降水日数为1~2天	四川甘洛 45.7mm（1天）
49	D17049	盆地低涡东南行转东北行	6/12~6/13	降水区域有四川省盆地地区，重庆，贵州，陕西南部局部，湖北、湖南西部，广西西北部个别地区和云南东北部局部地区，降水日数为1~2天。其中贵州有成片降水量大于50mm的区域，贵州贵定为降水中心，降水量为114.2mm	贵州贵定 114.2mm（2天）
50	D17050	九龙低涡西北行	6/15~6/16	降水区域有四川西南部、云南北部和贵州西部局部地区，降水日数为1~2天	云南寻甸 132.8mm（2天）
51	D17051	九龙低涡渐东南行	6/17~6/19	降水区域有四川西南部、贵州西部和云南北部地区，降水日数为1~3天	云南沾益 101.6mm（2天）
52	D17052	盆地低涡源地附近活动转西南行转东南行再转西南行	6/17~6/20	降水区域有四川省盆地地区，贵州，重庆，湖北西南部和湖南西部地区，降水日数为1~3天	重庆江津 34.9mm（2天）
53	D17053	九龙低涡东行	6/22~6/23	降水区域有四川、贵州大部，重庆西、南部和云南东北部地区，降水日数为1~2天	贵州晴隆 61.1mm（1天）
54	D17054	九龙低涡渐南行转东南行	6/23~6/25	降水区域有四川南部和云南北部地区，降水日数为1~3天。其中四川和云南有成片降水量大于50mm的区域，四川西昌为降水中心，降水量为114.5mm	四川西昌 114.5mm（3天）
55	D17055	盆地低涡东南行	6/23~6/24	降水区域有四川省盆地地区，重庆，贵州，湖北西南部和湖南西部地区，降水日数为1~2天。其中贵州和湖南有成片降水量大于50mm的区域，两个降水中心：湖南花垣为119.0mm；贵州息烽为121.4mm	贵州息烽 121.4mm(1天)

2017年西南低涡对我国降水影响简表（续-6）

序号	编号	简述活动的情况	西南低涡对我国降水的影响		
			时间（月/日）	概况	极值
56	D17056	九龙低涡西南行	6/29~6/30	降水区域有四川西南部和云南北部地区，降水日数为1~2天。其中四川和云南有成片降水量大于50mm的区域，四川攀枝花为降水中心，降水量为157.3mm	四川攀枝花157.3mm（2天）
57	D17057	九龙低涡西南行	7/6~7/7	降水区域有四川西南部，贵州西部和云南北部地区，降水日数为1~2天。其中四川、贵州和云南有成片降水量大于50mm的区域，三个降水中心：四川会理为104.7mm；贵州纳雍为117.7mm；云南武定为147.2mm	云南武定147.2mm（1天）
58	D17058	盆地低涡西南行转东北行转西南行转东北行转西南行转东行	7/6~7/9	降水区域有四川省盆地地区，重庆，贵州，湖北西部，甘肃东南部个别地区，陕西南部，湖南北部和云南东北部局部地区，降水日数为1~4天。其中四川、重庆和湖北有成片降水量大于100mm的区域，湖北鹤峰为降水中心，降水量为263.0mm	湖北鹤峰263.0mm（3天）
59	D17059	盆地低涡东南行转西南行	7/19~7/21	降水区域有四川中、东、南部，重庆南部，贵州，云南和广西西北部地区，降水日数为1~3天。其中四川和贵州有成片降水量大于50mm的区域，两个降水中心：贵州晴隆为126.2mm；四川高县为122.1mm	贵州晴隆126.2mm（3天）
60	D17060	九龙低涡西南行	8/1~8/2	降水区域有四川西南部和云南北部地区，降水日数为1~2天	四川会理56.0mm（2天）
61	D17061	九龙低涡源地生消	8/10~8/11	降水区域有四川西南部和云南西北部地区，降水日数为1~2天	四川理塘22.9mm（2天）
62	D17062	盆地低涡东北行	8/11~8/12	降水区域有四川省盆地地区，陕西南部，河南、湖北西部，重庆和贵州北部地区，降水日数为1~2天	湖北兴山61.3mm（1天）
63	D17063	九龙低涡东北行	8/12~8/13	降水区域有四川东、南部，陕西南部，湖北西南部，重庆大部和贵州、云南北部地区，降水日数为1~2天	重庆城口50.8mm（1天）

2017年西南低涡对我国降水影响简表（续-7）

序号	编号	简述活动的情况	西南低涡对我国降水的影响		
			时间（月/日）	概况	极值
64	D17064	九龙低涡源地生消	8/13~8/14	降水区域有四川西南部和云南北部地区，降水日数为1~2天	四川米易 52.6mm（1天）
65	D17065	盆地低涡东北行转西南行转北行回到源地附近活动	9/1~9/4	降水区域有四川省盆地地区，重庆大部，甘肃、陕西南部和湖北西部地区，降雨日数为1~4天。其中四川、陕西、湖北和重庆有成片降水量大于50mm的区域，重庆忠县为降水中心，降水量为95.2mm	重庆忠县 95.2mm（3天）
66	D17066	九龙低涡源地生消	9/3	降水区域有四川西南部和云南北部地区，降水日数为1天	四川米易 60.4mm（1天）
67	D17067	小金低涡源地生消	9/4	降水区域有四川北部和甘肃南部地区，降水日数为1天	四川若尔盖 20.8mm（1天）
68	D17068	盆地低涡东北行	9/5~9/6	降水区域有四川省盆地地区，重庆大部，甘肃、陕西南部和湖北西部地区，降水日数为1~2天。其中四川、陕西和重庆有成片降水量大于50mm的区域，陕西岚皋为降水中心，降水量为74.6mm	陕西岚皋 74.6mm（2天）
69	D17069	九龙低涡源地生消	9/9~9/10	降水区域有四川西南部、贵州西北部和云南北部地区，降水日数为1~2天	四川喜德 66.5mm（1天）
70	D17070	盆地低涡东行转西行来回摆动后转东行	9/17~9/20	降水区域有四川省盆地地区，重庆，湖南、贵州北部，甘肃东南部，陕西、河南南部，湖北西、东部，安徽中、东部和江苏西部地区，降水日数为1~4天。其中重庆有成片降水量大于50mm的区域，中心降水量达109.3mm	重庆丰都 109.3mm（1天）
71	D17071	九龙低涡西北行转东南行	9/18~9/20	降水区域有四川西南部地区，降水日数为1~2天	四川西昌 47.3mm（1天）

2017年西南低涡对我国降水影响简表（续-8）

序号	编号	简述活动的情况	西南低涡对我国降水的影响		
			时间（月/日）	概况	极值
72	D17072	九龙低涡源地附近活动后转东北行转东行	10/1~10/4	降水区域有四川、重庆大部，甘肃东南部，陕西南部，湖北西部和云南西北部地区，降水日数为1~3天。其中重庆、陕西和湖北有成片降水量大于50mm的区域，两个降水中心：湖北恩施为114.4mm，重庆垫江为136.1mm	重庆垫江136.1mm（2天）
73	D17073	小金低涡源地生消	10/6~10/7	降水区域有四川省盆地地区、甘肃东南部、陕西南部、重庆西北部、贵州北部和云南东北部地区，降水日数为1~2天	陕西镇巴7.6mm（2天）
74	D17074	盆地低涡源地生消	10/14	降水区域有四川省盆地地区、重庆大部、甘肃东南部、陕西南部和湖北西部地区，降水日数为1天	湖北宜恩18.8mm（1天）
75	D17075	九龙低涡源地生消	10/15	降水区域有四川西南部和云南西北部地区，降水日数为1天	四川米易20.0mm（1天）
76	D17076	盆地低涡东北行	10/15~10/16	降水区域有四川省盆地地区、重庆大部、甘肃东南部、陕西南部、湖北西部和贵州北部地区，降水日数为1~2天	四川洪雅23.4mm（1天）四川双流23.4mm（1天）
77	D17077	九龙低涡源地生消	10/21~10/22	降水区域有四川西南部、云南大部和贵州西部地区，降水日数为1~2天	四川普格29.9mm（2天）
78	D17078	盆地低涡东行	10/22~10/23	降水区域有四川省盆地地区，重庆，甘肃东南部，陕西南部，湖北西部，湖南西北部和贵州东部地区，降水日数为1~2天	重庆永川67.4mm（2天）
79	D17079	盆地低涡源地生消	11/1	降水区域有四川省盆地地区，甘肃东南部，陕西南部，湖北西北部地区和云南东北部个别地区，降水日数为1天	陕西佛坪5.6mm（1天）
80	D17080	盆地低涡源地生消	11/10	降水区域有四川东部、陕西南部、湖北西北部和重庆大部地区，降水日数为1天	重庆忠县14.4mm（1天）

2017年西南低涡对我国降水影响简表（续-9）

序号	编号	简述活动的情况	西南低涡对我国降水的影响		
			时间（月/日）	概　况	极值
81	D17081	小金低涡源地生消	11/15~11/16	降水区域有四川盆地西部和甘肃东南部地区，降水日数为1~2天	四川江油 11.0mm（2天）
82	D17082	盆地低涡西南行	11/22~11/23	降水区域有四川盆地大部，重庆西、中部，贵州北部和云南东北部地区，降水日数为1~2天	四川叙永 14.9mm（2天）
83	D17083	盆地低涡源地生消	11/25	降水区域有四川中部个别地区，降水日数为1天	四川宝兴 0.5mm（1天）
84	D17084	盆地低涡源地附近活动	11/28~11/29	降水区域有四川中、东部，重庆大部，陕西南部和湖北西北部地区，降水日数为1~2天	重庆城口 9.9mm（2天）
85	D17085	九龙低涡东北行	11/29~11/30	降水区域有四川中、南、东部，重庆大部，湖南西部，贵州北部和云南东北部地区，降水日数为1~2天	四川叙永 13.1mm（1天）
86	D17086	小金低涡源地生消	12/2~12/3	降水区域有四川东北部和陕西西南部地区，降水日数为1天	陕西镇巴 0.2mm（1天）
87	D17087	九龙低涡源地生消	12/3~12/4	降水区域有四川中部和云南东北部地区，降水日数为1~2天	四川洪雅 0.9mm（2天）
88	D17088	九龙低涡源地生消	12/6	降水区域有四川中、东南部，贵州北部和云南东北部地区，降水日数为1天	四川丹棱 8.7mm（1天）
89	D17089	九龙低涡源地生消	12/7	降水区域有四川中、南部，贵州西北部和云南东北部地区，降水日数为1天	四川南溪 4.1mm（1天）
90	D17090	九龙低涡源地生消	12/18	降水区域有四川中部个别地区、贵州西部和云南东部地区，降水日数为1天	云南曲靖 2.7mm（1天）

2017年西南低涡对我国降水影响简表（续-10）

序号	编号	简述活动的情况	西南低涡对我国降水的影响			
			时间（月/日）	概况		极值
91	D17091	九龙低涡东北行转东南行再转东北行	12/21~12/23	降水区域有四川盆地个别地区，降水日数为1天		四川高坪0.2mm（1天）
92	D17092	盆地低涡源地生消	12/26	降水区域有四川东北部个别地区，降水日数为1天		四川仪陇0.1mm（1天）四川开江0.1mm（1天）
93	D17093	盆地低涡东北行	12/29~12/30	降水区域有四川东部、重庆大部、陕西南部、湖北西部、贵州北部和云南东北部地区，降水日数为1~2天		重庆忠县9.8mm（2天）

2017年西南低涡编号、名称、日期对照表

未移出源地的九龙低涡		移出源地的九龙低涡	
③ D17003雅江，Yajiang	㉙ D17029康定，Kangding	⑥ D17006乡城，Xiangcheng	(53) D17053九龙，Jiulong
1/31	4/19~4/20	2/9~2/11	6/22
⑤ D17005盐源，Yanyuan	㉛ D17031九龙，Jiulong	⑨ D17009丹棱，Danling	(63) D17063九龙，Jiulong
2/8	4/24~4/25	2/20~2/23	8/12
⑧ D17008木里，Muli	㉝ D17033丽江，Lijiang	⑩ D17010得容，Derong	(72) D17072九龙，Jiulong
2/17	4/27~4/28	2/26~2/27	10/1~10/4
⑪ D17011九龙，Jiulong	㊲ D17037石棉，Shimian	⑮ D17015雅江，Yajiang	(85) D17085九龙，Jiulong
2/27	5/6	3/5~3/7	11/29~11/30
⑫ D17012中甸，Zhongdian	㊵ D17040剑川，Jianchuan	㉒ D17022九龙，Jiulong	(91) D17091康定，Kangding
3/1	5/14	3/28~3/30	12/21~12/23
⑯ D17016乡城，Xiangcheng	㊶ D17041木里，Muli	㊱ D17036石棉，Shimian	
3/7~3/8	5/22	5/5~5/6	
⑲ D17019泸定，Luding	㊼ D17047康定，Kangding	㊷ D17042丽江，Lijiang	
3/20	6/8	5/23~5/25	
㉑ D17021九龙，Jiulong	㊽ D17048九龙，Jiulong	㊹ D17044盐源，Yanyuan	
3/26~3/27	6/9	6/1~6/3	
㉓ D17023康定，Kangding	㊿ D17050盐源，Yanyuan	㊺ D17045康定，Kangding	
4/4	6/15	6/3~6/5	
㉗ D17027九龙，Jiulong	(51) D17051木里，Muli	㊻ D17046盐源，Yanyuan	
4/11~4/12	6/17~6/19	6/5~6/6	

2017年西南低涡编号、名称、日期对照表（续-1）

未移出源地的九龙低涡		未移出源地的小金低涡	移出源地的小金低涡
(54) D17054雅江，Yajiang	(71) D17071九龙，Jiulong	㉔ D17024松潘，Songpan	② D17002茂县，Maoxian
6/23~6/25	9/18~9/19	4/6	1/15~1/16
(56) D17056九龙，Jiulong	(75) D17075丽江，Lijiang	㉞ D17034松潘，Songpan	⑦ D17007茂县，Maoxian
6/29	10/15	4/30	2/16~2/17
(57) D17057九龙，Jiulong	(77) D17077会理，Huili	(67) D17067松潘，Songpan	
7/6~7/7	10/21	9/4	
(60) D17060木里，Muli	(87) D17087丽江，Lijiang	(73) D17073松潘，Songpan	
8/1	12/3	10/6	
(61) D17061中甸，Zhongdian	(88) D17088九龙，Jiulong	(81) D17081九寨沟，Jiuzhaigou	
8/10	12/6	11/15	
(64) D17064九龙，Jiulong	(89) D17089九龙，Jiulong	(86) D17086松潘，Songpan	
8/13	12/7	12/2	
(66) D17066木里，Muli	(90) D17090木里，Muli		
9/3	12/18		
(69) D17069木里，Muli			
9/9			

2017年西南低涡编号、名称、日期对照表（续-2）

未移出源地的四川盆地低涡			移出源地的四川盆地低涡
① D17001西充，Xichong	㉟ D17035广安，Guangan	⑯ D17076广安，Guangan	㉘ D17028平武，Pingwu
1/5	5/3	10/15	4/15~4/16
④ D17004蓬溪，Pengxi	㊳ D17038仪陇，Yilong	⑱ D17078南充，Nanchong	㉚ D17030遂宁，Suining
2/7	5/11	10/22~10/23	4/24~4/26
⑬ D17013盐亭，Yanting	㊴ D17039潼南，Tongnan	⑲ D17079巴中，Bazhong	㊽ D17058平昌，Pingchang
3/3~3/4	5/14	11/1	7/6~7/9
⑭ D17014邻水，Linshui	㊸ D17043平昌，Pingchang	⑳ D17080剑阁，Jiange	㊾ D17059安岳，Anyue
3/5	5/31	11/10	7/19~7/21
⑰ D17017宣汉，Xuanhan	㊾ D17049岳池，Yuechi	㉒ D17082蓬安，Pengan	㊻ D17062资阳，Ziyang
3/13	6/12~6/13	11/22	8/11~8/12
⑱ D17018巴中，Bazhong	㊾ D17052安岳，Anyue	㉓ D17083资阳，Ziyang	⑰ D17070江油，Jiangyou
3/17	6/17~6/20	11/25	9/17~9/20
⑳ D17020仁寿，Renshou	㊾ D17055广安，Guangan	㉔ D17084盐亭，Yanting	
3/23~3/24	6/23~6/24	11/28	
㉕ D17025梓潼，Zitong	㊾ D17065仪陇，Yilong	㊾ D17092蓬安，Pengan	
4/7~4/10	9/1~9/3	12/26	
㉖ D17026蓬安，Pengan	㊾ D17068西充，Xichong	㊾ D17093蓬安，Pengan	
4/11	9/5	12/29	
㉜ D17032叙永，Xuyong	⑭ D17074广安，Guangan		
4/26	10/14		

西南低涡降水及移动路径资料

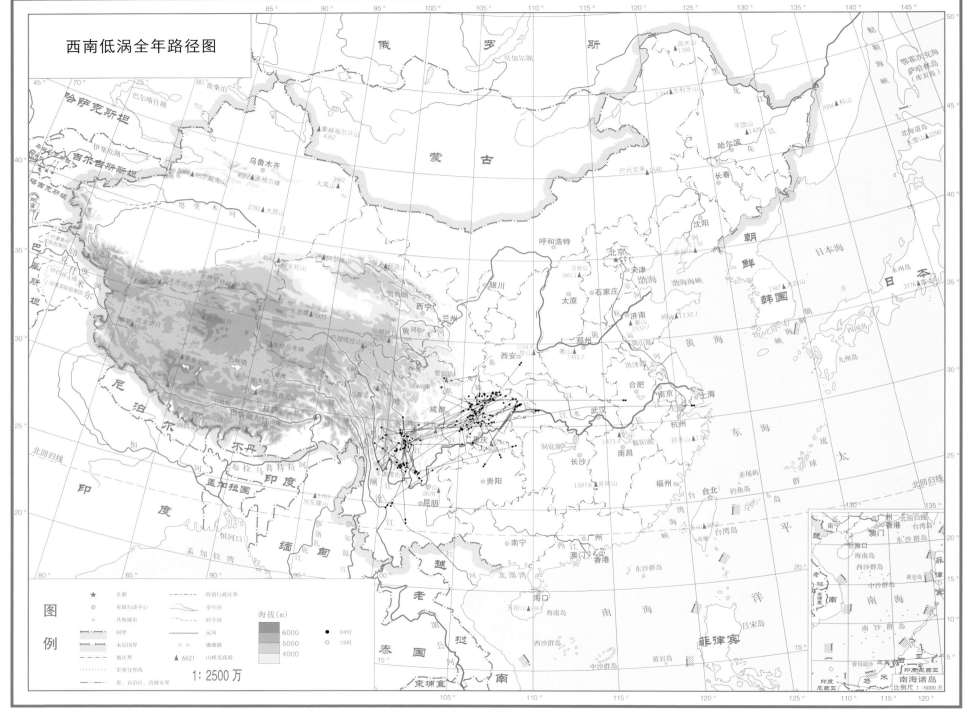

西南低涡全年路径图

九龙低涡全年路径图

D17003　D17031　D17061
D17005　D17033　D17063
D17008　D17037　D17064
D17010　D17040　D17066
D17011　D17041　D17069
D17012　D17044　D17071
D17015　D17047　D17075
D17016　D17048　D17077
D17019　D17050　D17085
D17021　D17051　D17087
D17023　D17056　D17088
D17027　D17057　D17089
D17029　D17060　D17090
　　　　　　　　D17091

D17045

D17036　D17072
　　D17022
　　　D17009

D17006

D17053

D17054

D17046

D17042

图例

★	首都	------	特别行政区界
◎	省级行政中心	------	常年河
○	其他城市	------	时令河
	国界	------	运河
	未定国界	====	珊瑚礁
	地区界	▲6621	山峰及高程
	军事分界线		
	省、自治区、直辖市界		

海拔(m)
6000
5000
4000

● 08时
○ 20时

1：2500万

南海诸岛
比例尺 1：5000万

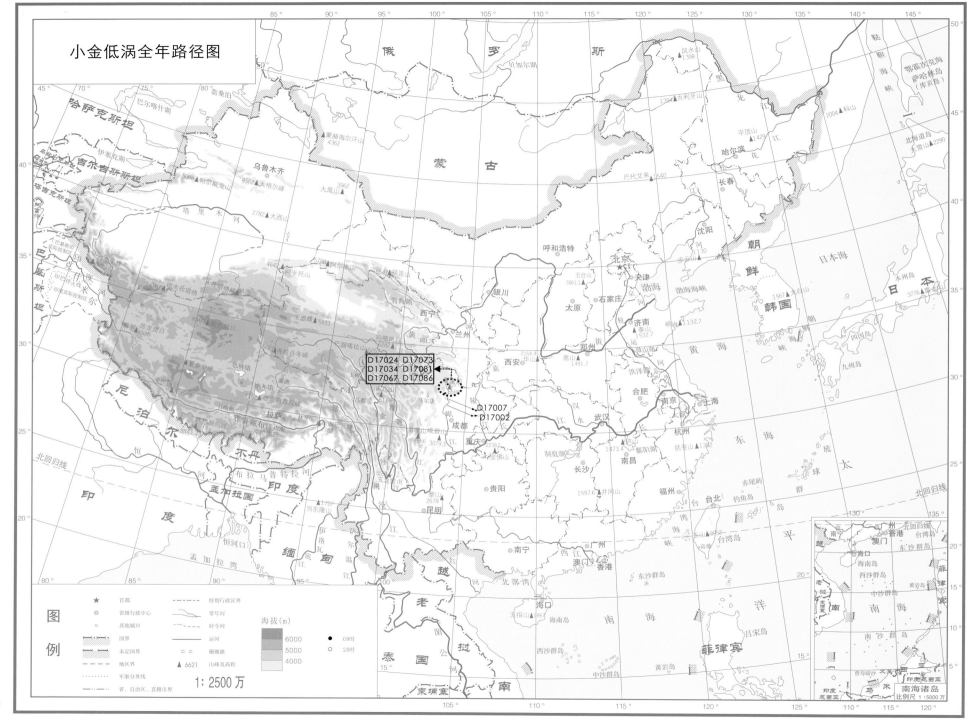

小金低涡全年路径图

四川盆地低涡全年路径图

D17001	D17032	D17076
D17004	D17035	D17078
D17013	D17038	D17079
D17014	D17039	D17080
D17017	D17043	D17081
D17018	D17049	D17082
D17020	D17062	D17083
D17025	D17065	D17084
D17026	D17068	D17092
D17028	D17074	D17093

D17070

D17030

D17058

D17055

D17052

D17059

图例

★	首都		特别行政区界	
◎	省级行政中心		常年河	
○	其他城市		时令河	
	国界		运河	
	未定国界		珊瑚礁	
	地区界	▲ 6621	山峰及高程	
	军事分界线			
	省、自治区、直辖市界			

海拔 (m)

6000
5000
4000

● 08时
○ 20时

1:2500万

南海诸岛
比例尺 1:5000万

88

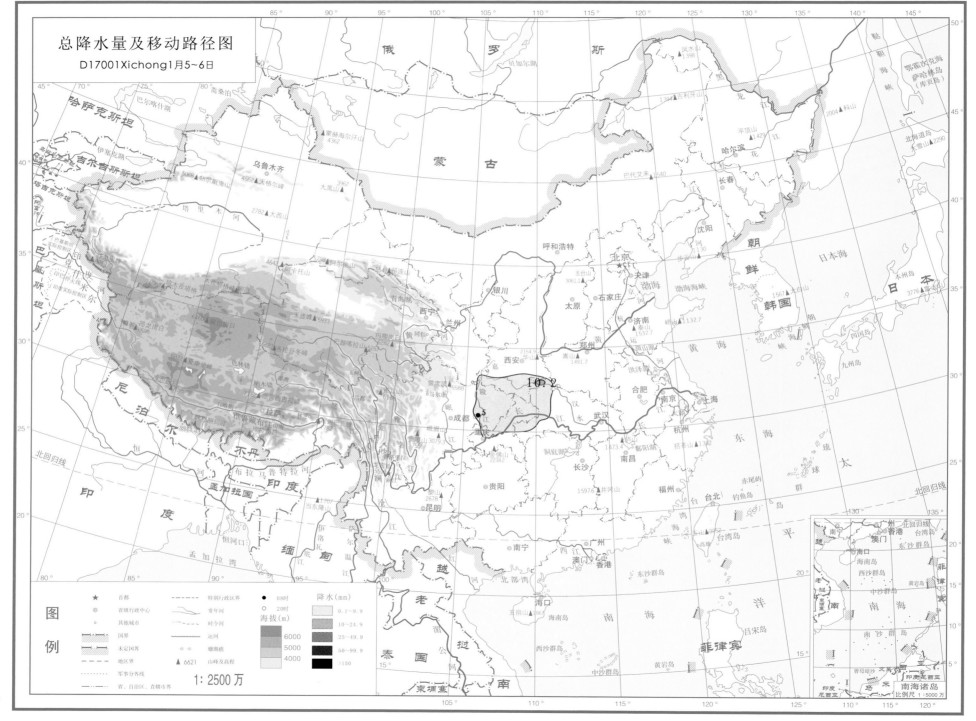

总降水量及移动路径图

D17001Xichong1月5~6日

总降水日数图

D17001Xichong1月5~6日

图例

★ 首都		------ 特别行政区界	
◎ 省级行政中心		—— 常年河	
○ 其他城市		时令河	
国界		运河	
未定国界		⌒ 珊瑚礁	
地区界		▲ 6621 山峰及高程	
···· 军事分界线			
—— 省、自治区、直辖市界			

海拔(m)

6000
5000
4000

降水日数

1天
2~3天
4天以上

1:2500万

南海诸岛
比例尺 1:5000万

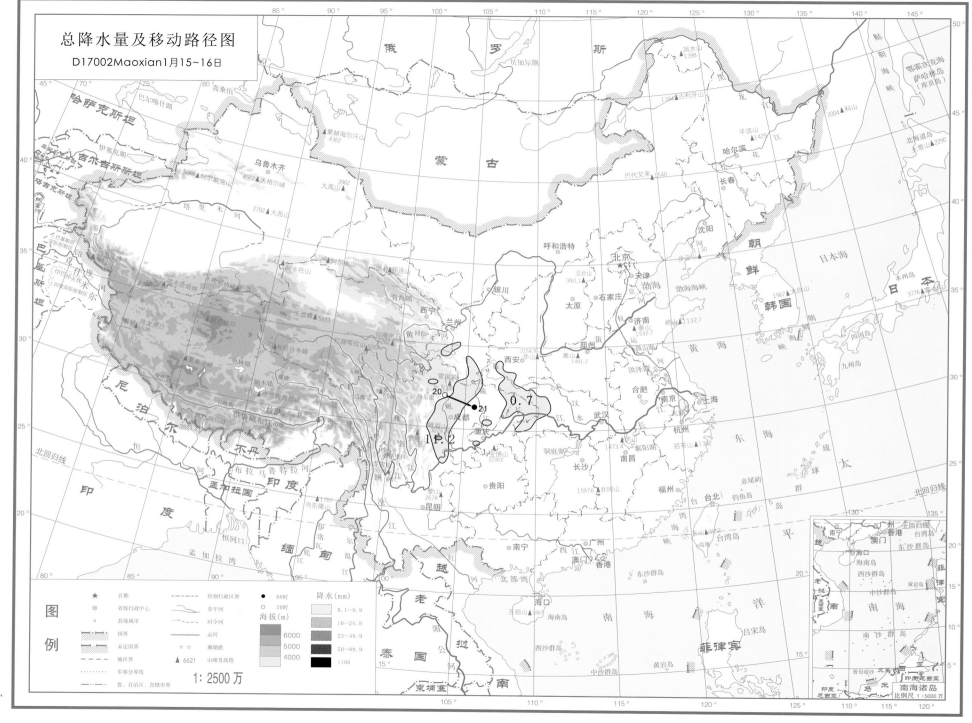

总降水量及移动路径图
D17002Maoxian1月15~16日

俄　罗　斯

哈萨克斯坦

蒙　古

吉尔吉斯斯坦

乌鲁木齐

尼泊尔

不丹

印　度

孟加拉国

缅　甸

越　南

老　挝

泰　国

柬埔寨

菲律宾

俄罗斯

哈尔滨

长春

沈阳

朝　鲜

韩　国

日　本

北京

天津

呼和浩特

银川

太原

石家庄

济南

郑州

西安

兰州

西宁

合肥

南京

上海

杭州

武汉

南昌

长沙

贵阳

昆明

南宁

广州

澳门　香港

福州

台北

拉萨

重庆

成都

日本海

黄　海

东　海

太

平　洋

南　海

贝加尔湖

斋桑泊

巴尔喀什湖

伊塞克湖

帕米尔

塔里木河

青海湖

纳木错

色林错

洞庭湖

鄱阳湖

洪泽湖

渤海

渤海海峡

黄河

长江

珠江

澜沧江

怒江

雅鲁藏布江

恒河

布拉马普特拉河

印度河

孟加拉湾

北部湾

海南岛

台湾岛

钓鱼岛

琉球群岛

九州岛

四国岛

本州岛

北海道岛

图
例

★　首都
◎　省级行政中心
○　其他城市
　　国界
　　未定国界
　　地区界
　　军事分界线
　　省、自治区、直辖市界

------　特别行政区界
～～　常年河
┅┅　时令河
====　运河
◌◌　珊瑚礁
▲6621　山峰及高程

海拔(m)

6000
5000
4000

降水日数

1天
2~3天
4天以上

1:2500万

南海诸岛
比例尺 1:5000万

37

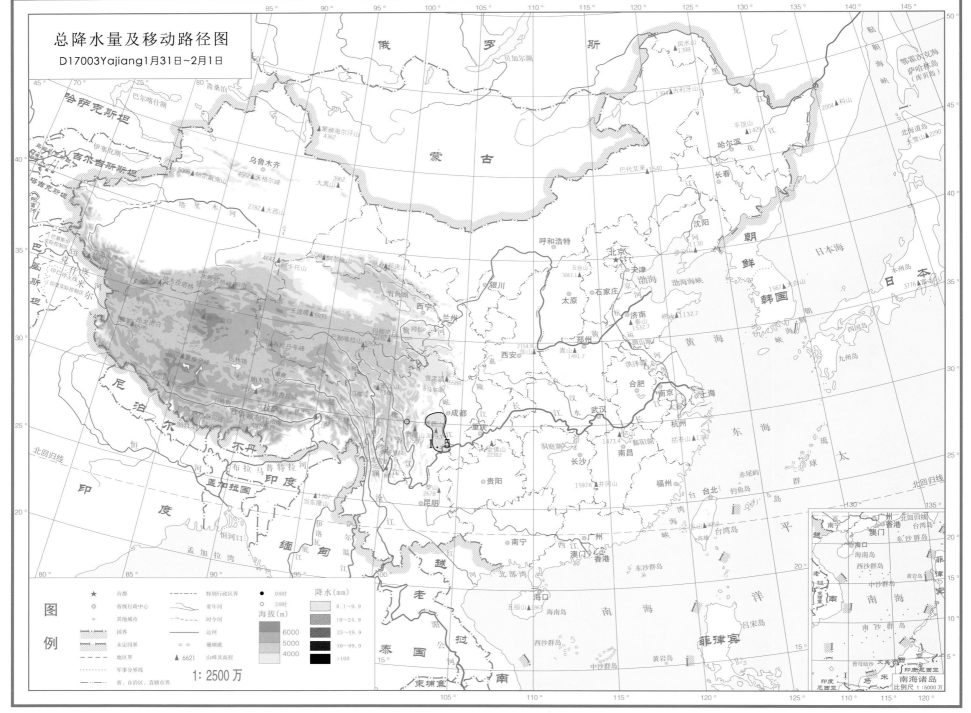

总降水量及移动路径图
D17003Yajiang1月31日~2月1日

总降水日数图

D17003Yajiang1月31日~2月1日

图例
首都
省级行政中心
其他城市
国界
未定国界
地区界
军事分界线
省、自治区、直辖市界
特别行政区界
常年河
时令河
运河
珊瑚礁
6621 山峰及高程
海拔(m)
6000
5000
4000
降水日数
1天
2~3天
4天以上
1: 2500 万
俄罗斯
蒙古
哈萨克斯坦
吉尔吉斯斯坦
塔吉克斯坦
尼泊尔
不丹
印度
孟加拉国
缅甸
老挝
泰国
越南
柬埔寨
朝鲜
韩国
日本
菲律宾
乌鲁木齐
拉萨
西宁
兰州
银川
呼和浩特
北京
天津
石家庄
太原
济南
郑州
西安
成都
重庆
武汉
合肥
南京
上海
杭州
南昌
长沙
贵阳
昆明
南宁
广州
澳门
香港
海口
福州
台北
哈尔滨
长春
沈阳
渤海
黄海
东海
日本海
南海
太平洋
北回归线
台湾岛
海南岛
东沙群岛
西沙群岛
中沙群岛
黄岩岛
钓鱼岛
赤尾屿
南海诸岛
比例尺 1:5000 万

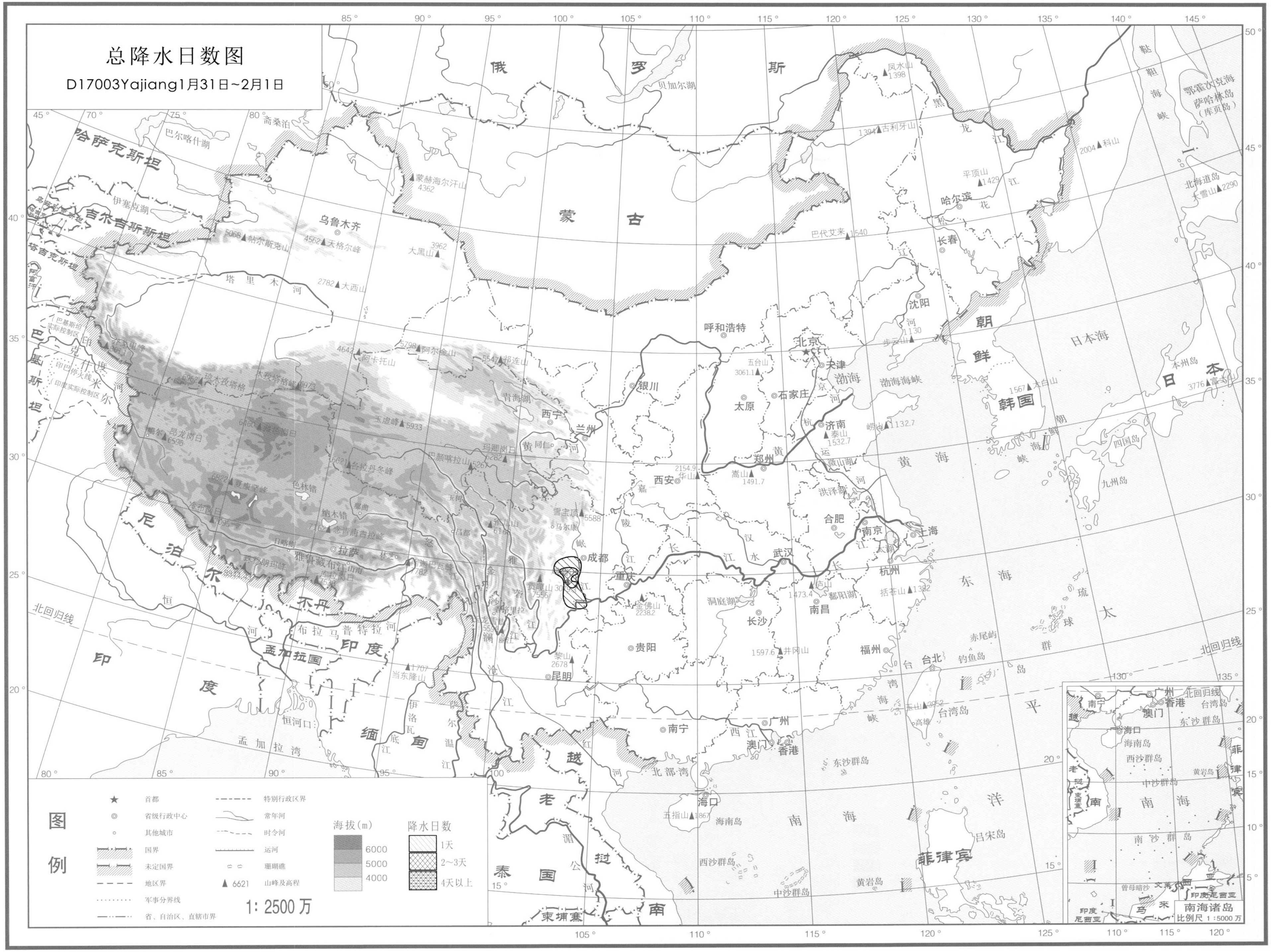

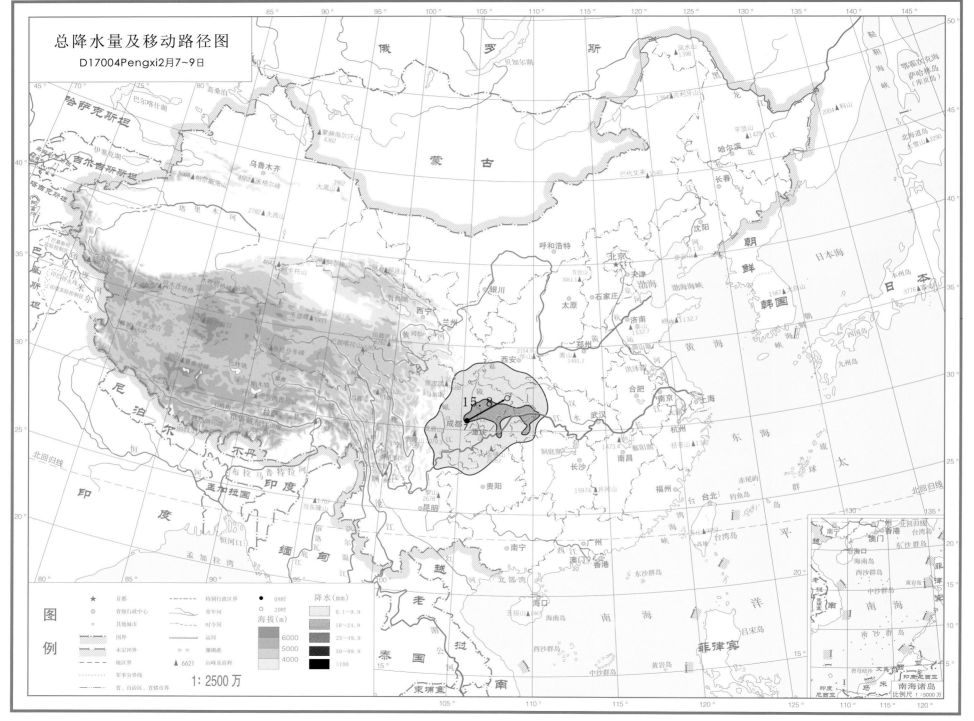

总降水量及移动路径图
D17004Pengxi2月7~9日

总降水日数图

D17004Pengxi2月7~9日

俄 罗 斯

哈萨克斯坦

吉尔吉斯斯坦

塔吉克斯坦

巴基斯坦

尼泊尔

不丹

印 度

孟加拉国

缅 甸

蒙 古

乌鲁木齐

银川

西宁

兰州

拉萨

昆明

贵阳

成都

西安

呼和浩特

北京

天津

太原

石家庄

郑州

济南

沈阳

哈尔滨

长春

朝 鲜

韩 国

日 本

日本海

黄 海

渤海

东 海

南 京

上海

杭州

合肥

武汉

南昌

长沙

南宁

广州

澳门

香港

福州

台北

台湾岛

海口

海南岛

贝加尔湖

巴尔喀什湖

青海湖

洞庭湖

鄱阳湖

洪泽湖

太 平 洋

南 海

越 南

老 挝

泰 国

柬 埔 寨

北回归线

南海诸岛
比例尺 1：5000万

图例

★ 首都
◎ 省级行政中心
○ 其他城市
国界
未定国界
地区界
军事分界线

特别行政区界
常年河
时令河
运河
珊瑚礁
▲ 6621 山峰及高程

海拔(m)
6000
5000
4000

降水日数
1天
2～3天
4天以上

1：2500万

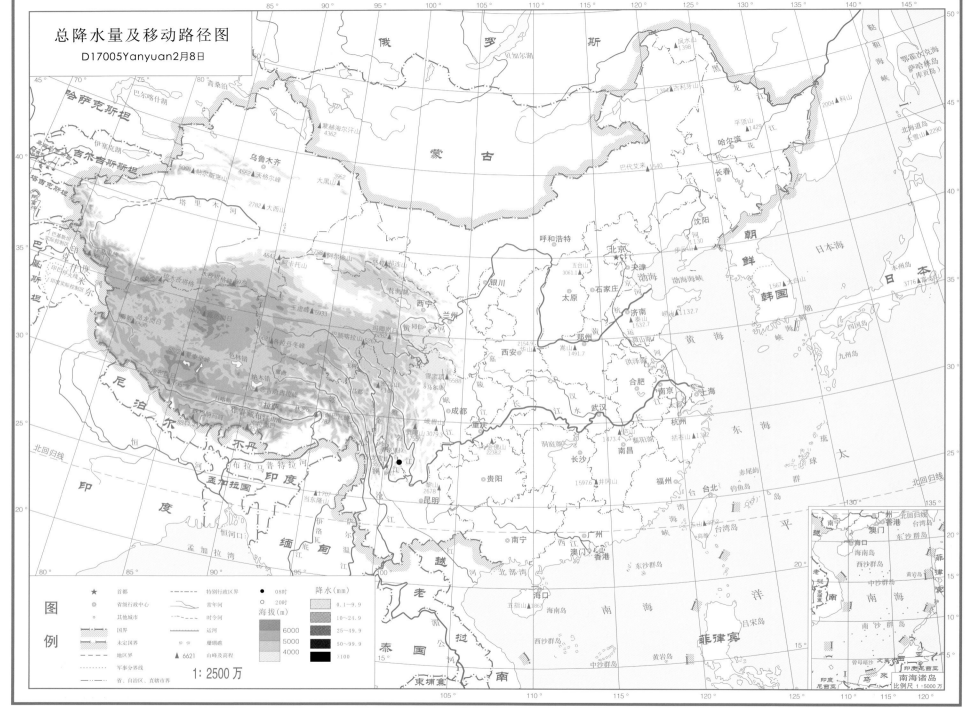

总降水量及移动路径图

D17005Yanyuan2月8日

1：2500万

总降水日数图

D17005Yanyuan2月8日

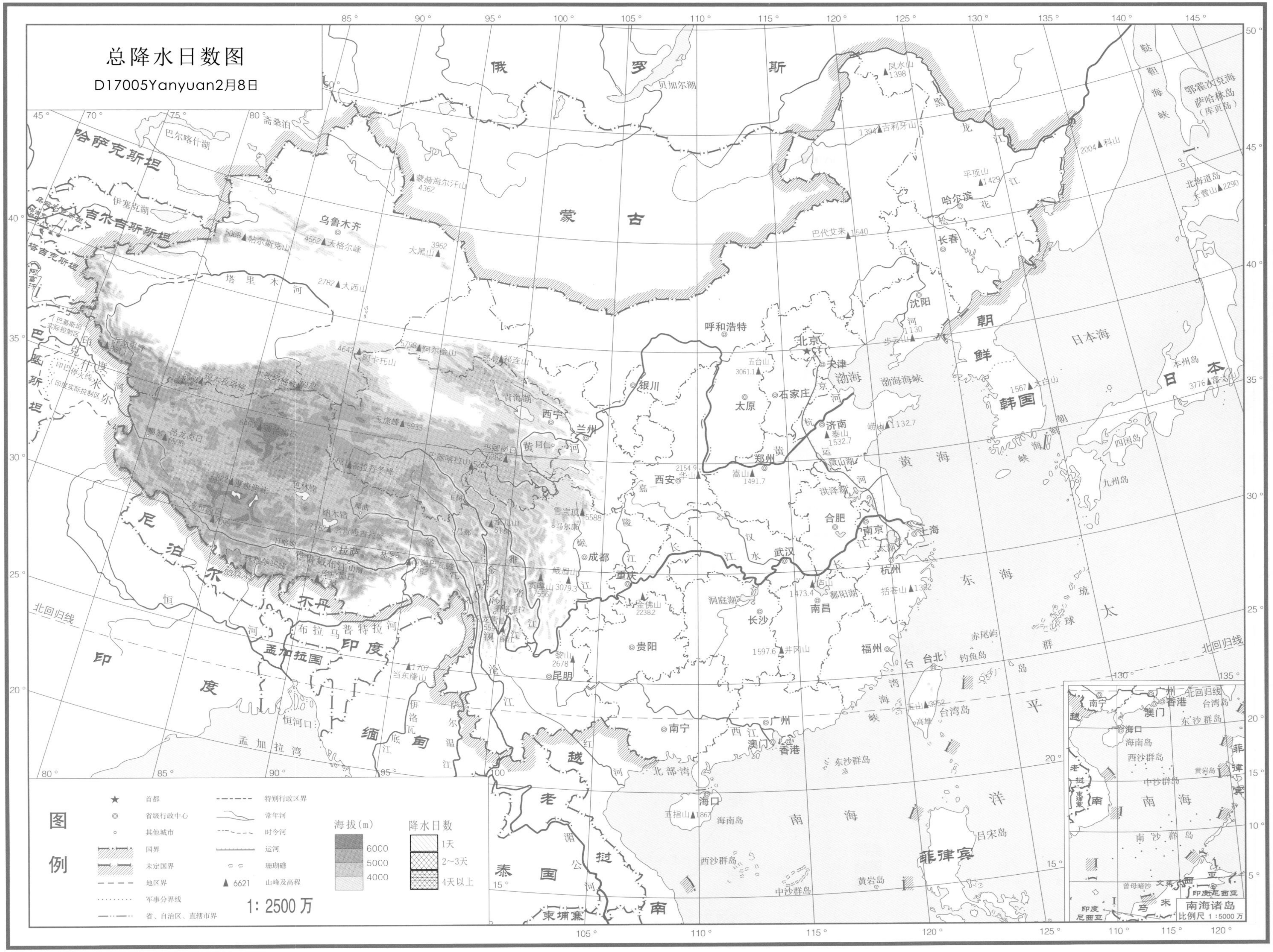

图例

★ 首都
◎ 省级行政中心
○ 其他城市
国界
未定国界
地区界
军事分界线
省、自治区、直辖市界
特别行政区界
常年河
时令河
运河
珊瑚礁
▲ 6621 山峰及高程

海拔(m)
6000
5000
4000

降水日数
1天
2～3天
4天以上

1:2500万

南海诸岛
比例尺 1:5000万

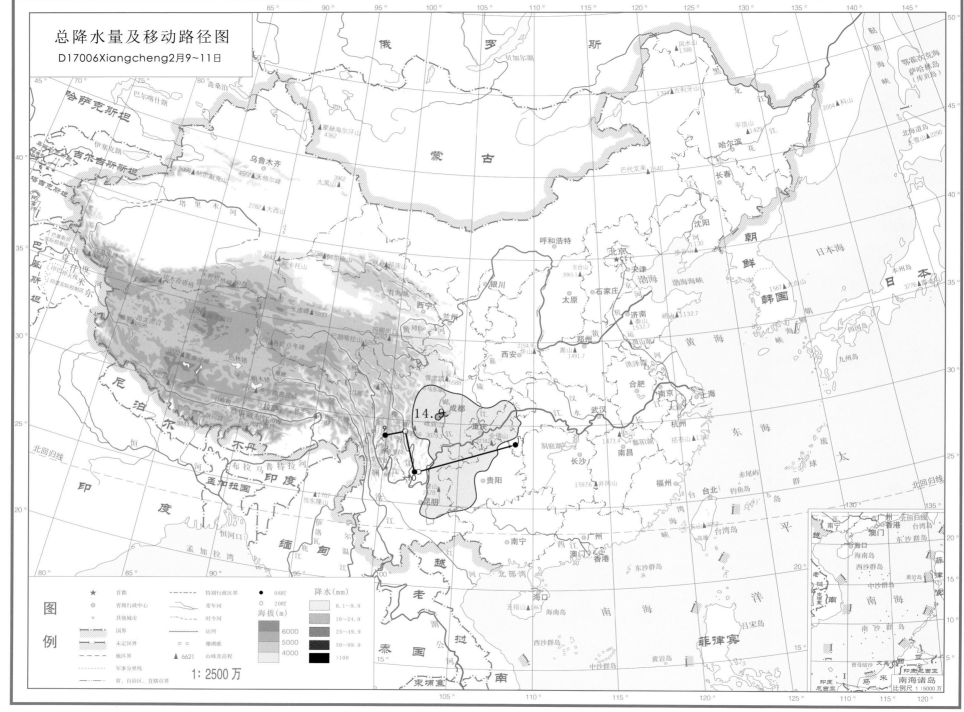

总降水量及移动路径图
D17006Xiangcheng2月9~11日

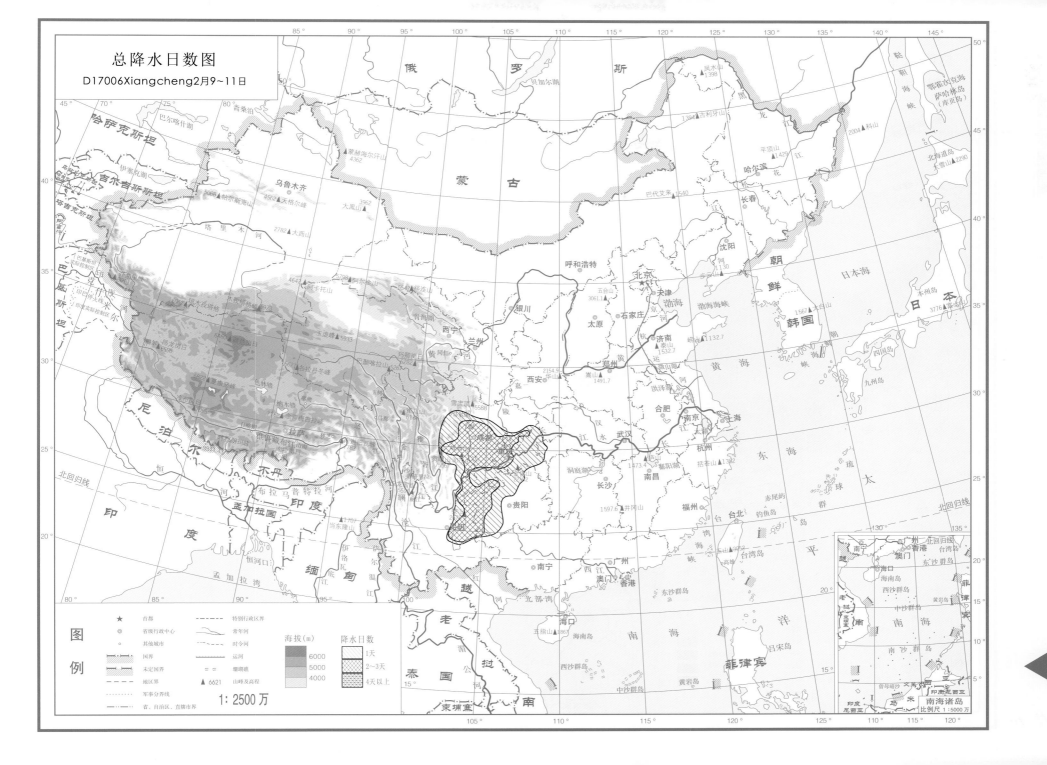

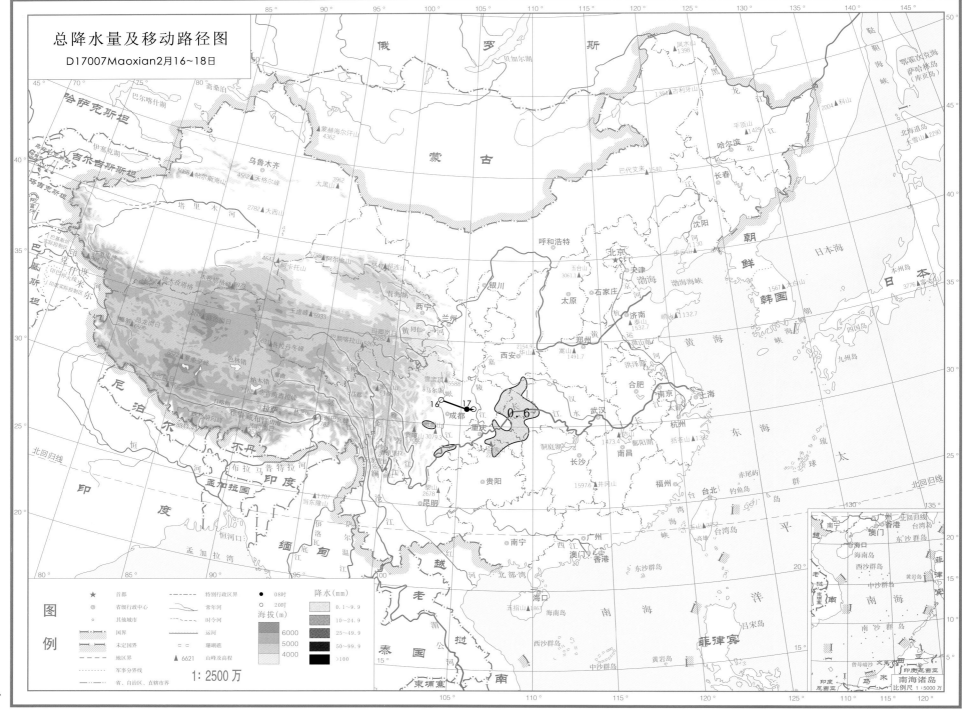

总降水量及移动路径图
D17007Maoxian2月16~18日

俄 罗 斯

蒙 古

哈萨克斯坦

吉尔吉斯斯坦

塔吉克斯坦

巴基斯坦

尼 泊 尔

不 丹

印 度

孟加拉国

缅 甸

老 挝

越 南

泰 国

柬埔寨

朝 鲜

韩 国

日 本 海

日 本

黄 海

东 海

南 海

菲 律 宾

乌鲁木齐

呼和浩特

北京

天津

银川

太原

石家庄

兰州

西宁

西安

郑州

济南

沈阳

长春

哈尔滨

合肥

南京

上海

杭州

武汉

南昌

长沙

贵阳

成都

重庆

昆明

福州

台北

广州

南宁

海口

澳门

香港

洞庭湖

鄱阳湖

渤海

渤海海峡

北回归线

北回归线

图例

★	首都
◎	省级行政中心
○	其他城市

	国界
	未定国界
	地区界
	军事分界线
	省、自治区、直辖市界
	特别行政区界
	常年河
	时令河
	运河
	珊瑚礁
▲ 6621	山峰及高程

海拔（m）
6000
5000
4000

降水日数
1天
2～3天
4天以上

1:2500万

南 海 诸 岛

南海诸岛
比例尺 1:5000万

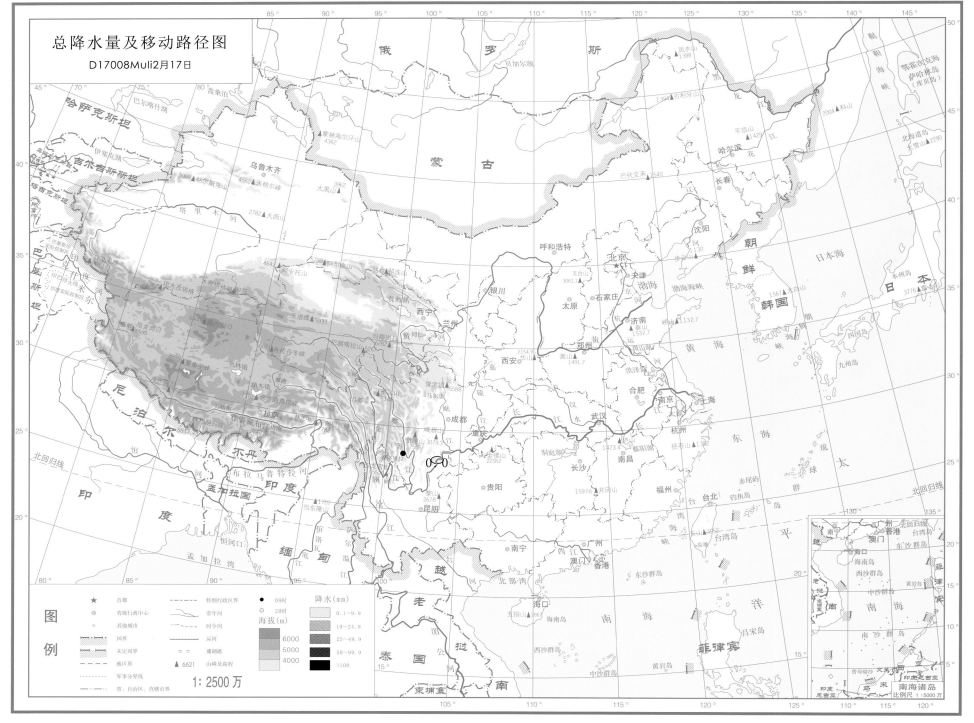

总降水量及移动路径图
D17008Muli2月17日

总降水日数图

D17008Muli2月17日

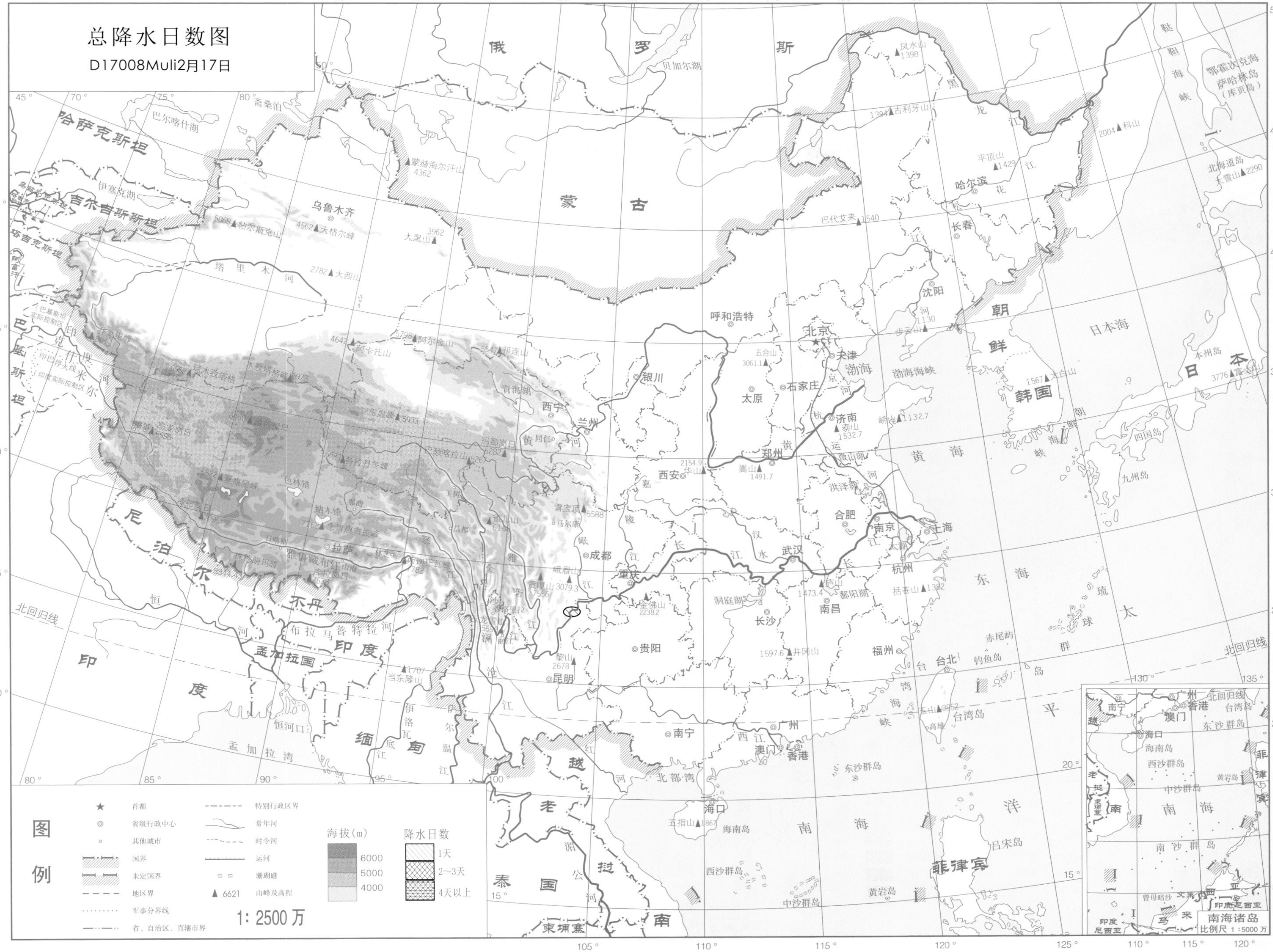

图例
首都
省级行政中心
其他城市
国界
未定国界
地区界
军事分界线
省、自治区、直辖市界
特别行政区界
常年河
时令河
运河
珊瑚礁
6621 山峰及高程
海拔(m)
6000
5000
4000
降水日数
1天
2~3天
4天以上
1∶2500万
俄
罗
斯
蒙
古
哈萨克斯坦
吉尔吉斯斯坦
塔吉克斯坦
巴基斯坦
印
度
尼
泊
尔
不丹
孟加拉国
缅
甸
老
挝
越
南
泰
国
柬埔寨
朝
鲜
韩国
日
本
菲律宾
北京
天津
石家庄
太原
呼和浩特
沈阳
长春
哈尔滨
济南
郑州
西安
银川
兰州
西宁
乌鲁木齐
拉萨
成都
重庆
贵阳
昆明
南宁
长沙
武汉
合肥
南京
上海
杭州
南昌
福州
台北
广州
香港
澳门
海口
日本海
渤海
黄海
东海
南海
北回归线
南海诸岛
比例尺 1∶5000万

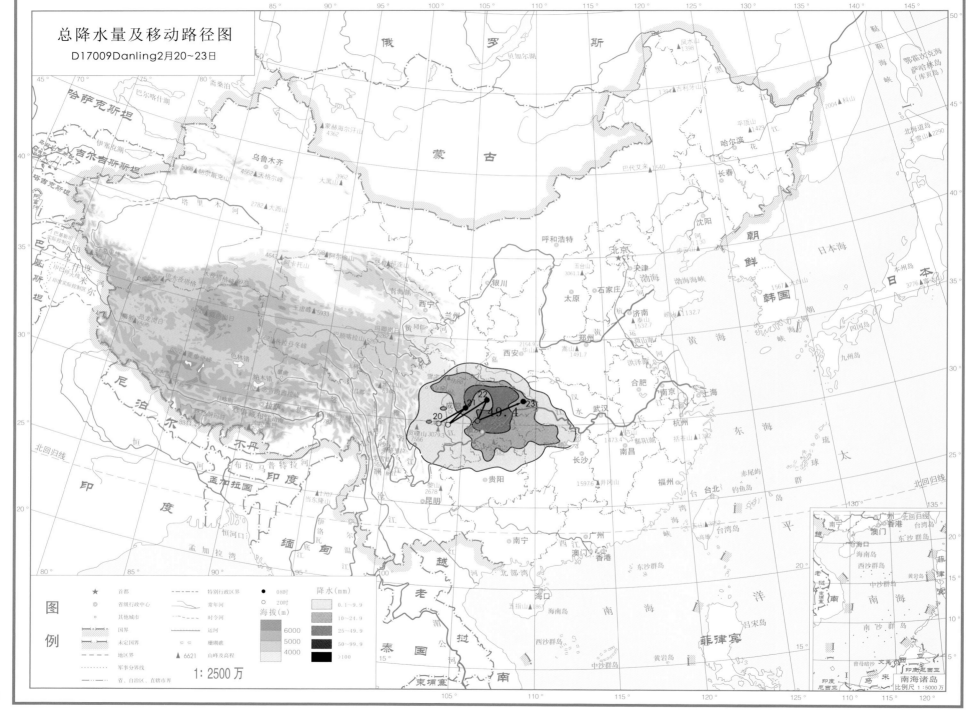

总降水量及移动路径图
D17009Danling2月20~23日

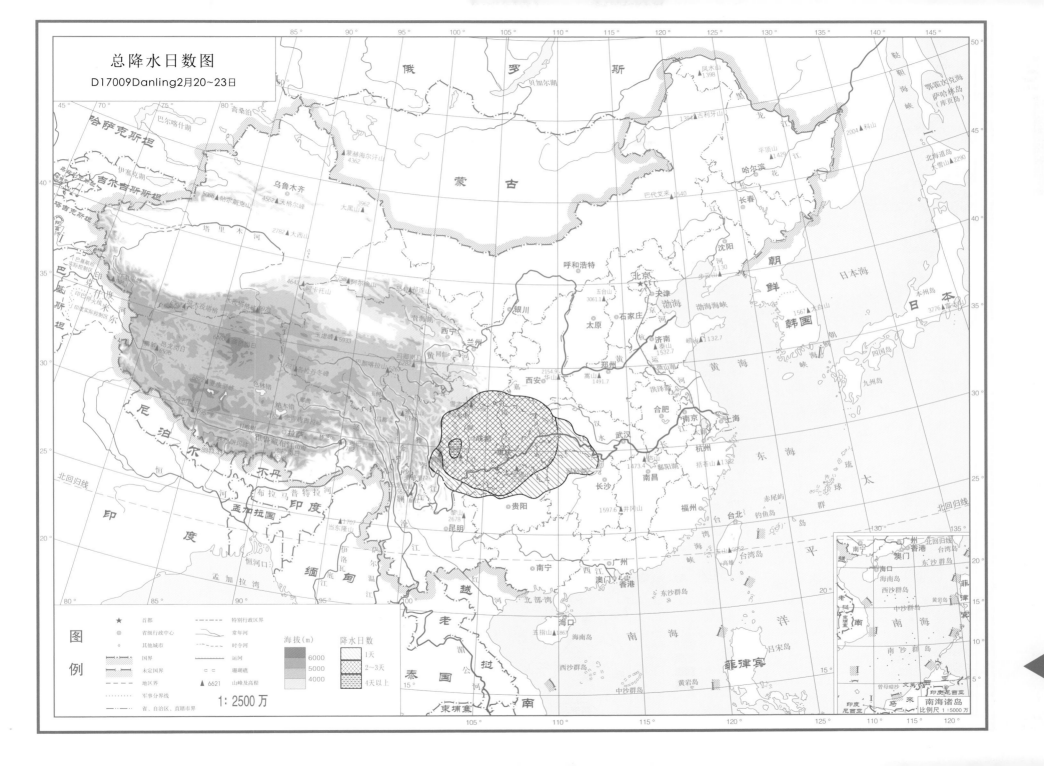

总降水日数图
D17009Danling2月20~23日

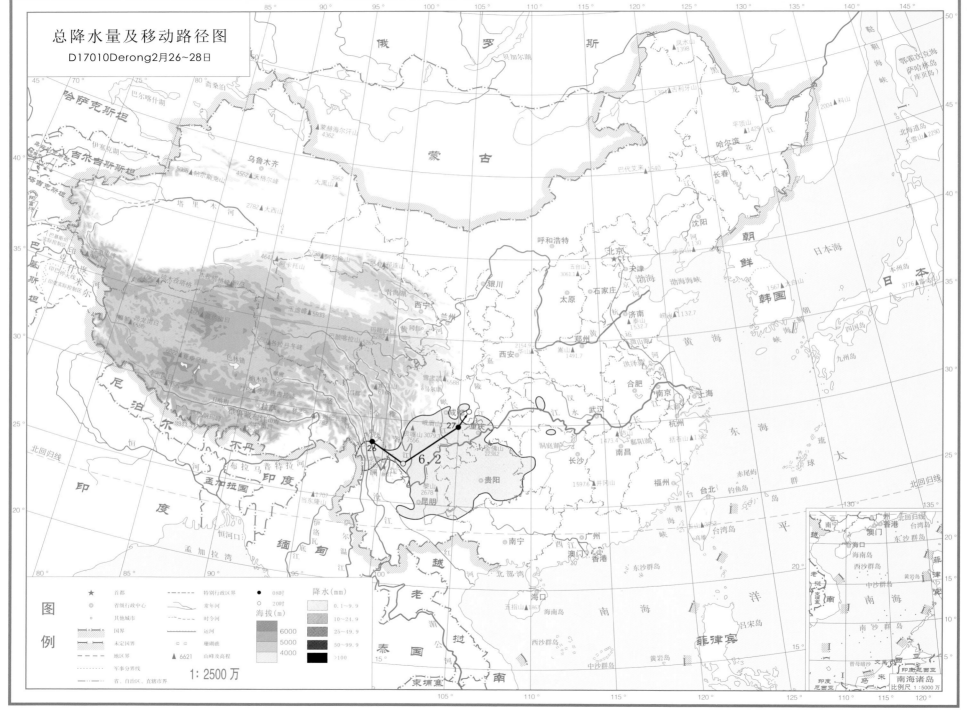

总降水量及移动路径图
D17010Derong 2月26～28日

哈萨克斯坦

吉尔吉斯斯坦

塔吉克斯坦

巴基斯坦

尼泊尔

不丹

印度

孟加拉国

缅甸

俄罗斯

蒙古

乌鲁木齐

呼和浩特

北京

天津

银川

太原

石家庄

西宁

兰州

郑州

西安

成都

重庆

长沙

贵阳

昆明

南宁

广州

澳门 香港

海口

越南

老挝

泰国

柬埔寨

沈阳

长春

哈尔滨

朝鲜

韩国

日本

南京

上海

杭州

合肥

武汉

南昌

福州

台北

日本海

黄海

东海

南海

太平洋

菲律宾

马来西亚

印度尼西亚

图例

★ 首都
◎ 省级行政中心
○ 其他城市
国界
未定国界
地区界
军事分界线
省、自治区、直辖市界

特别行政区界
常年河
时令河
运河
珊瑚礁
▲ 6621 山峰及高程

海拔(m)

6000
5000
4000

降水日数

1天
2~3天
4天以上

1:2500万

南海诸岛
比例尺 1:5000万

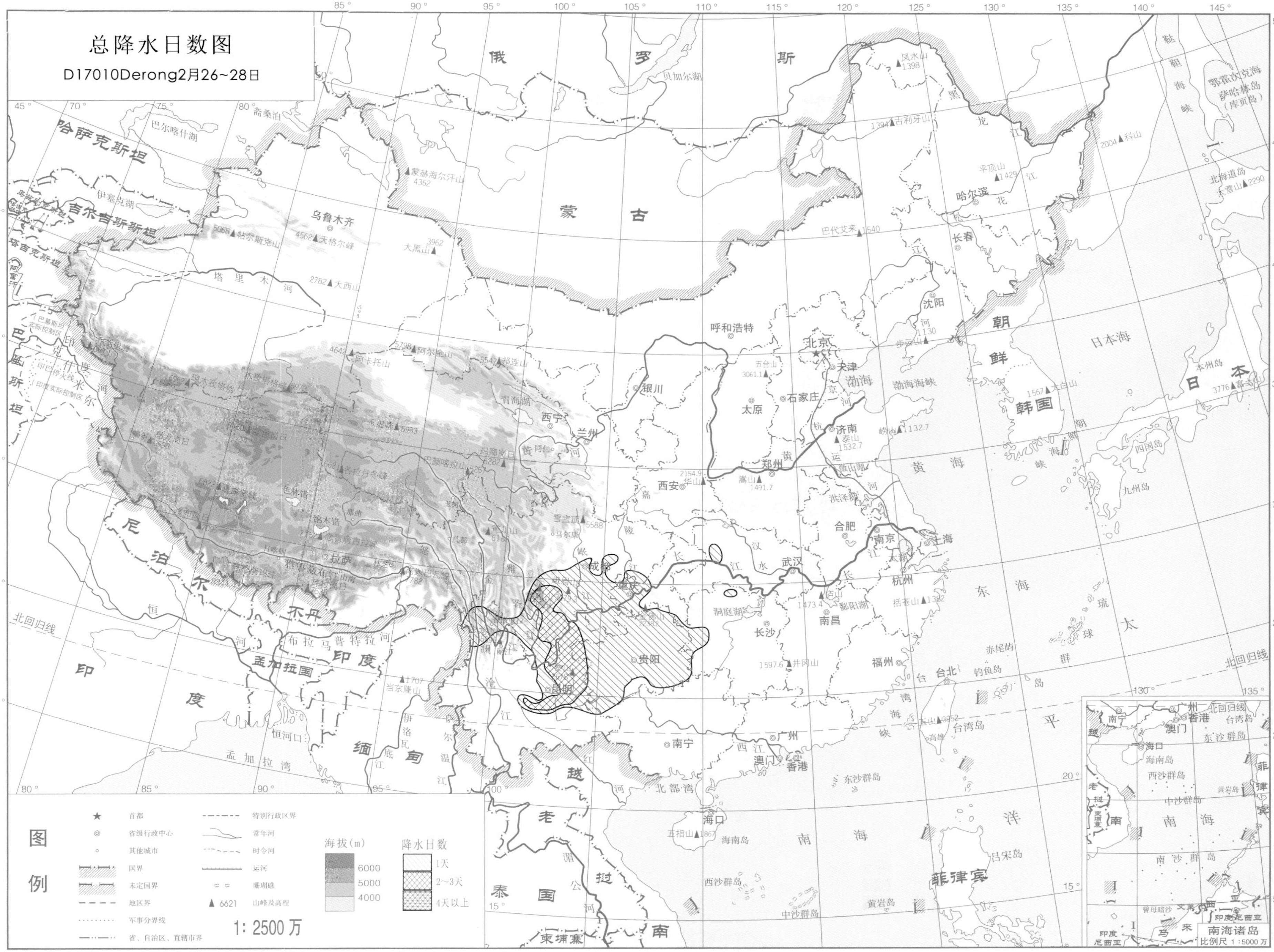

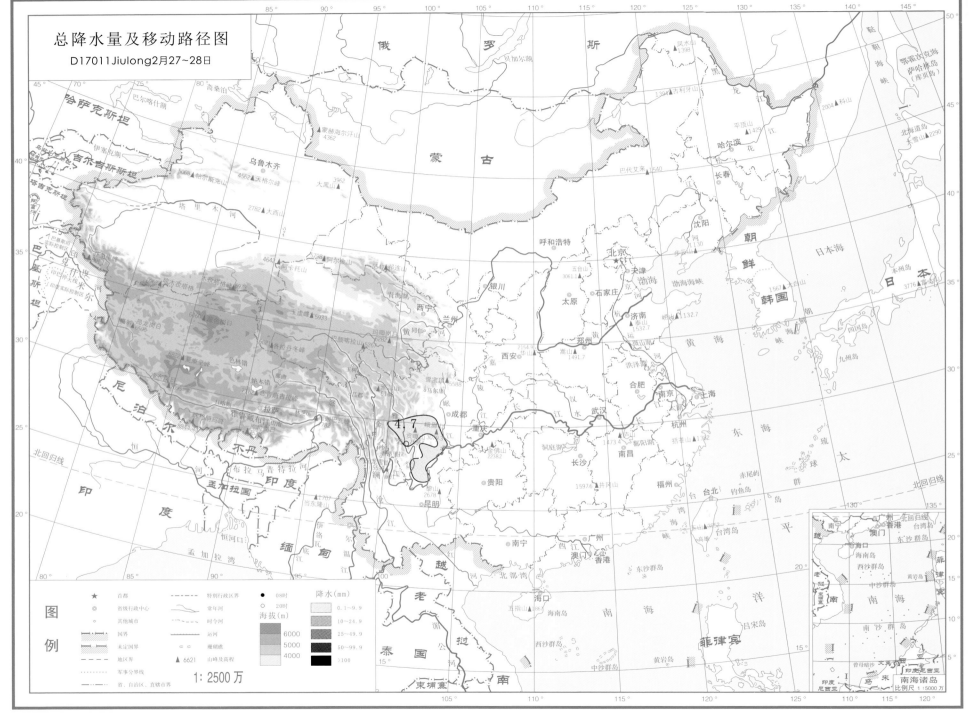

总降水量及移动路径图
D17011Jiulong2月27~28日

总降水日数图

D17011Jiulong2月27~28日

图例
首都
省级行政中心
其他城市
国界
未定国界
地区界
军事分界线
省、自治区、直辖市界
特别行政区界
常年河
时令河
运河
珊瑚礁
6621 山峰及高程
1: 2500 万
海拔(m)
6000
5000
4000
降水日数
1天
2~3天
4天以上
南海诸岛
比例尺 1 : 5000 万

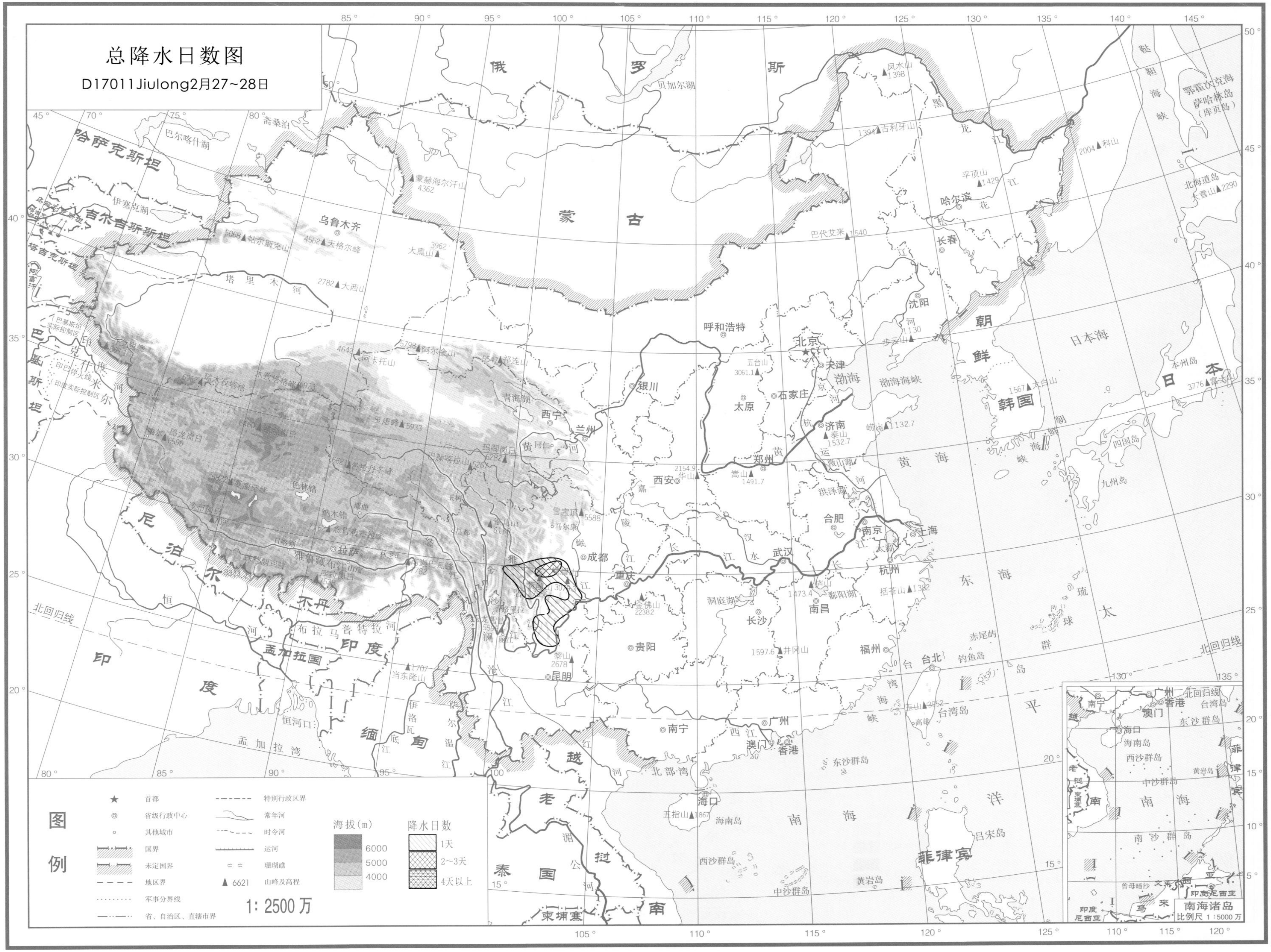

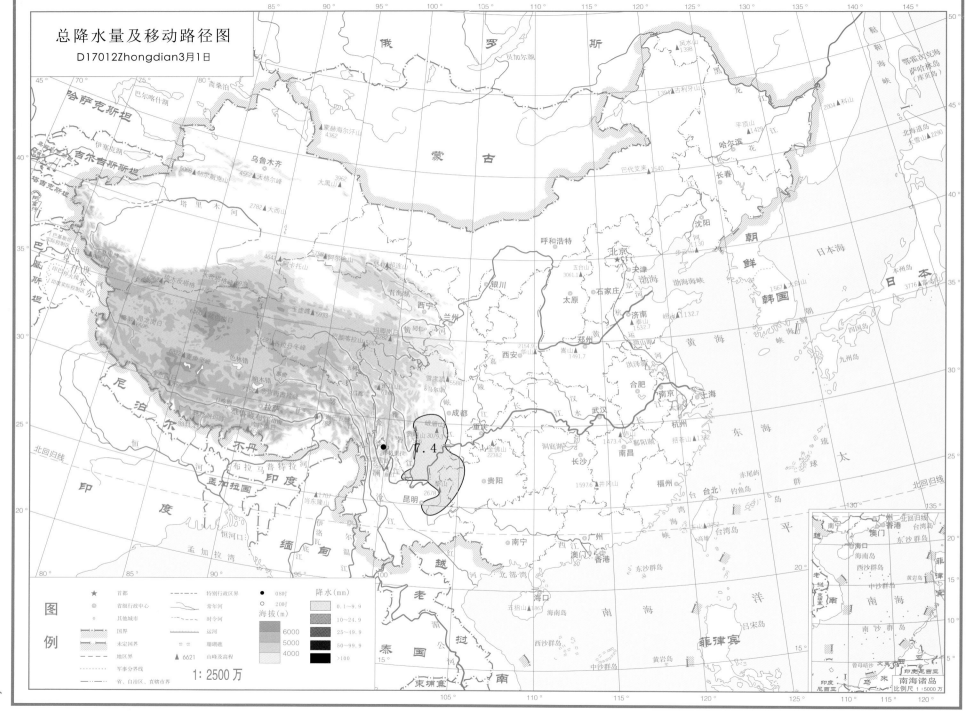

总降水量及移动路径图
D17012Zhongdian3月1日

7.4

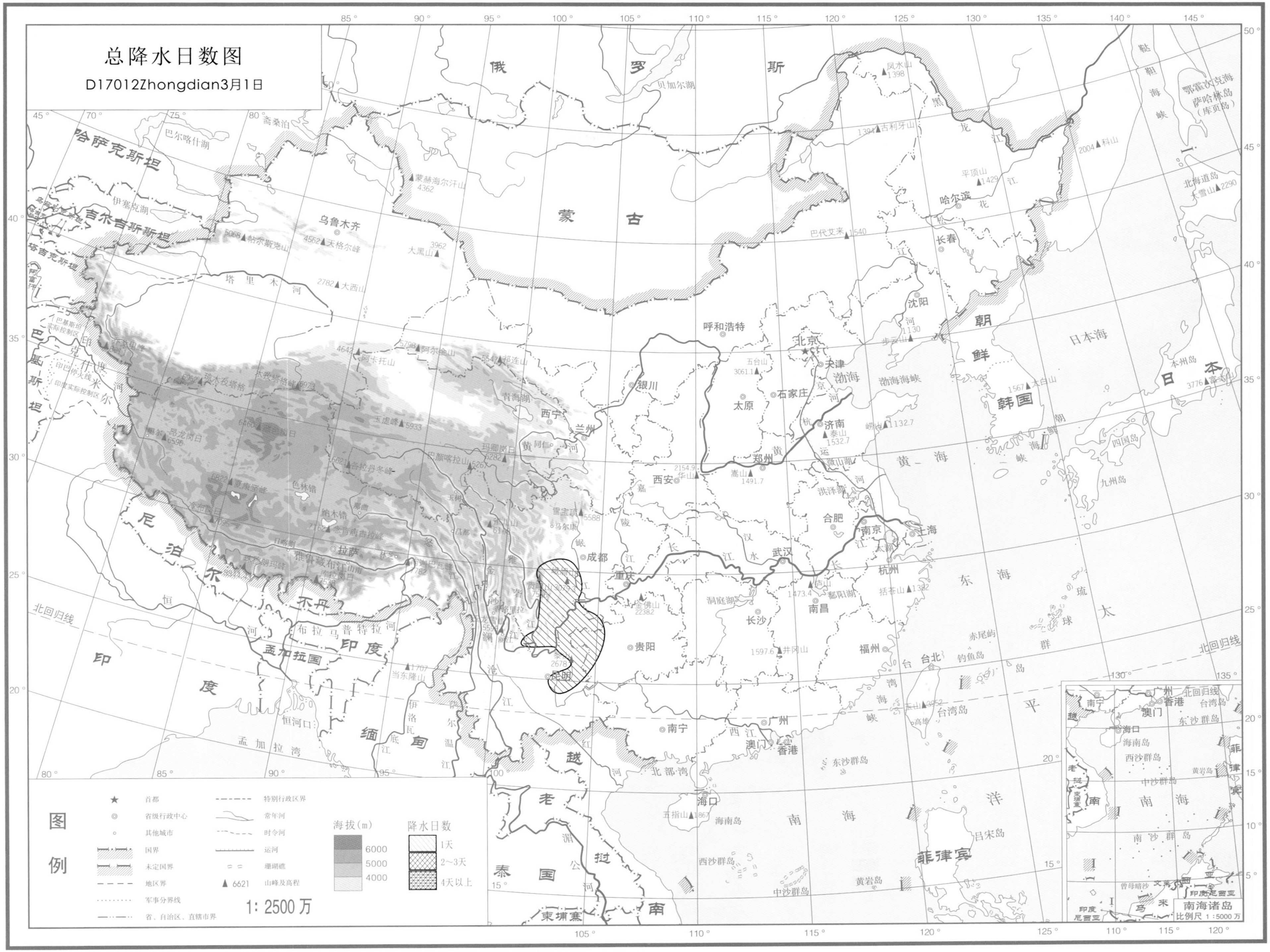

总降水日数图

D17012Zhongdian3月1日

哈萨克斯坦
吉尔吉斯斯坦
塔吉克斯坦
巴基斯坦
印度

俄罗斯
蒙古

乌鲁木齐

北京
天津
呼和浩特
银川
太原 石家庄
西宁 兰州
西安
郑州
合肥
武汉
南京 上海
杭州
成都
重庆
长沙
南昌
贵阳
福州
昆明
南宁
广州
海口

尼泊尔
不丹
孟加拉国
缅甸
老挝
泰国
越南
柬埔寨

朝鲜
韩国
日本
日本海

北回归线

图例

★	首都	
◎	省级行政中心	
○	其他城市	

国界
未定国界
地区界
军事分界线
省、自治区、直辖市界

特别行政区界
常年河
时令河
运河
珊瑚礁

海拔(m)

6000
5000
4000

降水日数

1天
2~3天
4天以上

▲ 6621 山峰及高程

1:2500万

南海诸岛
比例尺 1:5000万

57

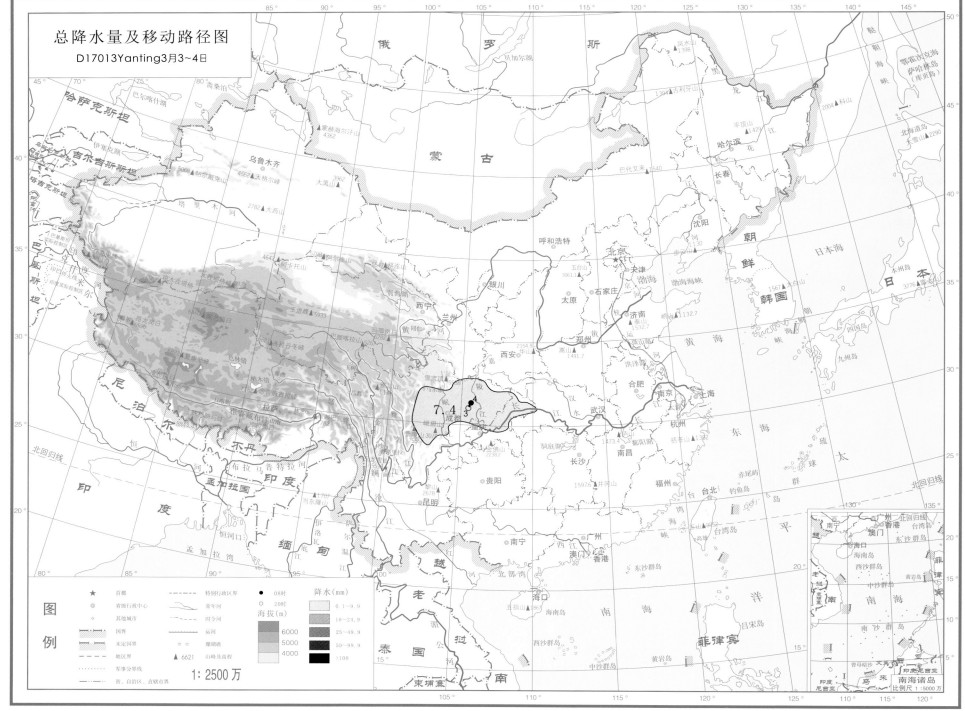

总降水量及移动路径图
D17013Yanting3月3~4日

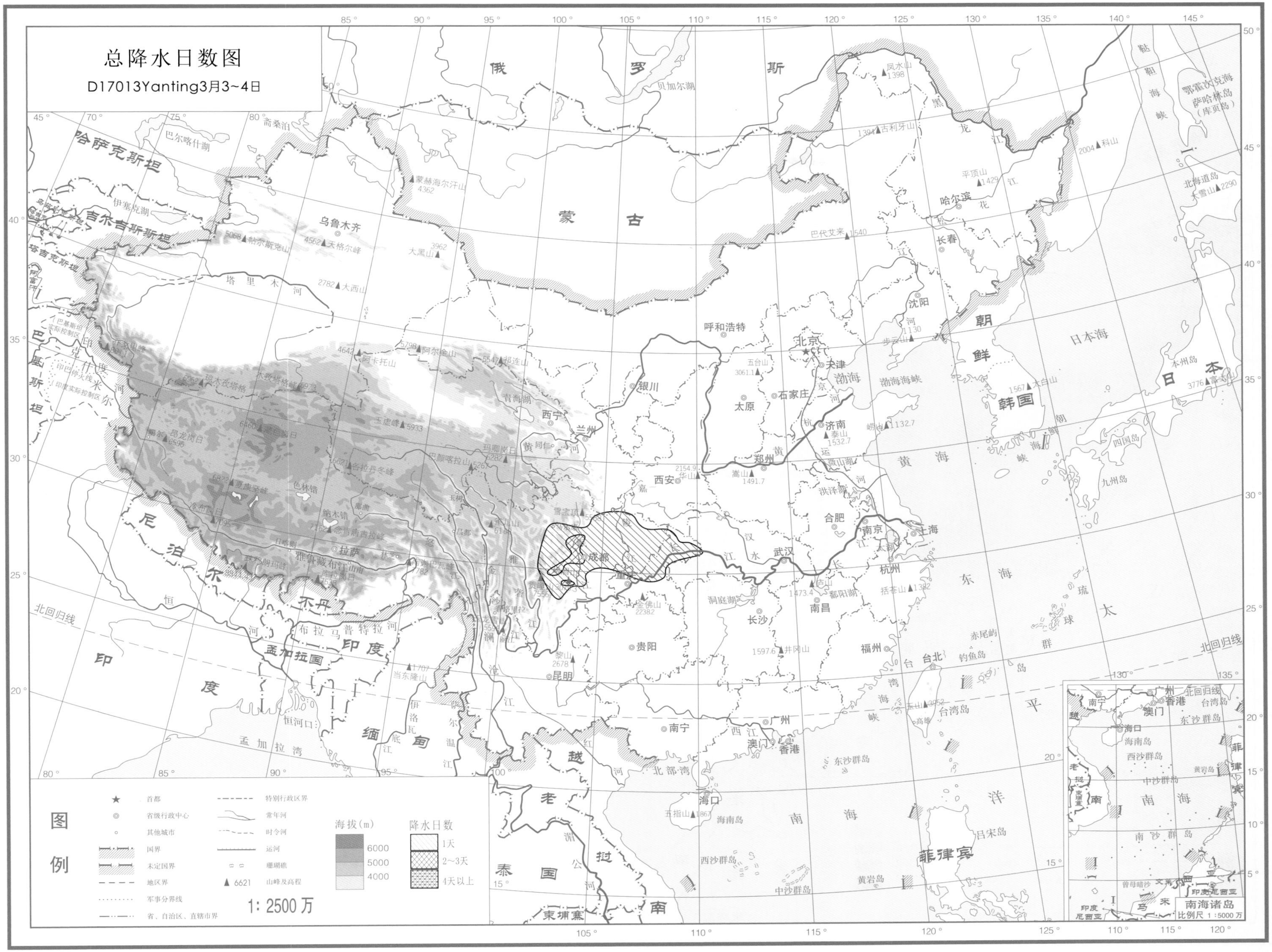

总降水日数图

D17013Yanting3月3~4日

俄　罗　斯

蒙　古

哈萨克斯坦
吉尔吉斯斯坦
塔吉克斯坦

巴基斯坦

尼泊尔
不丹
印　度

孟加拉国
缅　甸
越　南
老　挝
泰　国
柬埔寨

乌鲁木齐
银川
西宁
兰州
拉萨
昆明
贵阳
成都
西安
郑州
太原
石家庄
呼和浩特
北京
天津
沈阳
长春
哈尔滨
济南
合肥
南京
上海
杭州
武汉
长沙
南昌
福州
台北
南宁
广州
香港
澳门
海口

朝鲜
韩国
日本

日本海
黄海
渤海
东海
南海
太平洋
菲律宾

北回归线

贝加尔湖
巴尔喀什湖
斋桑泊
伊塞克湖

洞庭湖
鄱阳湖
洪泽湖
青海湖

黄河
长江
雅鲁藏布江
恒河
布拉马普特拉河
塔里木河
怒江
澜沧江
珠江

图例

★ 首都	特别行政区界
◎ 省级行政中心	常年河
○ 其他城市	时令河
国界	运河
未定国界	珊瑚礁
地区界	▲ 6621 山峰及高程
军事分界线	
省、自治区、直辖市界	

海拔(m)　6000　5000　4000

降水日数　1天　2~3天　4天以上

1：2500万

南海诸岛
比例尺 1：5000万

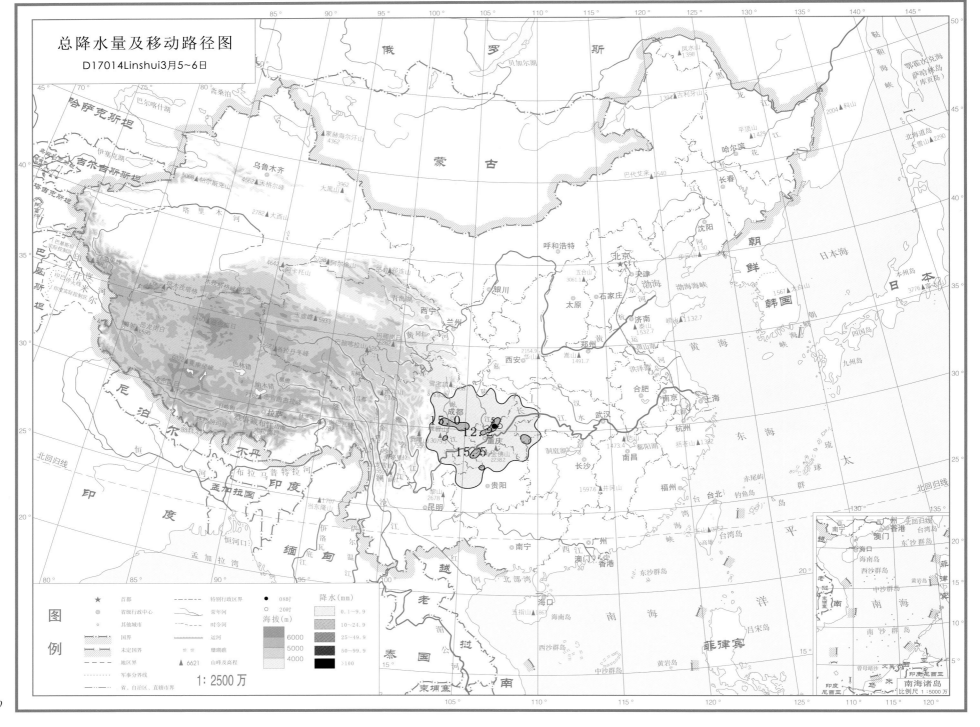

总降水量及移动路径图

D17014Linshui3月5~6日

图例

★	首都	-----	特别行政区界
◎	省级行政中心		常年河
◦	其他城市		时令河
	国界	==	运河
	未定国界	≡≡	礁珊瑚
---	地区界	▲ 6621	山峰及高程
......	军事分界线		
	省、自治区、直辖市界		

● 08时
○ 20时

降水(mm)

海拔(m)
6000
5000
4000

0.1~9.9
10~24.9
25~49.9
50~99.9
>100

1:2500万

南海诸岛 比例尺 1:5000万

总降水日数图

D17014Linshui3月5~6日

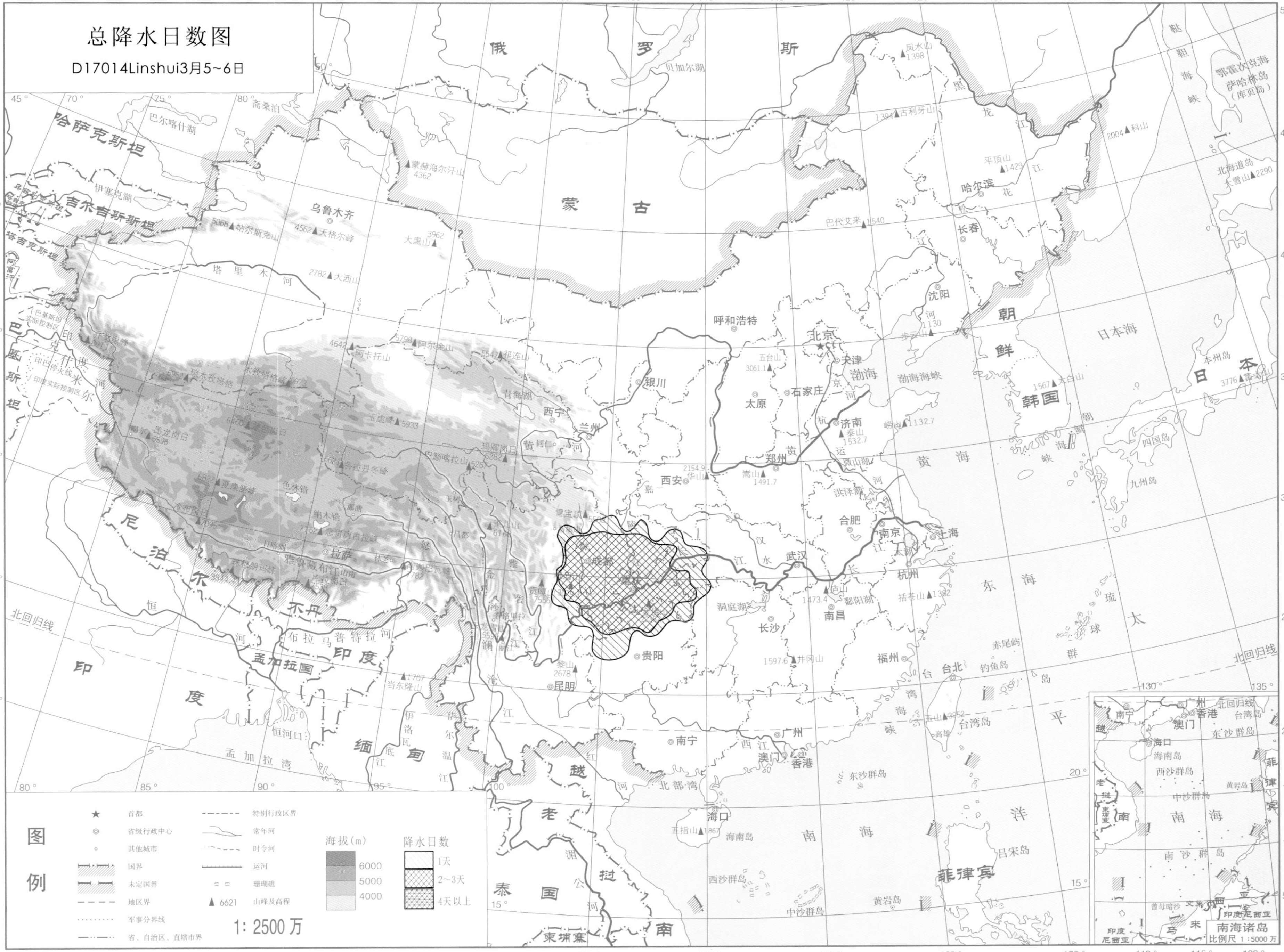

图例

★	首都	
◎	省级行政中心	
◉	其他城市	

国界
未定国界
地区界
军事分界线
省、自治区、直辖市界

特别行政区界
常年河
时令河
运河
珊瑚礁
▲6621 山峰及高程

海拔(m)
6000
5000
4000

降水日数
1天
2~3天
4天以上

1:2500万

南海诸岛
比例尺 1:5000万

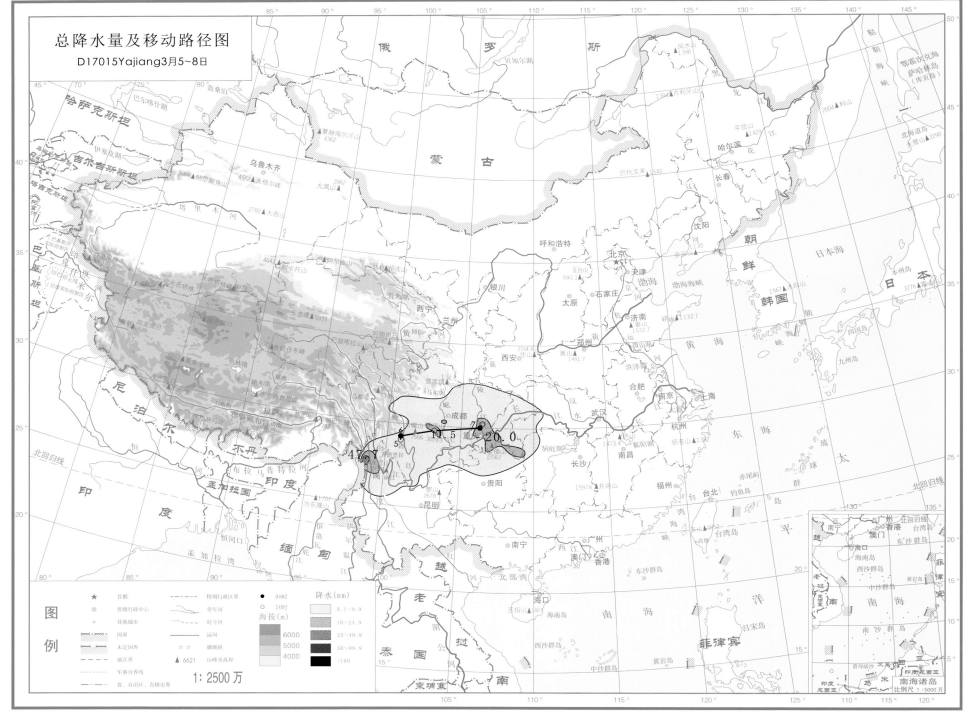

总降水量及移动路径图

D17015Yajiang3月5~8日

图
例

★	首都	- · - · -	特别行政区界
◎	省级行政中心	- - -	常年河
○	其他城市		时令河
	国界	= =	运河
- - -	未定国界	▲ 6621	山峰及高程
	地区界		
· · · · · ·	军事分界线		
- · · -	省、自治区、直辖市界		

● 08时
○ 20时

降水(mm)
海拔(m)

	0.1~9.9
6000	10~24.9
5000	25~49.9
4000	50~99.9
	>100

1：2500万

南海诸岛
比例尺 1：5000万

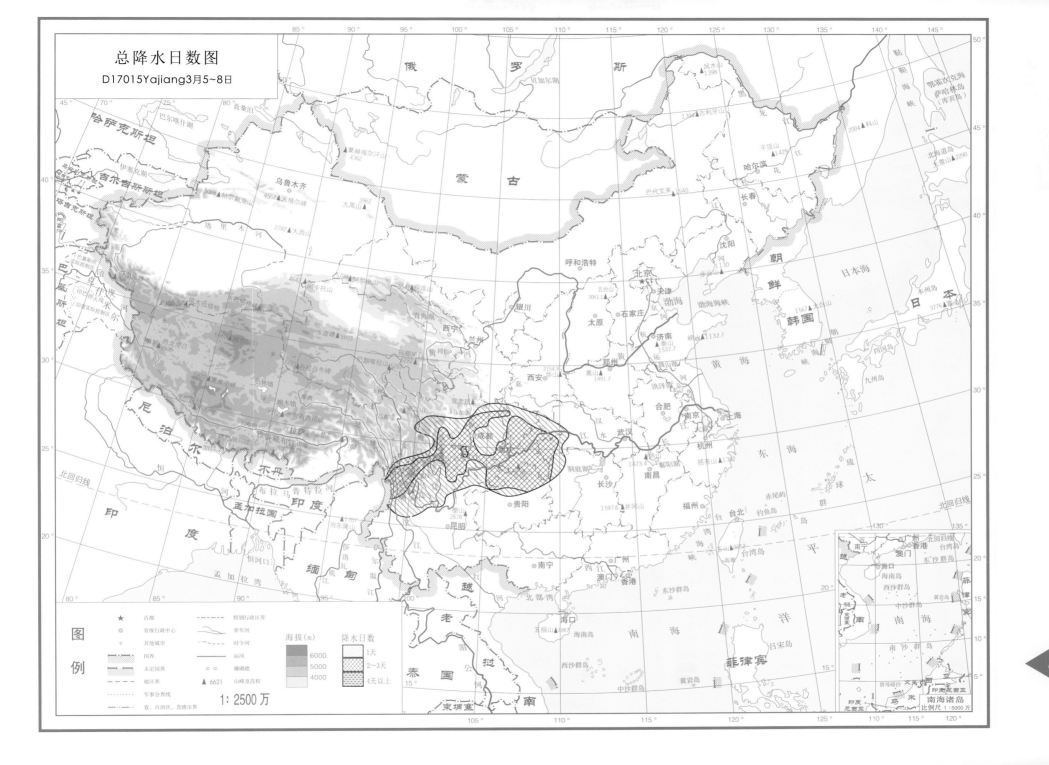

总降水日数图

D17015Yajiang3月5~8日

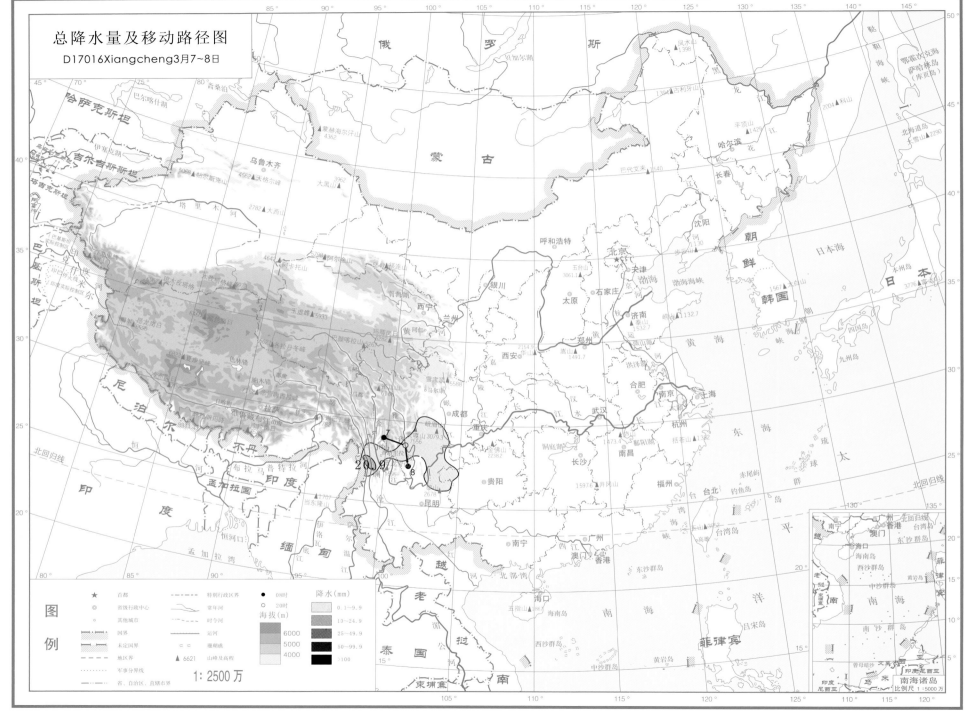

总降水日数图
D17016Xiangcheng3月7~8日

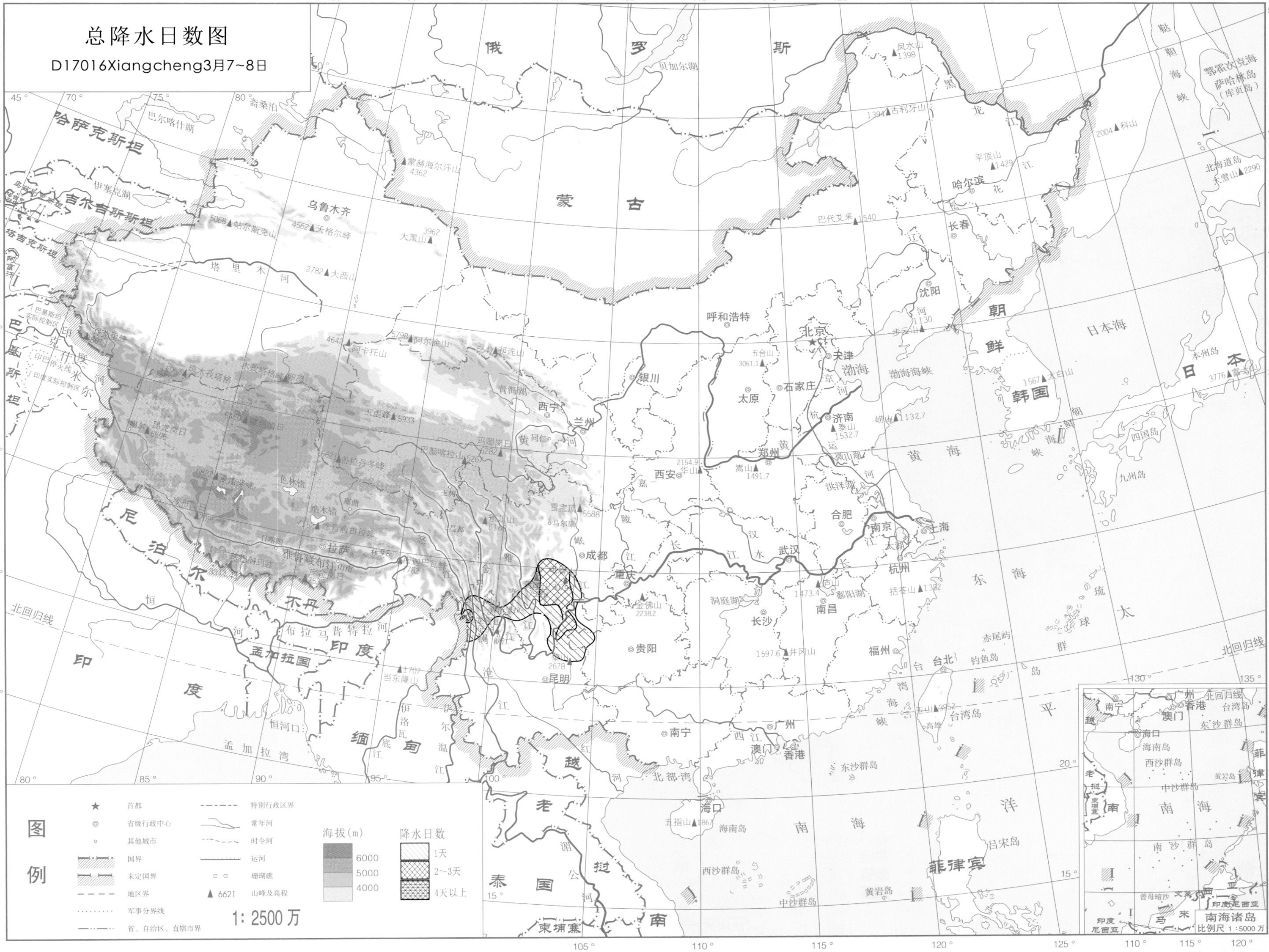

1:2500万

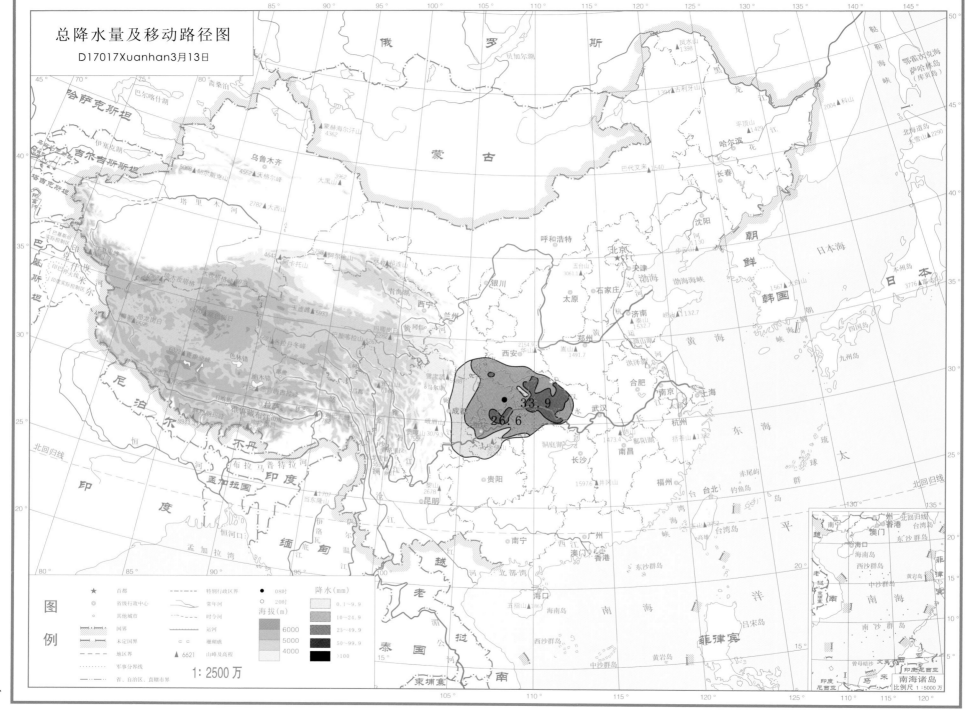

总降水量及移动路径图
D17017Xuanhan3月13日

总降水日数图

D17017Xuanhan3月13日

哈萨克斯坦
吉尔吉斯斯坦
塔吉克斯坦
巴基斯坦
俄罗斯
蒙古

乌鲁木齐
5068 帕尔斯雷峰
4562 天格尔峰
3962
大黑山
2782 大西山

贝加尔湖
1398 凤水山
1394 古利牙山
2004 科山
平顶山 1429
北海道岛 天蒙山 2290
鄂霍次克海 萨哈林岛（库页岛）

哈尔滨
长春

沈阳
步云山 1150

朝鲜
韩国
日本海
本州岛 3776

吉赛克湖
伊塞克湖

4643
阿尔托山
5798 阿尔恒山
祁连山

呼和浩特
五台山 3061.1
北京
天津 渤海
渤海海峡
1567 木白山

日本岛
四国岛
九州岛

印度实际控制区
印度
尼泊尔
不丹

青海湖
西宁
兰州
黄河
银川
太原
石家庄
济南
泰山 1532.7
1132.7

黄海

玉虚峰 5933

嵩山
郑州
1491.7
2154.9
西安 华山

洪泽湖
合肥
南京 上海

东海
琉球群岛
太平洋

喜马拉雅山
拉萨
雅鲁藏布江
色林错
纳木错

成都
重庆

武汉
洞庭湖
1573.4
鄱阳湖
括苍山 1382
杭州

恒河
孟加拉国
印度

布拉马普特拉河

贵阳
长沙
南昌
1597.6 井冈山
福州
台北
钓鱼岛

北回归线

缅甸

昆明
南宁
西江
广州
澳门 香港
东沙群岛

台湾岛
高雄 3952
台湾海峡
赤尾屿

北回归线
130°
135°

老挝
泰国
越南

海口
五指山 1867
海南岛

南海

东沙群岛
西沙群岛
中沙群岛
菲律宾

广州
香港
澳门
东沙群岛
台湾岛
南宁
海口
西沙群岛
南海
黄岩岛
中沙群岛
南沙群岛

柬埔寨
西沙群岛
黄岩岛
中沙群岛

菲律宾
吕宋岛

印度尼西亚

南海诸岛
比例尺 1:5000万

图例

★ 首都		----- 特别行政区界	
◎ 省级行政中心		常年河	
○ 其他城市		时令河	
国界		运河	
未定国界	海拔(m)	降水日数	
地区界	6000	1天	
军事分界线	▲ 6621 山峰及高程	5000	2~3天
省、自治区、直辖市界		4000	4天以上

1:2500万

67

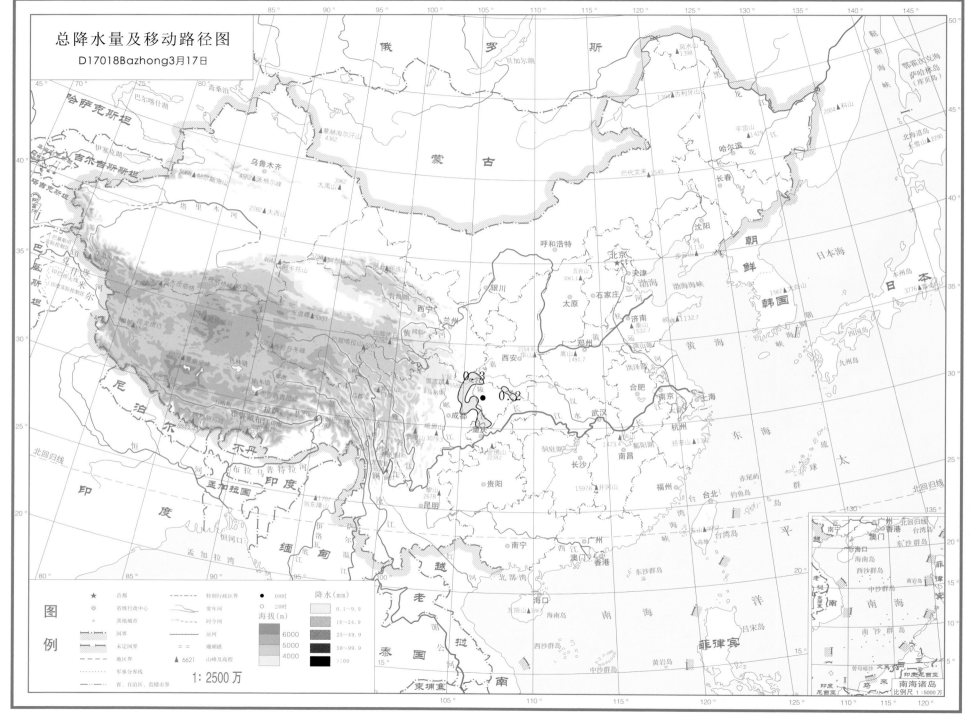

俄　罗　斯

贝加尔湖

凤水山
1398

鄂霍次克海

哈萨克斯坦

斋桑泊

巴尔喀什湖

蒙赫海尔汗山
4362

蒙　古

古利牙山
1394

巴代戈来
1540

库页岛

鄂霍次克海
萨哈林岛
(库页岛)

鞑　靼　海　峡

吉尔吉斯斯坦

伊塞克湖

乌鲁木齐

帕尔斯峻山
4562 天格尔峰

大凤山

2782 大西山

塔里木河

2004 科山

平顶山
1429

哈尔滨

长春

沈阳

北海道岛
大雪山 2290

本州岛

4643 阿卡托山

祁连山

呼和浩特

1130

河

朝

鲜

韩国

1567 太白山

3776 富士山

日　本　海

日　本

塔吉克斯坦

巴基斯坦
印

查谟克什米尔

印控克什米尔

印巴实际控制区

2798 阿尔金山

2782

青海湖

西宁

银川

五台山
3061.1

北京
天津

石家庄

太原

渤海

济南
泰山
1532.7

运

郑州

嵩山
1491.7

黄

泰山 1132.7

渤海海峡

黄　海

九州岛

玛卿岗日
2282

黄河

同仁

2154.9
华山

西安

九州岛

尼

伊犁

珠穆朗玛峰
8848

色林错

纳木错

唐古拉山

拉萨

念青唐古拉山

雅鲁藏布江

雅

嘉
陵

雪宝顶
马尔康

峨眉山

成都

重庆

长

江

水

合肥

武汉

南京

杭州

上海

括苍山 1382

东　海

琉

泊

尔

不丹

当东隆山
1707

布拉马普特拉河

恒

河

怒

澜

沧

龙

江

金佛山
2238.2

长沙

南昌

1473.4
鄱阳湖

洞庭湖

赤尾屿

球

群

钓鱼岛

太

北回归线

孟加拉国

孟加拉湾

印

度

恒河口

缅

甸

伊洛瓦底江

尔
温
江

怒
江

江

贵阳

1597.6 井冈山

福州

台北

钓鱼岛

岛

平

北回归线

昆明
2678

广

州

西江

澳门 香港

东沙群岛

洋

老

越

南

河

南宁

西

江

海

台湾岛

高雄

台湾岛 3952

台湾
海峡

北部湾

海口

五指山
1867

海南岛

南

海

西沙群岛

吕宋岛

菲　律　宾

泰

国

柬埔寨

公

湄

海南岛

中沙群岛

黄岩岛

图
例

★ 首都

◎ 省级行政中心

○ 其他城市

国界

未定国界

地区界

军事分界线

省、自治区、直辖市界

特别行政区界

常年河

时令河

运河

珊瑚礁

▲6621 山峰及高程

海拔(m)

6000
5000
4000

降水日数

1天

2～3天

4天以上

1：2500万

南宁
海口

广州 北回归线

香港 台湾岛
澳门

南海

海南岛

西沙群岛

中沙群岛

东沙群岛

黄岩岛

南沙群岛

曾母暗沙 文莱

马来西亚

印度尼西亚

菲

律

宾

南海诸岛
比例尺 1：5000万

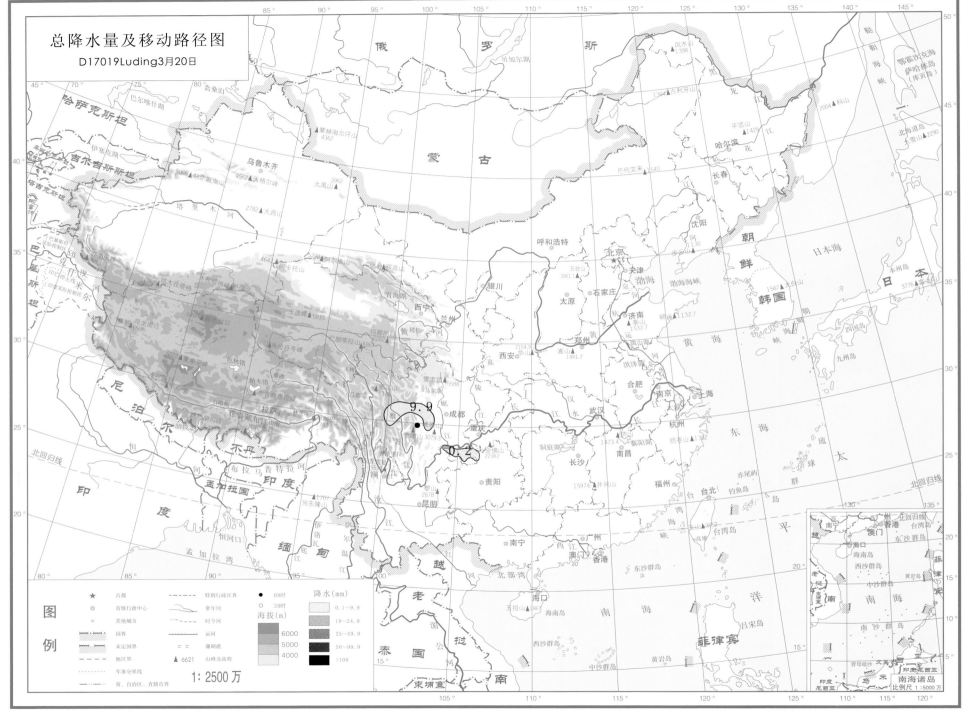

总降水量及移动路径图

D17019Luding3月20日

总降水日数图

D17019Luding3月20日

哈萨克斯坦

吉尔吉斯斯坦

塔吉克斯坦

巴基斯坦

俄　罗　斯

蒙　古

朝　鲜

韩　国

日本

尼泊尔

不丹

印　度

孟加拉

缅甸

越　南

老　挝

泰　国

柬埔寨

菲律宾

乌鲁木齐

呼和浩特

北京

天津

沈阳

长春

哈尔滨

银川

西宁

兰州

太原

石家庄

济南

郑州

西安

合肥

南京

上海

杭州

武汉

成都

重庆

长沙

南昌

福州

贵阳

昆明

南宁

广州

澳门

香港

海口

拉萨

斋桑泊

巴尔喀什湖

伊塞克湖

贝加尔湖

青海湖

肯纳湖

鄂霍次克海

萨哈林岛
(库页岛)

北海道岛

本州岛

四国岛

九州岛

日本海

黄海

东海

太平洋

南海

渤海

渤海海峡

黄河

长江

汉江

洞庭湖

鄱阳湖

北回归线

恒河口

孟加拉湾

北部湾

台湾岛

台湾海峡

海南岛

东沙群岛

西沙群岛

中沙群岛

南沙群岛

黄岩岛

赤尾屿

钓鱼岛

琉球群岛

图例

★　首都
◎　省级行政中心
○　其他城市
　　国界
　　未定国界
　　地区界
....　军事分界线
　　省、自治区、直辖市界

----　特别行政区界
～～～　常年河
　　时令河
　　运河
= =　珊瑚礁
▲ 6621　山峰及高程

海拔(m)
6000
5000
4000

降水日数
1天
2～3天
4天以上

1:2500万

南海诸岛
比例尺 1:5000万

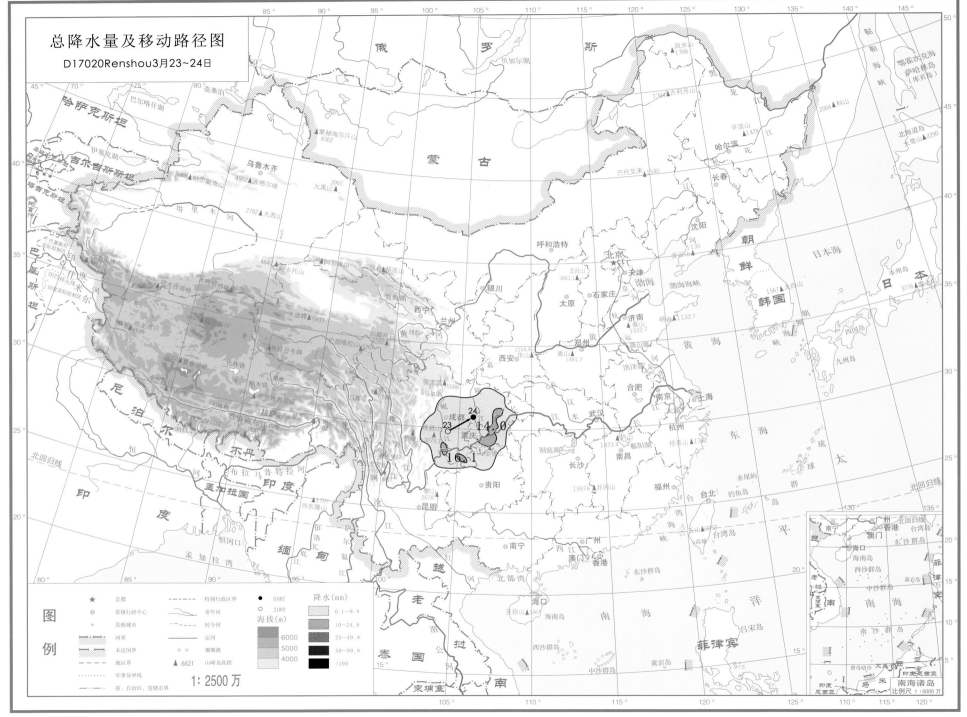

总降水量及移动路径图
D17020Renshou3月23~24日

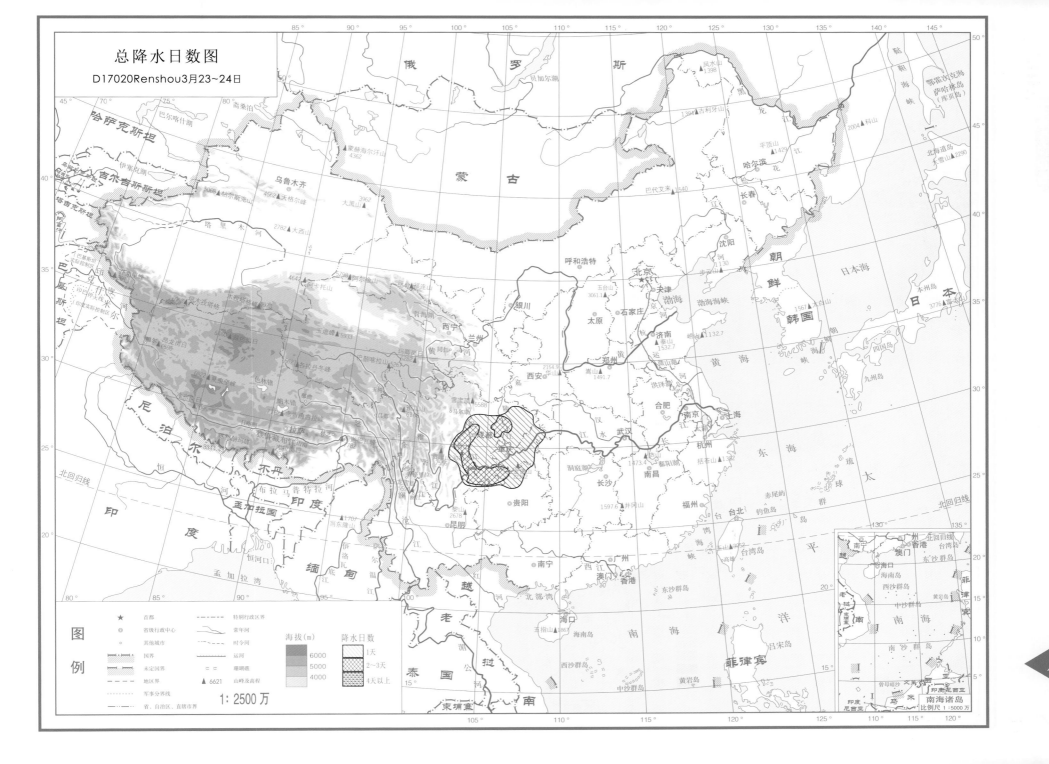

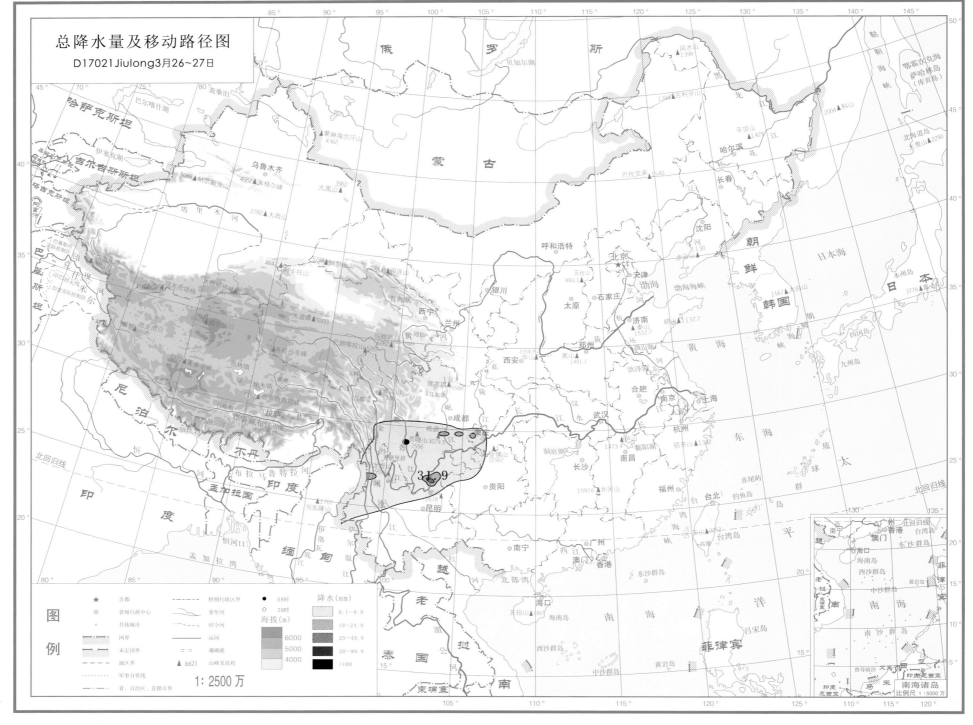

总降水量及移动路径图
D17021 Jiulong 3月26~27日

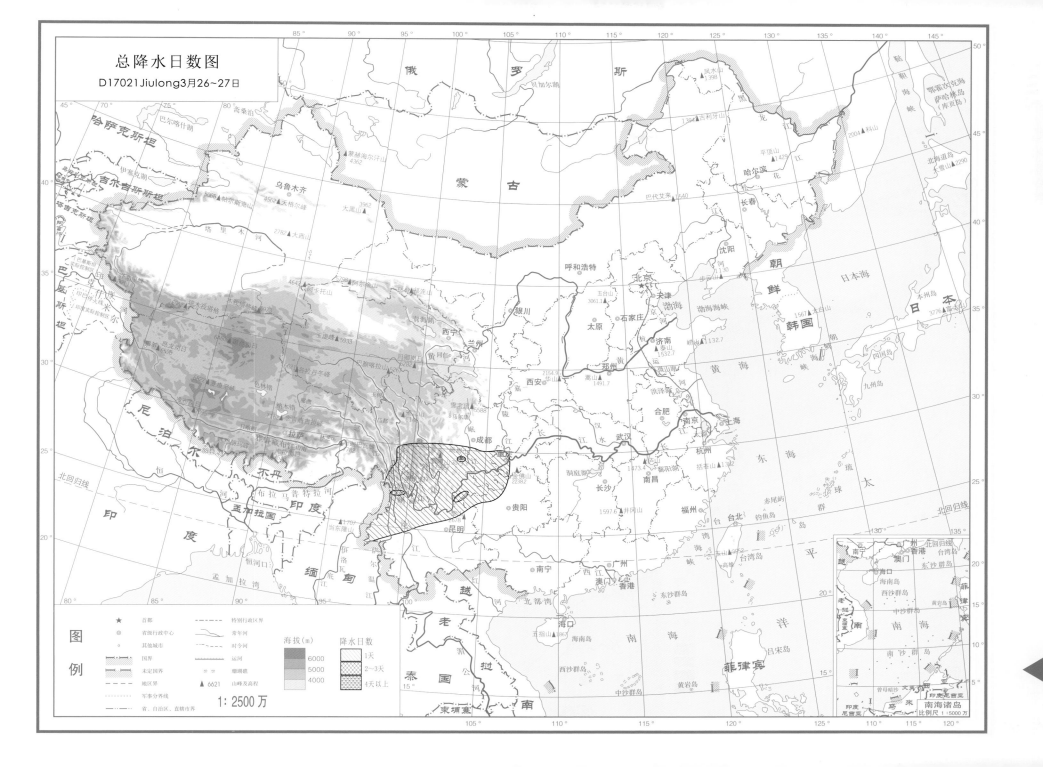

总降水日数图
D17021Jiulong3月26~27日

1 : 2500 万

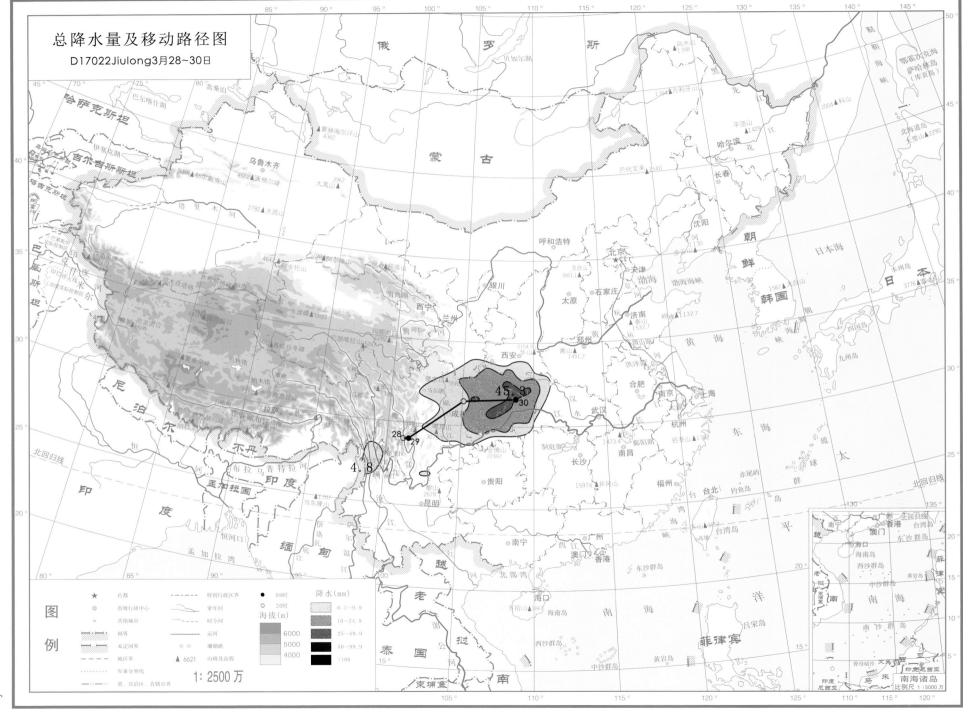

総降水日数図
D17022Jiulong3月28~30日

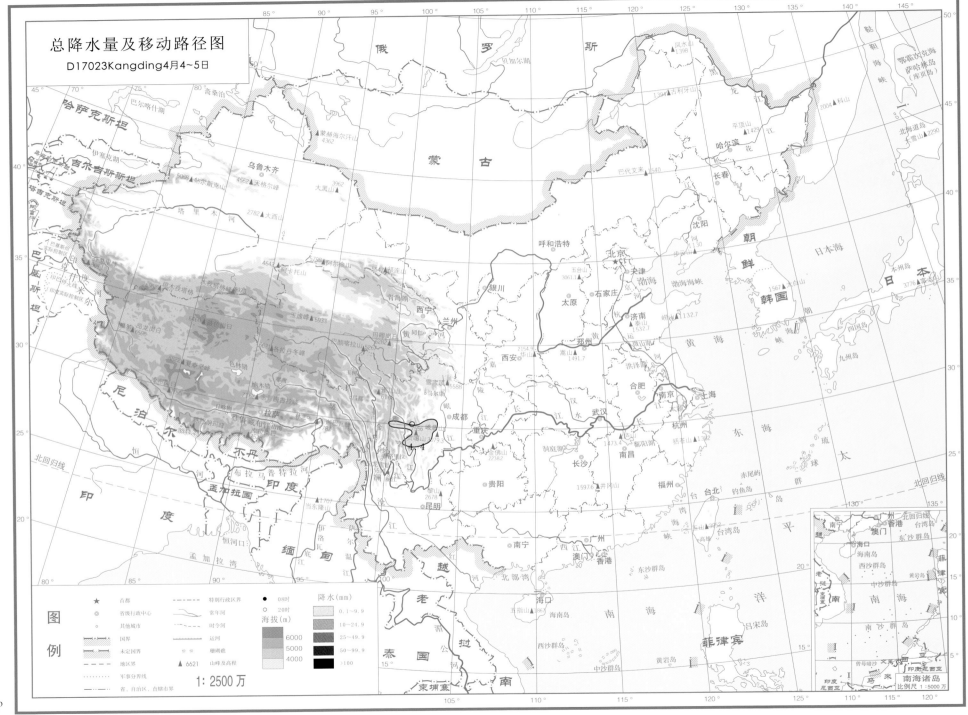

总降水量及移动路径图
D17023Kangding4月4~5日

总降水日数图

D17023Kangding4月4~5日

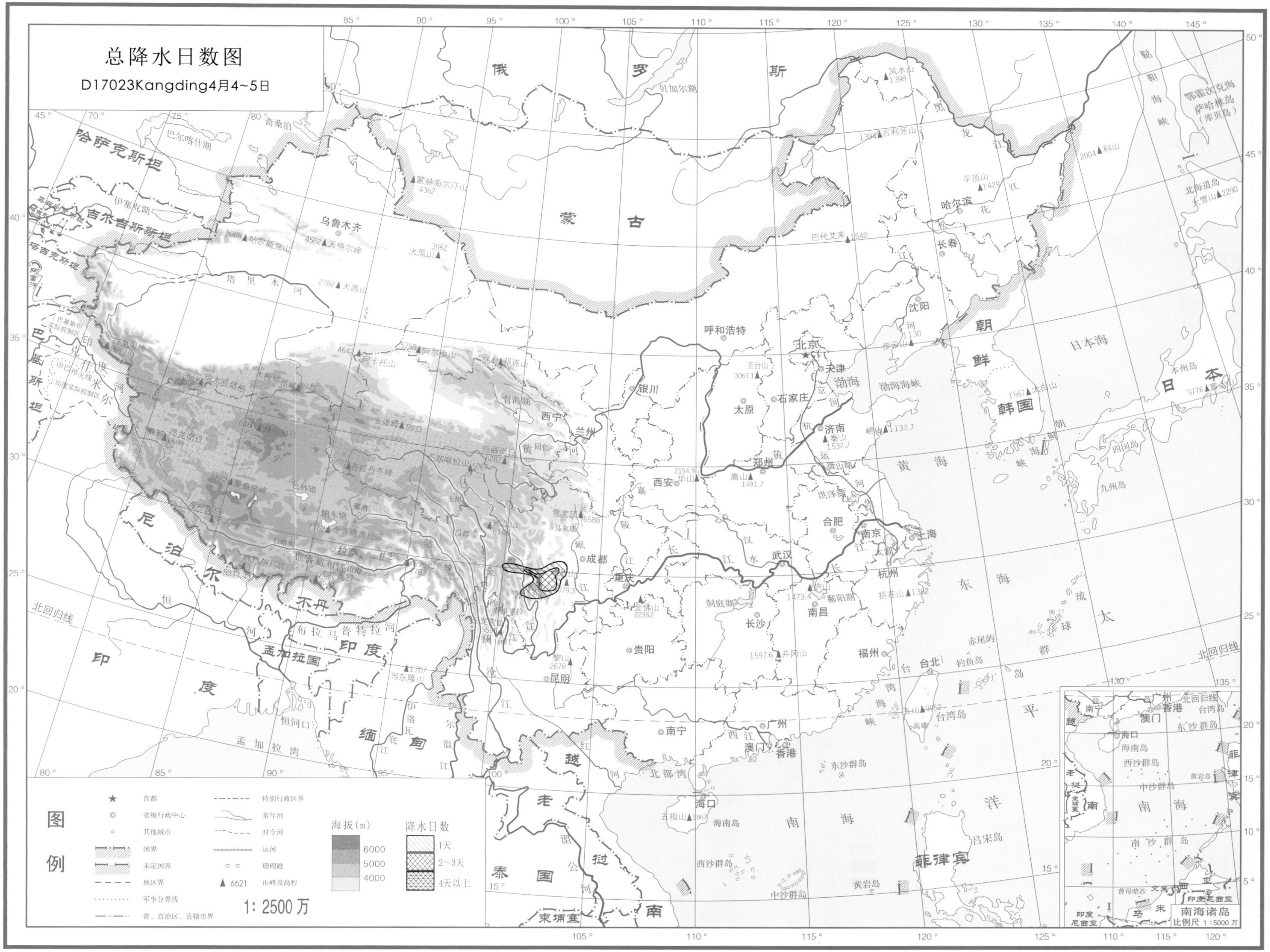

图例

	首都		特别行政区界
	省级行政中心		常年河
	其他城市		时令河
	国界		运河
	未定国界		珊瑚礁
	地区界	▲6621	山峰及高程
	军事分界线		
	省、自治区、直辖市界		

海拔(m)

6000
5000
4000

降水日数

1天
2~3天
4天以上

1:2500万

南海诸岛
比例尺 1:5000万

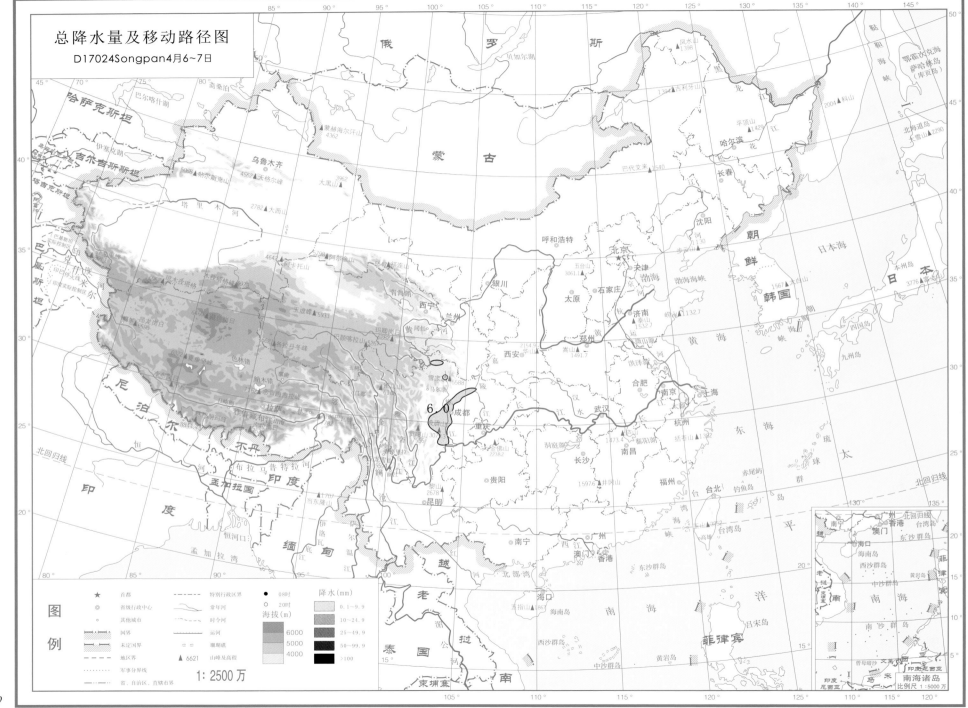

总降水量及移动路径图
D17024Songpan4月6~7日

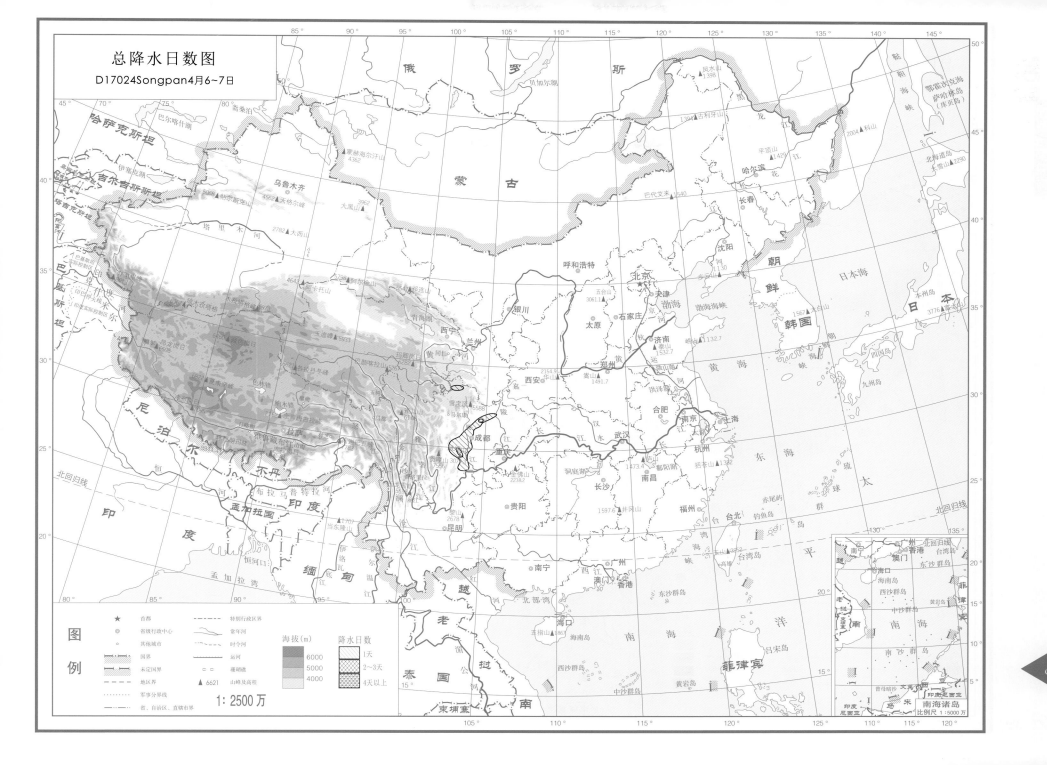

总降水日数图

D17024Songpan4月6~7日

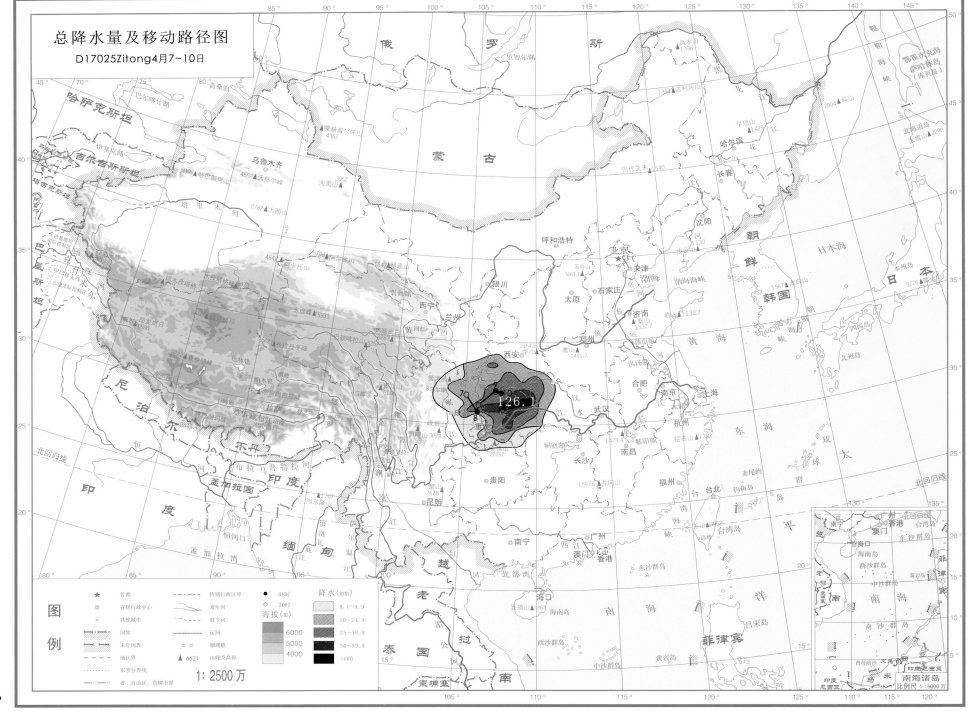

总降水量及移动路径图
D17025Zitong4月7~10日

126.1

图
例

★ 首都
◎ 省级行政中心
○ 其他城市
━━━ 国界
━━━ 未定国界
━━━ 地区界
┈┈┈ 军事分界线
━━━ 省、自治区、直辖市界

┈┈┈ 特别行政区界
┄┄┄ 常年河
━━━ 时令河
══ 运河
══ 珊瑚礁

● 08时
○ 20时

海拔(m)
6000
5000
4000

降水(mm)
0.1~9.9
10~24.9
25~49.9
50~99.9
>100

▲ 6621 山峰及高程

1:2500万

南海诸岛
比例尺 1:5000万

总降水日数图

D17025Zitong4月7~10日

图例

★	首都	-----	特别行政区界
◎	省级行政中心		常年河
○	其他城市		时令河
	国界	===	运河
	未定国界	==	曝珊礁
	地区界	▲ 6621	山峰及高程
	军事分界线		
	省、自治区、直辖市界		

海拔(m)
6000
5000
4000

降水日数
1天
2~3天
4天以上

1:2500万

南海诸岛
比例尺 1:5000万

83

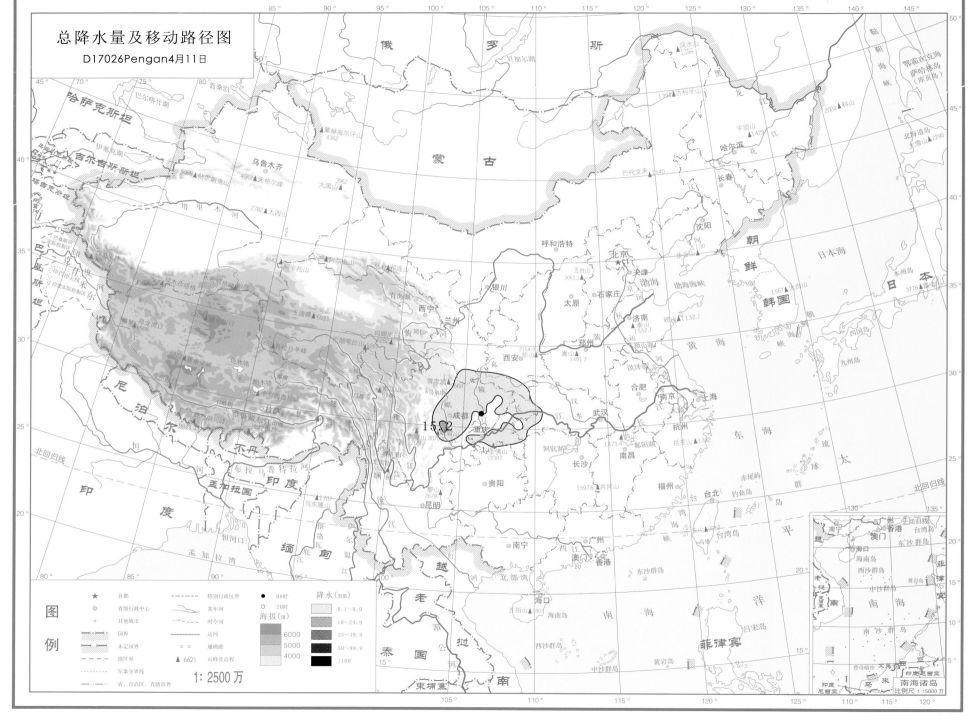

总降水量及移动路径图

D17026Pengan4月11日

15.2

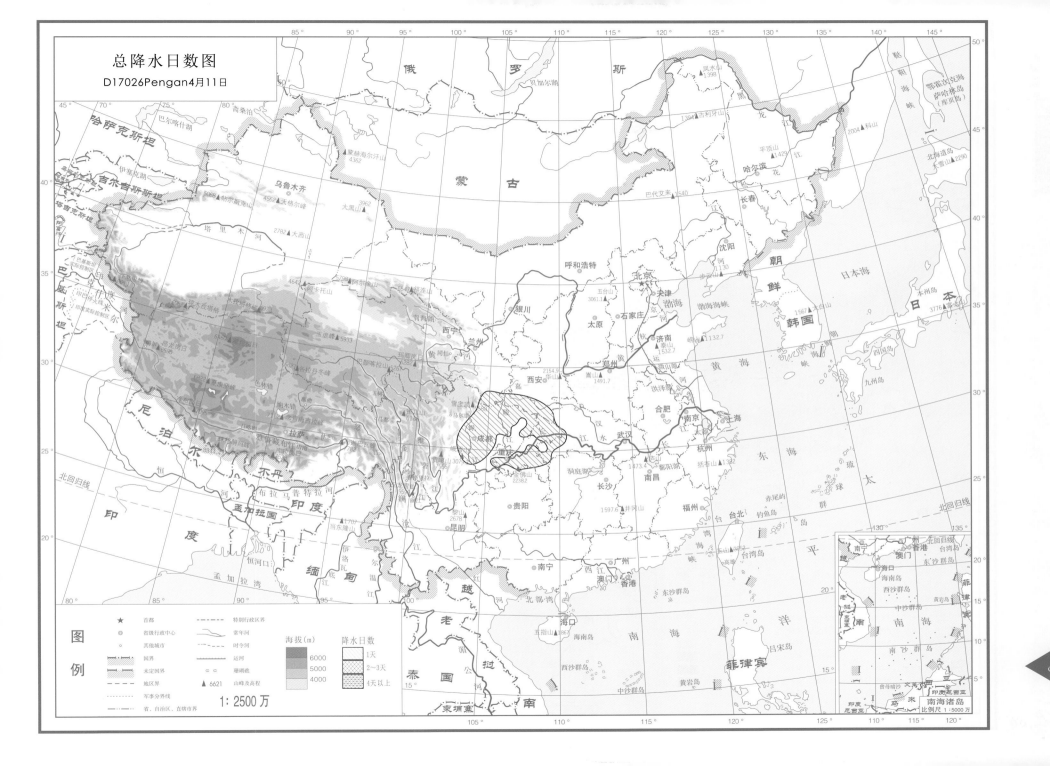

总降水日数图
D17026Pengan4月11日

1 : 2500 万

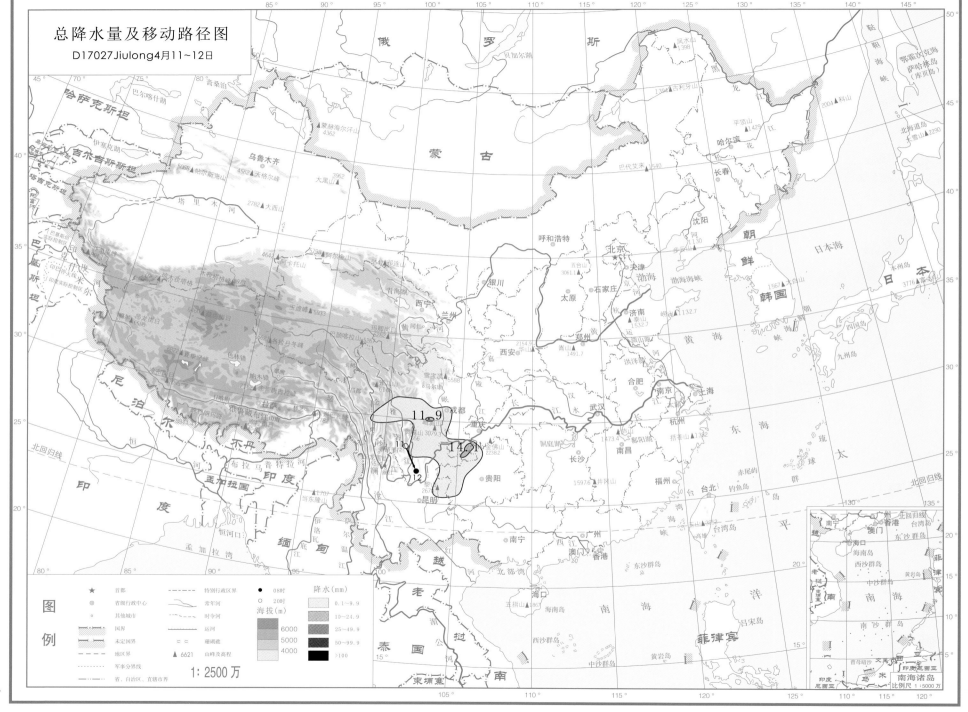

总降水量及移动路径图
D17027Jiulong4月11~12日

总降水日数图

D17027 Jiulong 4月11~12日

图例

★ 首都	--- 特别行政区界		
◎ 省级行政中心	常年河		
○ 其他城市	时令河	海拔(m)	降水日数
▨ 国界	== 运河	6000	▨ 1天
未定国界	珊瑚礁	5000	▨ 2~3天
地区界	▲6621 山峰及高程	4000	▨ 4天以上
军事分界线			
省、自治区、直辖市界			

1:2500万

俄 罗 斯

哈萨克斯坦

吉尔吉斯斯坦

塔吉克斯坦

阿富汗

巴基斯坦

蒙 古

乌鲁木齐

塔 里 木 河

青海湖

西宁

兰州

银川

呼和浩特

北京

天津

石家庄

太原

济南

郑州

西安

合肥

南京

上海

杭州

武汉

长沙

南昌

福州

台北

贵阳

昆明

南宁

广州

香港

澳门

海口

哈尔滨

长春

沈阳

日 本 海

韩 国

朝 鲜

日 本

黄 海

东 海

南 海

太 平 洋

尼泊尔

印 度

不丹

孟加拉国

缅 甸

越 南

老 挝

泰 国

柬埔寨

菲 律 宾

北回归线

拉萨

成都

重庆

北部湾

贝加尔湖

巴尔喀什湖

伊塞克湖

南海诸岛
比例尺 1:5000万

87

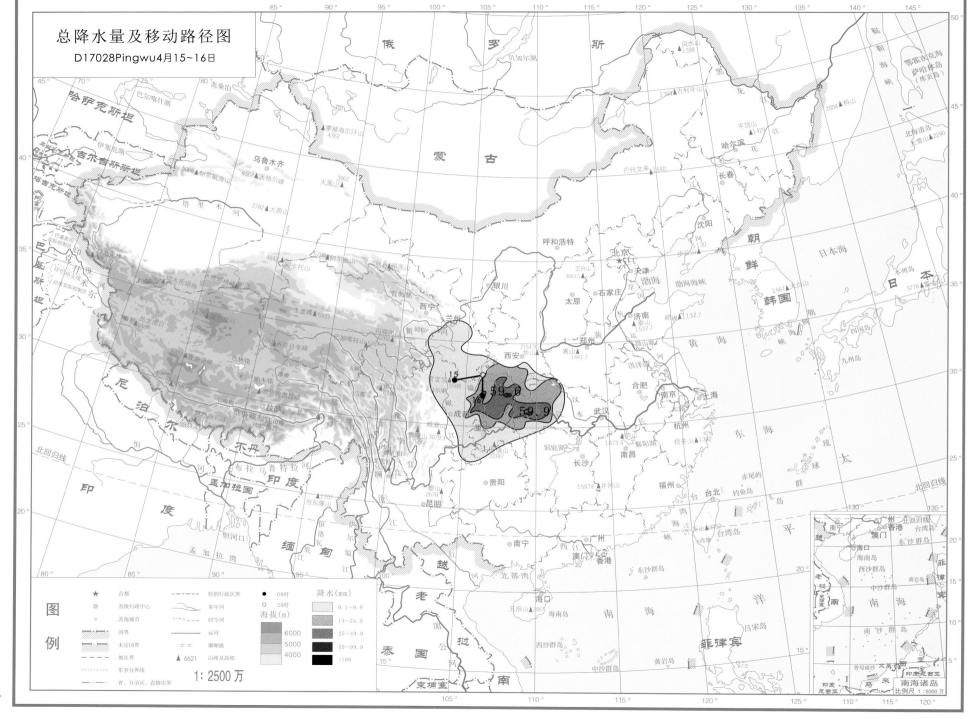

总降水量及移动路径图

D17028Pingwu4月15~16日

总降水日数图

D17028Pingwu4月15~16日

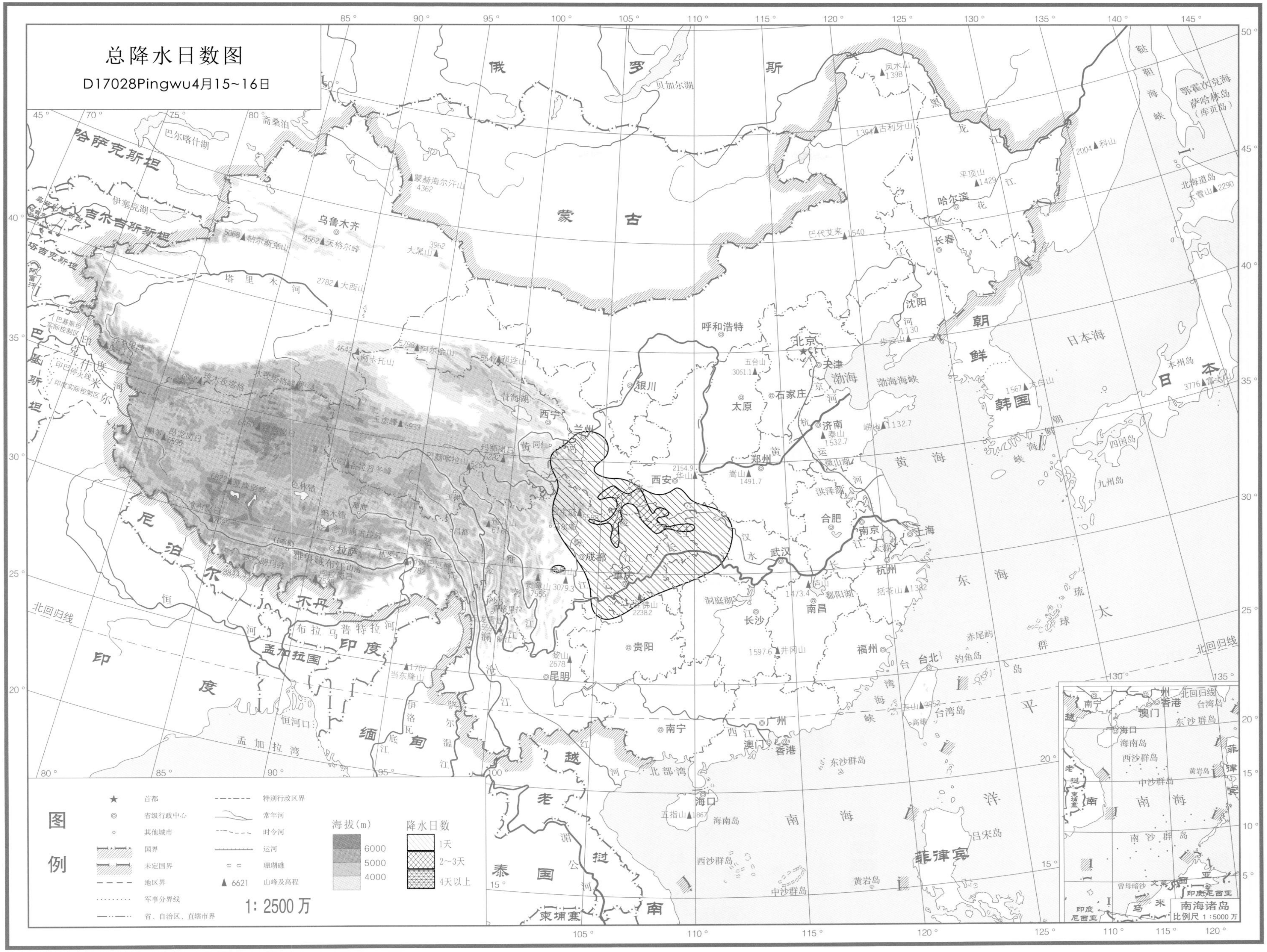

图例

★	首都
◎	省级行政中心
○	其他城市
	国界
	未定国界
	地区界
	军事分界线
	省、自治区、直辖市界
	特别行政区界
	常年河
	时令河
	运河
○	珊瑚礁
▲ 6621	山峰及高程

海拔(m)
6000
5000
4000

降水日数
1天
2~3天
4天以上

1:2500万

南海诸岛
比例尺 1:5000万

俄 罗 斯
蒙 古
哈萨克斯坦
吉尔吉斯斯坦
塔吉克斯坦
巴基斯坦
印 度
尼 泊 尔
不丹
孟加拉国
缅 甸
老 挝
越 南
泰 国
柬埔寨
朝 鲜
韩 国
日 本

乌鲁木齐
北京
天津
呼和浩特
银川
西宁
兰州
西安
太原
石家庄
济南
郑州
合肥
南京
上海
杭州
武汉
长沙
南昌
福州
贵阳
昆明
重庆
成都
广州
南宁
香港
澳门
海口
台北
沈阳
哈尔滨
长春

贝加尔湖
巴尔喀什湖
青海湖
洞庭湖
鄱阳湖
洪泽湖
太湖
日本海
黄 海
东 海
南 海
渤海
太 平 洋
孟加拉湾
北部湾

北回归线

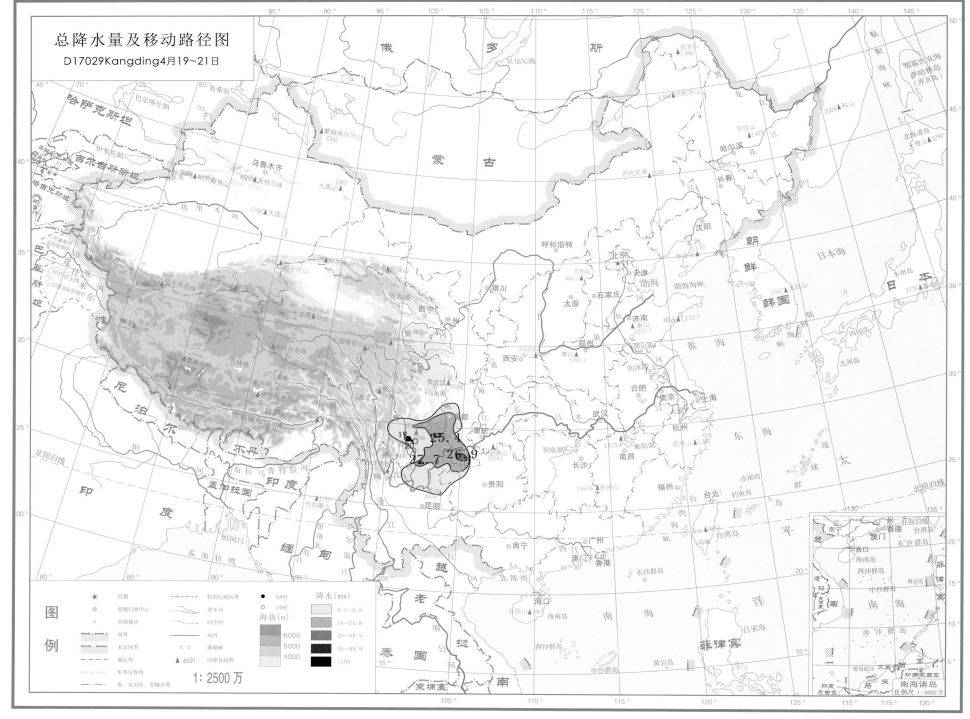

总降水量及移动路径图
D17029Kangding4月19~21日

P..90

总降水日数图

D17029Kangding4月19~21日

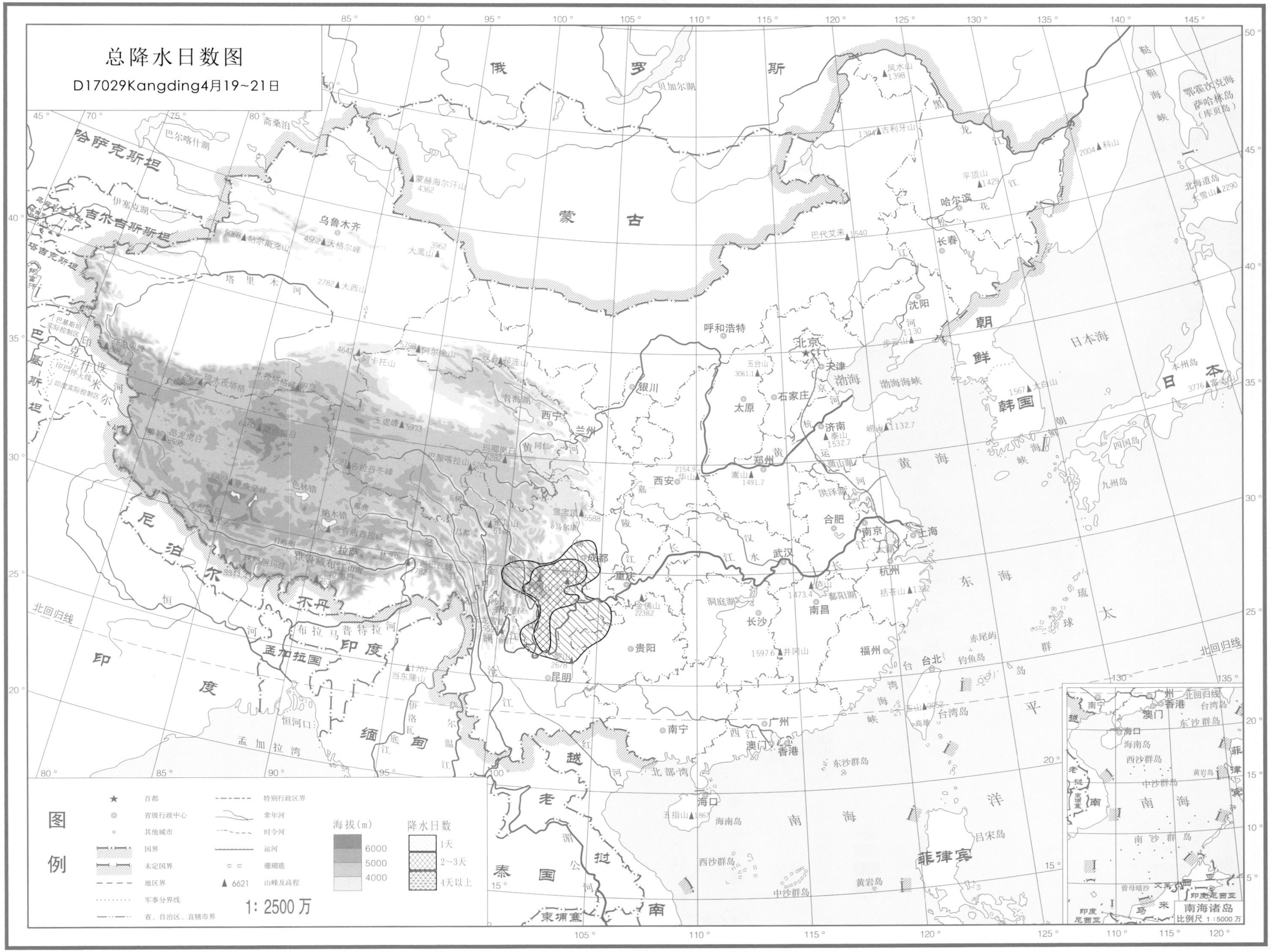

图例

首都 | 省级行政中心 | 其他城市

特别行政区界 | 常年河 | 时令河 | 运河 | 珊瑚礁

国界 | 未定国界 | 地区界 | 军事分界线 | 省、自治区、直辖市界

海拔(m)
6000
5000
4000

降水日数
1天
2~3天
4天以上

▲ 6621 山峰及高程

1:2500万

南海诸岛
比例尺 1:5000万

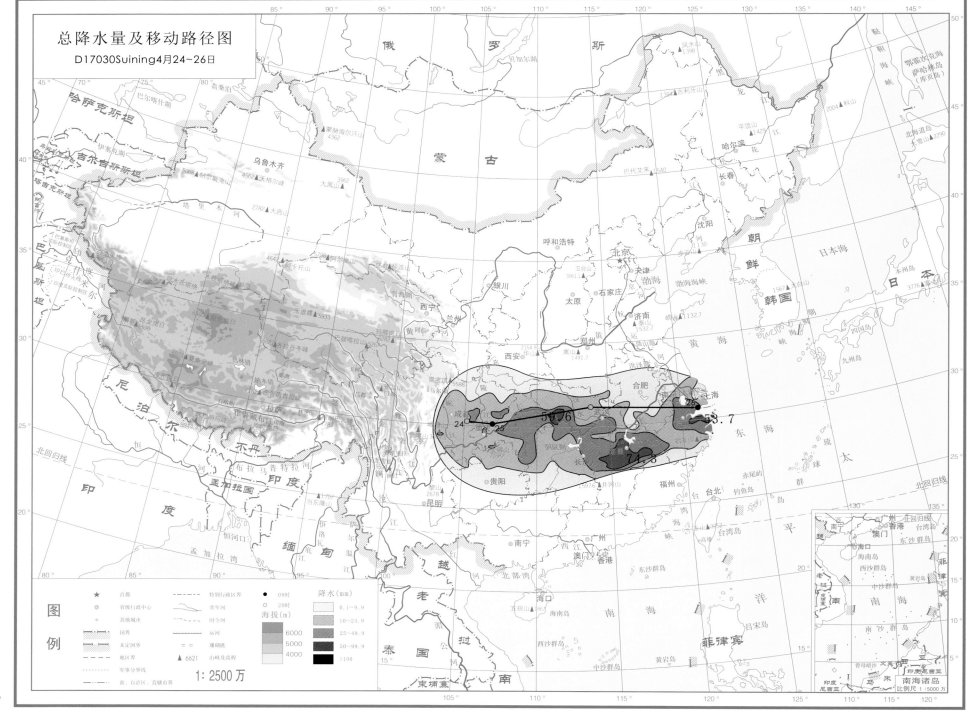

总降水日数图
D17030Suining4月24~26日

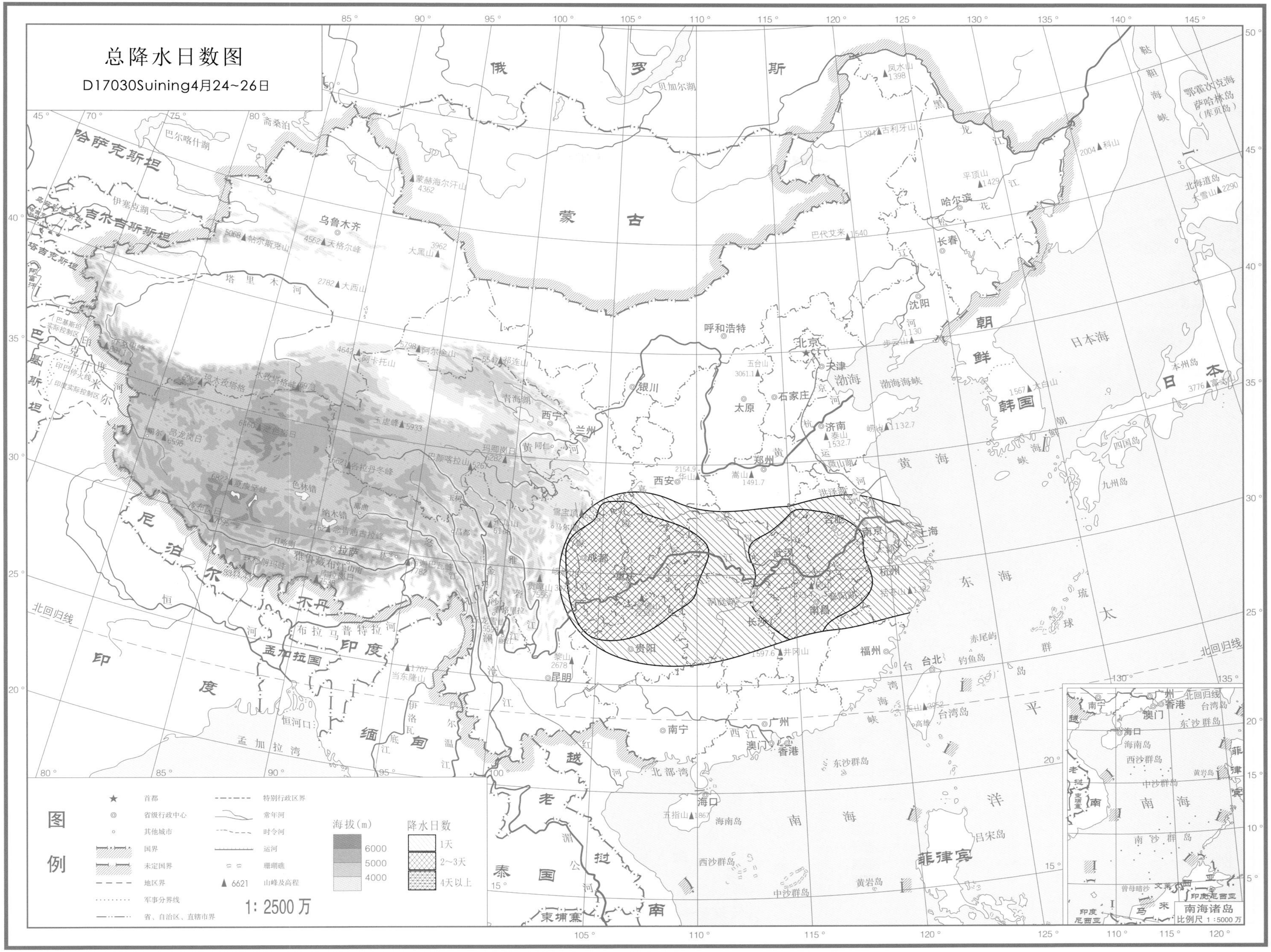

1:2500万

图例

★ 首都			特别行政区界
◎ 省级行政中心			常年河
○ 其他城市			时令河
国界			运河
未定国界			珊瑚礁
地区界			
军事分界线			
省、自治区、直辖市界			

海拔(m)
6000
5000
4000

降水日数
1天
2~3天
4天以上

▲ 6621 山峰及高程

南海诸岛
比例尺 1:5000万

93

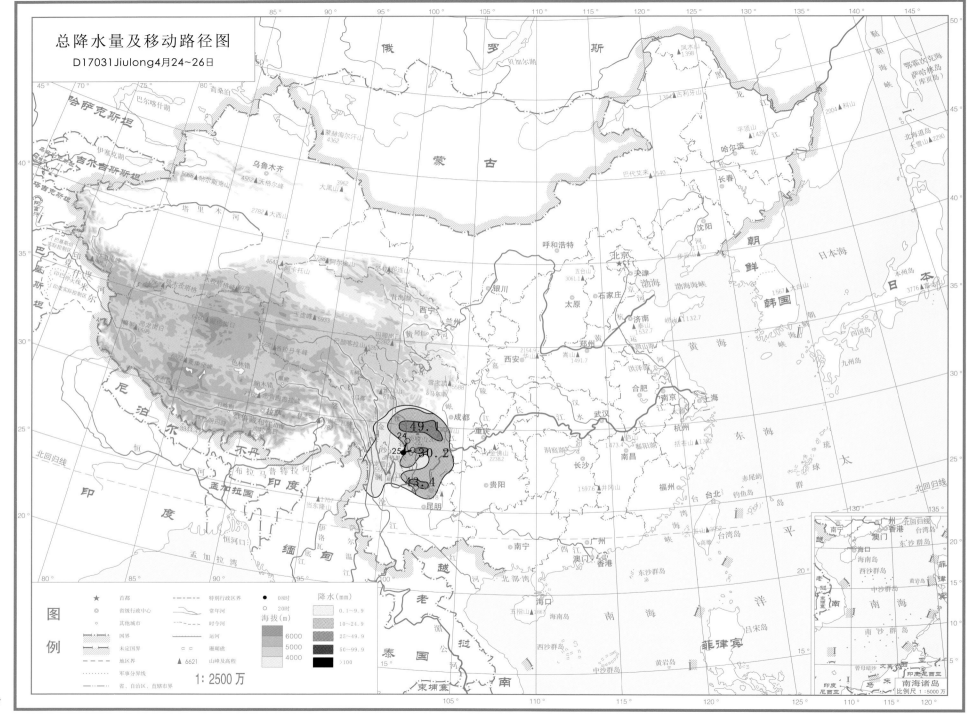

总降水量及移动路径图
D17031Jiulong 4月24~26日

总降水日数图

D17031Jiulong4月24~26日

俄 罗 斯

蒙 古

哈萨克斯坦

吉尔吉斯斯坦

塔吉克斯坦

巴基斯坦

印 度

尼泊尔

不丹

孟加拉国

缅 甸

老 挝

越 南

泰 国

柬埔寨

朝 鲜

韩 国

日 本

菲 律 宾

乌鲁木齐
呼和浩特
北京
天津
沈阳
哈尔滨
长春
银川
太原
石家庄
兰州
西宁
济南
郑州
西安
成都
重庆
武汉
合肥
南京
上海
杭州
南昌
长沙
贵阳
昆明
福州
台北
南宁
广州
澳门
香港
海口
拉萨

贝加尔湖
巴尔喀什湖
斋桑泊
伊塞克湖
青海湖
洪泽湖
鄱阳湖
洞庭湖
太湖

日本海
黄海
渤海
东海
南海
太平洋
孟加拉湾
北部湾
渤海海峡

贝加尔湖
鄂霍次克海

北回归线
北回归线

斋桑泊
蒙赫海尔汗山 4362
天格尔峰 4562
大黑山 3962
大西山 2782
玉虚峰 5933
珠穆朗玛峰

平顶山 1429
古利牙山 1394
巴代艾莱 1540
五台山 3061.1
泰山 1532.7
崂山 1132.7
嵩山 1491.7
华山 2154.9
雪宝顶 5588
马尔康
井冈山 1597.6
五指山 1867
北海道岛
雪山 2290
本州岛
富士山 3776
四国岛
九州岛
琉球群岛
台湾岛
台湾海峡
海南岛
东沙群岛
西沙群岛
中沙群岛
南沙群岛
黄岩岛
曾母暗沙

图 例

★ 首都
◎ 省级行政中心
○ 其他城市
国界
未定国界
地区界
军事分界线
省、自治区、直辖市界
特别行政区界
常年河
时令河
运河
湖泊堤
▲ 6621 山峰及高程

海拔（m）
6000
5000
4000

降水日数
1天
2~3天
4天以上

1 : 2500 万

南海诸岛
比例尺 1 : 5000 万

广州
澳门
海口
海南岛
西沙群岛
东沙群岛
中沙群岛
南沙群岛
黄岩岛
曾母暗沙

95

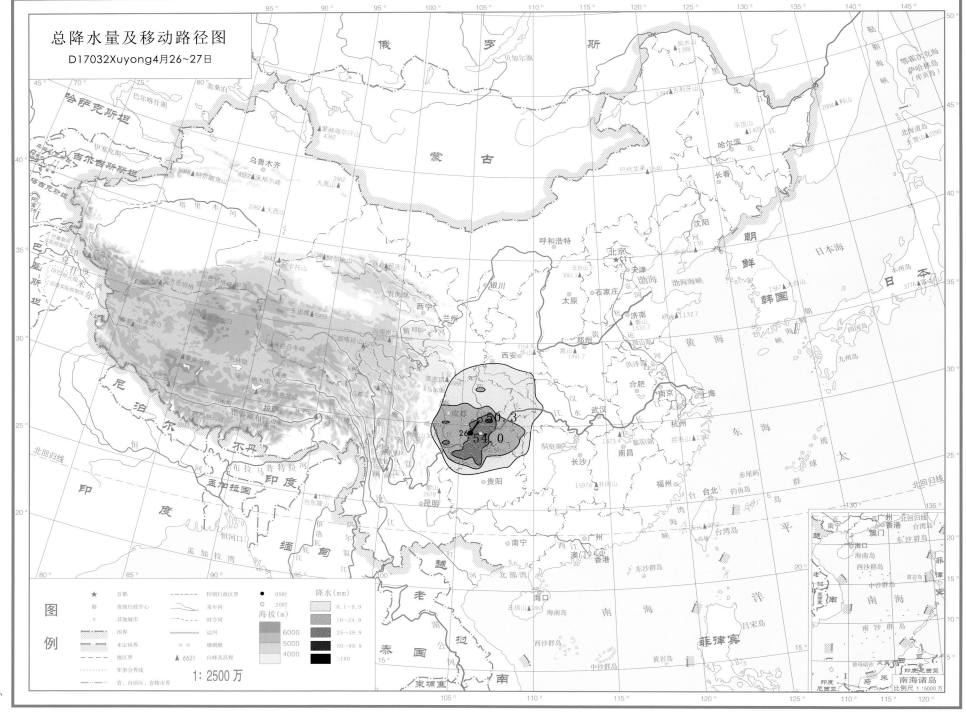

总降水量及移动路径图

D17032Xuyong4月26~27日

总降水日数图

D17032Xuyong4月26~27日

俄罗斯
哈萨克斯坦
蒙古
吉尔吉斯斯坦
塔吉克斯坦

斋桑泊
巴尔喀什湖
伊塞克湖

乌鲁木齐

阿尔泰山
大黑山 3962

帕米尔高原

塔里木河

2782 大西山

蒙赫海尔汗山 4362

贝加尔湖

凤水山 1398

平顶山 1429

古利牙山 1394

科山 2004

鄂霍次克海

萨哈林岛
（库页岛）

北海道岛 大雪山 2290

驹舐海峡

哈尔滨

长春

巴代艾来 1540

黑龙江

松花江

日本海

本州岛

3776 富士山

四国岛

九州岛

青海湖

西宁

兰州

呼和浩特

北京

天津

沈阳
1130

朝鲜

韩国

五台山
3061.1

石家庄

太原

济南

泰山
1532.7

渤海

渤海海峡

1567 七台山

黄海

西安

华山 2154.9

嵩山
1491.7

郑州

合肥

洪泽湖

南京

上海

杭州

东海

琉球群岛

汉水

武汉

江水

1473.4 黄山

括苍山 1382

长沙

南昌

洞庭湖

鄱阳湖

太平洋

贵阳

昆明

井冈山 1597.6

福州

台北
台湾岛

钓鱼岛

赤尾屿

高雄

台湾海峡

南宁

西江

广州

澳门 香港

北部湾

海口

五指山 1867

海南岛

东沙群岛

南海

尼泊尔
不丹
印度
孟加拉国
缅甸
老挝
泰国
越南
柬埔寨

北回归线

恒河口

孟加拉湾

图例

★ 首都
◎ 省级行政中心
◦ 其他城市
国界
未定国界
地区界
军事分界线
省、自治区、直辖市界

特别行政区界
常年河
时令河
运河
珊瑚礁
▲ 6621 山峰及高程

海拔(m)
6000
5000
4000

降水日数
1天
2~3天
4天以上

1:2500万

南海诸岛
比例尺 1:5000万

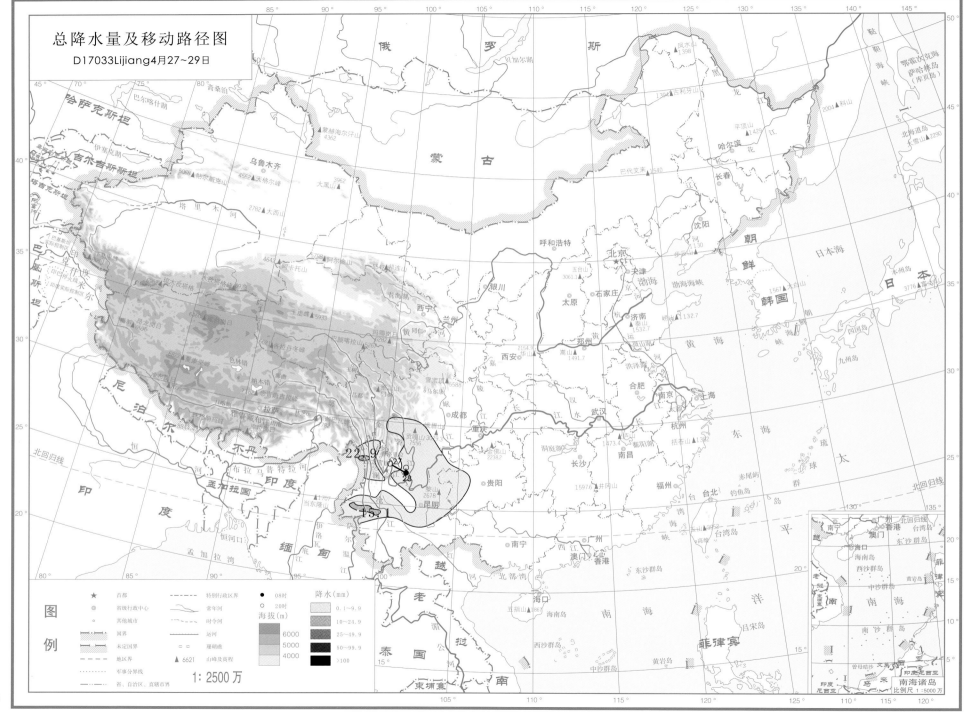

总降水量及移动路径图
D17033Lijiang4月27~29日

图例

图例		
★	首都	
◎	省级行政中心	
○	其他城市	
	国界	
	未定国界	
	地区界	
	军事分界线	
	省、自治区、直辖市界	
	特别行政区界	
	常年河	
	时令河	
	运河	
	珊瑚礁	
▲6621	山峰及高程	

降水(mm)
0.1~9.9
10~24.9
25~49.9
50~99.9
>100

● 08时
○ 20时

海拔(m)
6000
5000
4000

1:2500万

南海诸岛
比例尺 1:5000万

总降水日数图

D17033Lijiang4月27~29日

图例

★	首都
◎	省级行政中心
○	其他城市
	国界
	未定国界
	地区界
	军事分界线
	省、自治区、直辖市界

	特别行政区界
	常年河
	时令河
	运河
	珊瑚礁
▲ 6621	山峰及高程

海拔(m)

降水日数

	1天
	2~3天
	4天以上

1 : 2500 万

南海诸岛

比例尺 1:5000万

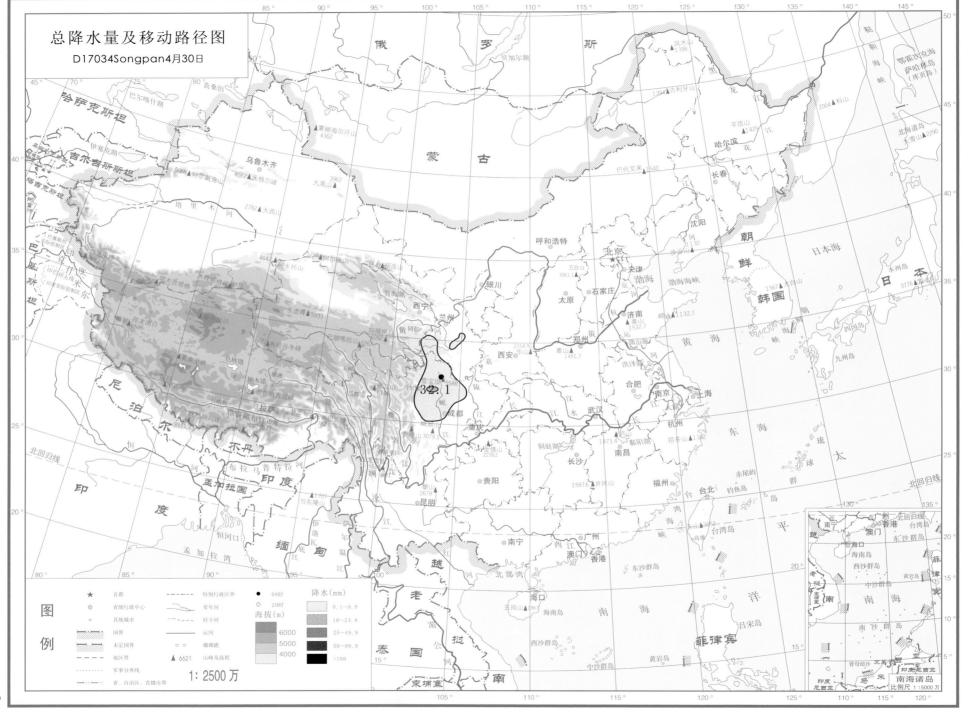

总降水量及移动路径图
D17034Songpan4月30日

32.1

图
例

★	首都		特别行政区界	● 08时	降水(mm)
◎	省级行政中心		常年河	○ 20时	0.1~9.9
○	其他城市		时令河		10~24.9
	国界		运河	海拔(m)	25~49.9
	未定国界		曲堤珊礁	6000	50~99.9
	地区界	▲ 6621	山峰及高程	5000	>100
	军事分界线			4000	
	省、自治区、直辖市界				

1:2500万

南海诸岛
比例尺 1:5000万

总降水日数图

D17034Songpan4月30日

图例

★ 首都	------- 特别行政区界
◎ 省级行政中心	━━━ 常年河
○ 其他城市	时令河
国界	运河
未定国界	⊏⊐ 珊瑚礁
------- 地区界	▲6621 山峰及高程
军事分界线	
省、自治区、直辖市界	

海拔(m)
6000
5000
4000

降水日数
1天
2~3天
4天以上

1:2500万

俄　罗　斯

蒙　古

哈萨克斯坦

吉尔吉斯斯坦

塔吉克斯坦

巴基斯坦

印　度

尼泊尔

不丹

孟加拉国

缅　甸

印　度

泰　国

老　挝

越　南

柬埔寨

朝鲜

韩国

日　本

菲律宾

南海诸岛

比例尺 1:5000万

101

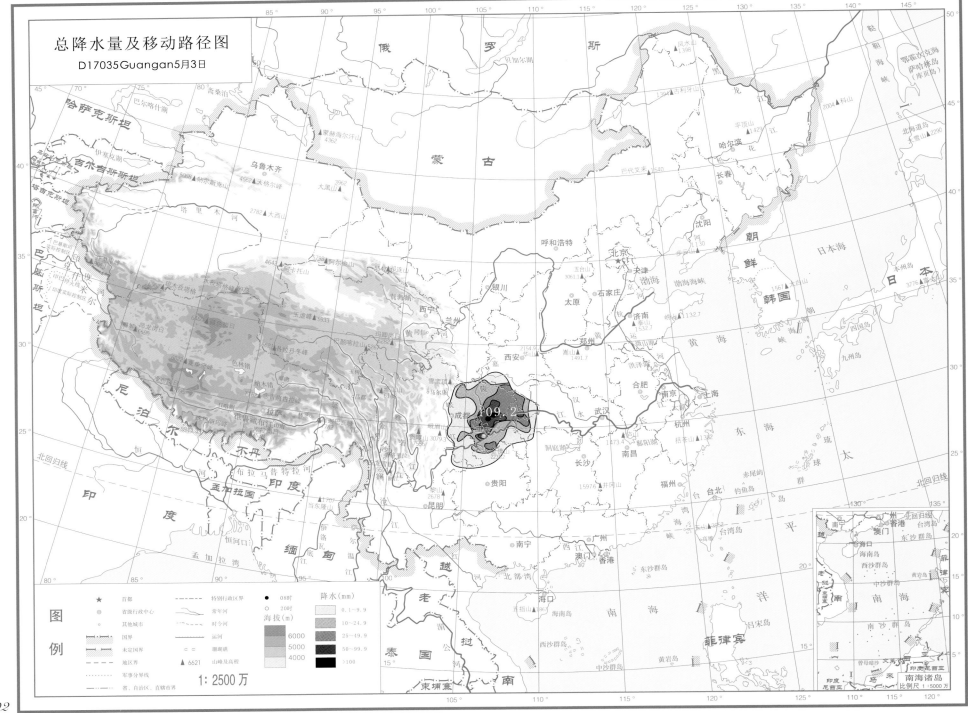

总降水日数图

D17035Guangan5月3日

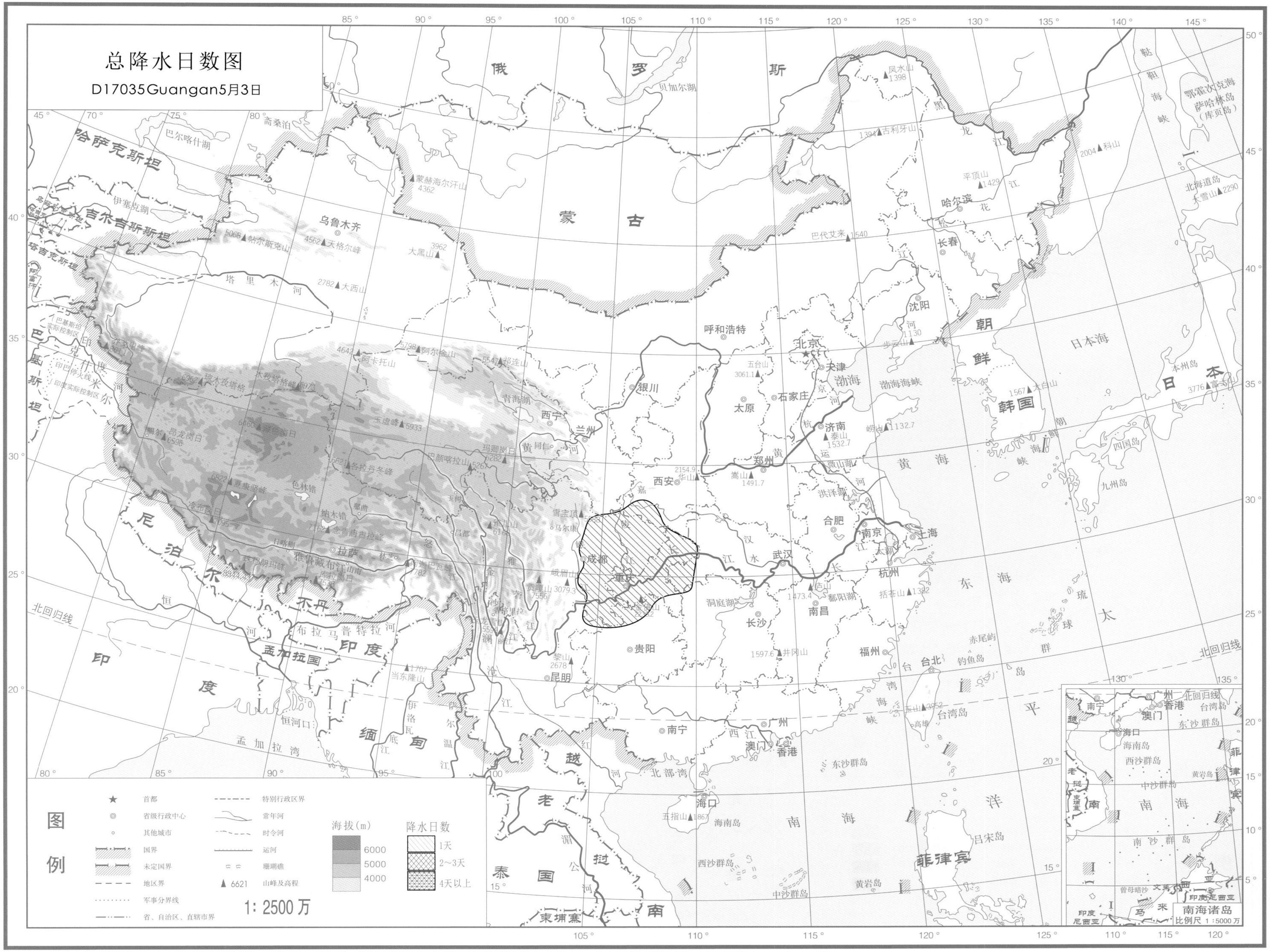

图例

星 首都
◎ 省级行政中心
○ 其他城市
国界
未定国界
地区界
军事分界线
省、自治区、直辖市界
特别行政区界
常年河
时令河
运河
珊瑚礁

海拔(m)
6000
5000
4000

▲ 6621 山峰及高程

降水日数
1天
2～3天
4天以上

1:2500万

南海诸岛
比例尺 1:5000万

俄　罗　斯
蒙　古
哈萨克斯坦
吉尔吉斯斯坦
塔吉克斯坦
巴基斯坦
印度
尼泊尔
不丹
孟加拉国
缅甸
老挝
泰国
越南
柬埔寨
朝鲜
韩国
日本

乌鲁木齐
呼和浩特
北京
天津
银川
太原
石家庄
济南
郑州
西安
兰州
西宁
拉萨
成都
重庆
贵阳
昆明
南宁
广州
长沙
南昌
武汉
合肥
南京
上海
杭州
福州
台北
海口
澳门
香港
沈阳
哈尔滨
长春

巴尔喀什湖
贝加尔湖
青海湖
洞庭湖
鄱阳湖

黄海
东海
南海
日本海
渤海
孟加拉湾
北部湾

北回归线

103

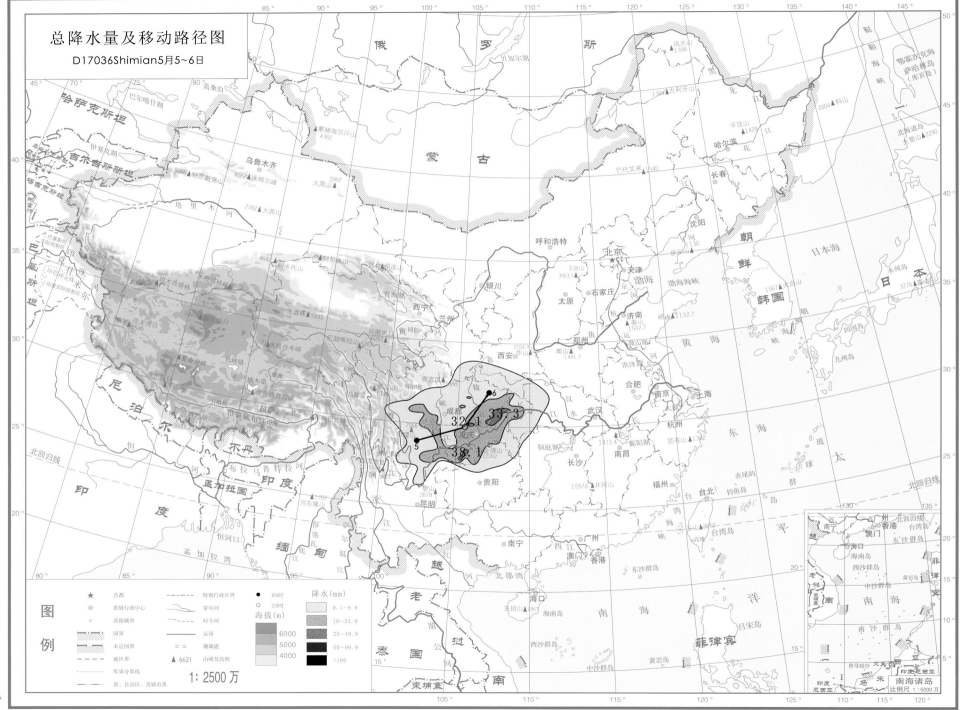

总降水量及移动路径图

D17036Shimian5月5~6日

总降水日数图

D17036Shimian5月5~6日

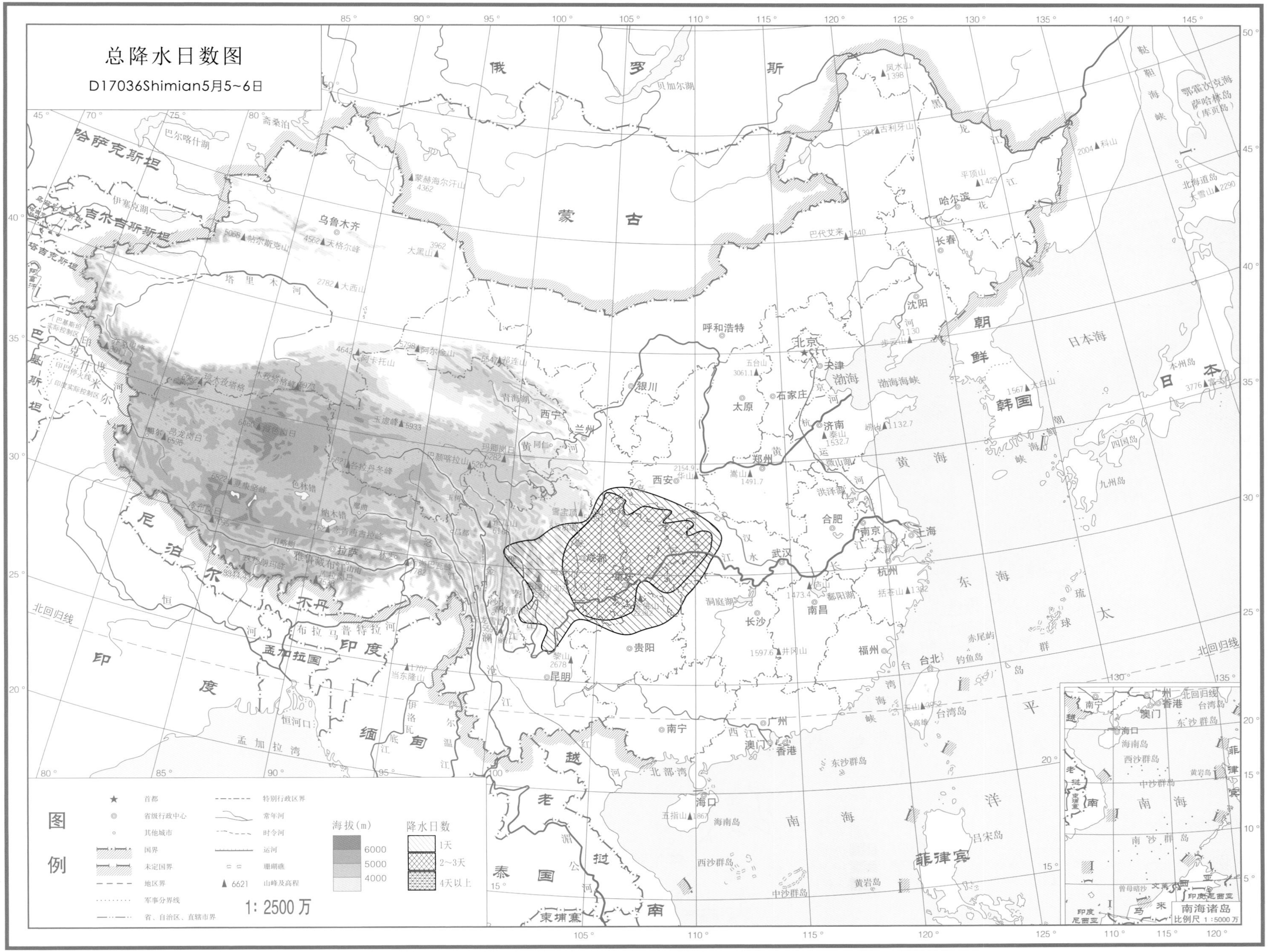

图例

★	首都	特别行政区界	
◎	省级行政中心	常年河	
○	其他城市	时令河	
	国界	运河	
	未定国界	珊瑚礁	
	地区界	▲ 6621 山峰及高程	
	军事分界线		
	省、自治区、直辖市界		

海拔(m)
6000
5000
4000

降水日数
1天
2~3天
4天以上

1:2500万

南海诸岛
比例尺 1:5000万

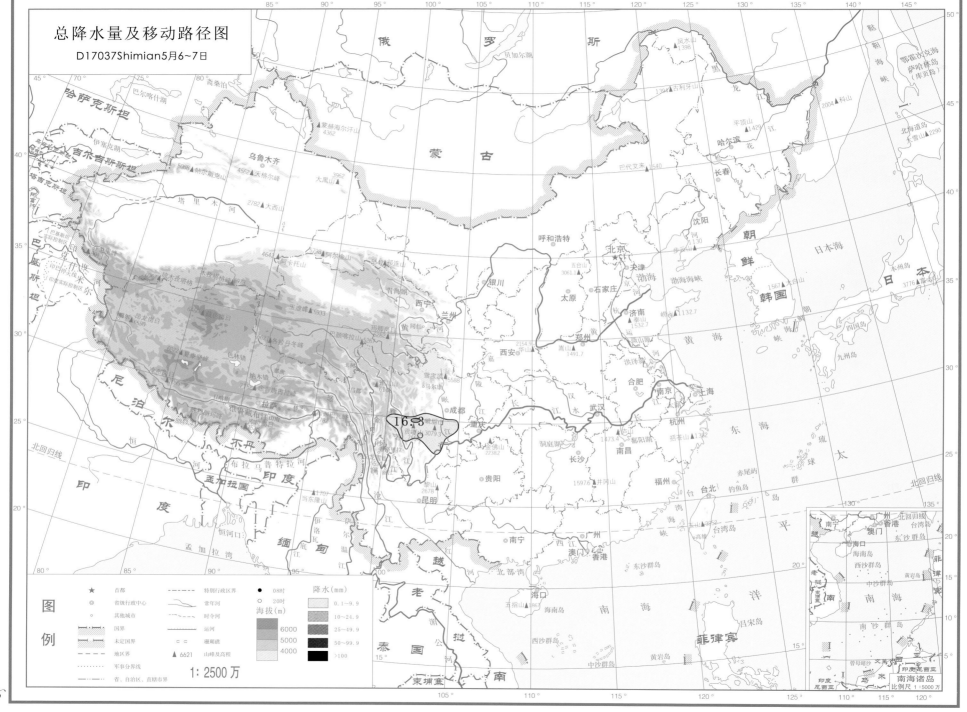

总降水量及移动路径图
D17037Shimian5月6～7日

16.3

图例

★	首都	----	特别行政区界
◎	省级行政中心	—	常年河
○	其他城市		时令河
	国界		运河
	未定国界		庸期礁
	地区界	▲ 6621	山峰及高程
	军事分界线		
	省、自治区、直辖市界		

● 08时
○ 20时

降水(mm)
0.1～9.9
10～24.9
25～49.9
50～99.9
>100

海拔(m)
6000
5000
4000

1：2500万

南海诸岛
比例尺 1：5000万

哈萨克斯坦

斋桑泊

巴尔喀什湖

伊塞克湖

吉尔吉斯斯坦

塔吉克斯坦

巴基斯坦

印度实际控制区

印巴停火线

印度

尼泊尔

不丹

孟加拉国

缅甸

泰国

老挝

越南

柬埔寨

俄罗斯

贝加尔湖

蒙古

乌鲁木齐

天格尔峰 4562

大黑山 3962

蒙赫海尔汗山 4362

大西山 2782

塔里木河

阿东徐山 4798

阿卡托山 4643

祁连山 5054

巴代艾来 1540

古利牙山 1394

哈尔滨

长春

凤水山 1398

鄂霍次克海

萨哈林岛（库页岛）

本州岛

北海道岛 羊蹄山 2290

2004 科山

平顶山 1429

沈阳

朝鲜

日本海

韩国

本白山 1567

本州岛 3776 富士山

日本

呼和浩特

北京

天津

渤海

五台山 3061.1

银川

太原

石家庄

济南

泰山 1532.7

嵩山 1132.7

郑州

渤海海峡

黄海

九州岛

四国岛

西宁

青海湖

兰州

黄河仁

玛朋岗日 6282

西安

嵩山 1491.7

2154.9

洪泽湖

合肥

南京

上海

杭州

天目山 1382

东海

琉球群岛

贵阳

南昌

长沙

井冈山 1597.6

福州

台北

釣鱼岛

赤尾屿

拉萨

雅鲁藏布江

当东隆山 7707

成都

重庆

黎山 2678

金佛山 2238.2

洞庭湖

鄱阳湖 1473.4

台湾岛

太平洋

昆明

南宁

西江

广州

澳门

香港

东沙群岛

台湾海峡 玉山 3952

高雄

北回归线

海口

海南岛

五指山 1867

南海

北部湾

菲律宾

西沙群岛

黄岩岛

中沙群岛

吕宋岛

南沙群岛

曾母暗沙

南海诸岛

南宁
广州
澳门
香港
台湾岛
北回归线
越南
海口
海南岛
西沙群岛
中沙群岛
黄岩岛
南海
南沙群岛
曾母暗沙
文莱
马来西亚
菲律宾
印度尼西亚

南海诸岛
比例尺 1：5000 万

总降水量及移动路径图

D17038Yilong5月11日

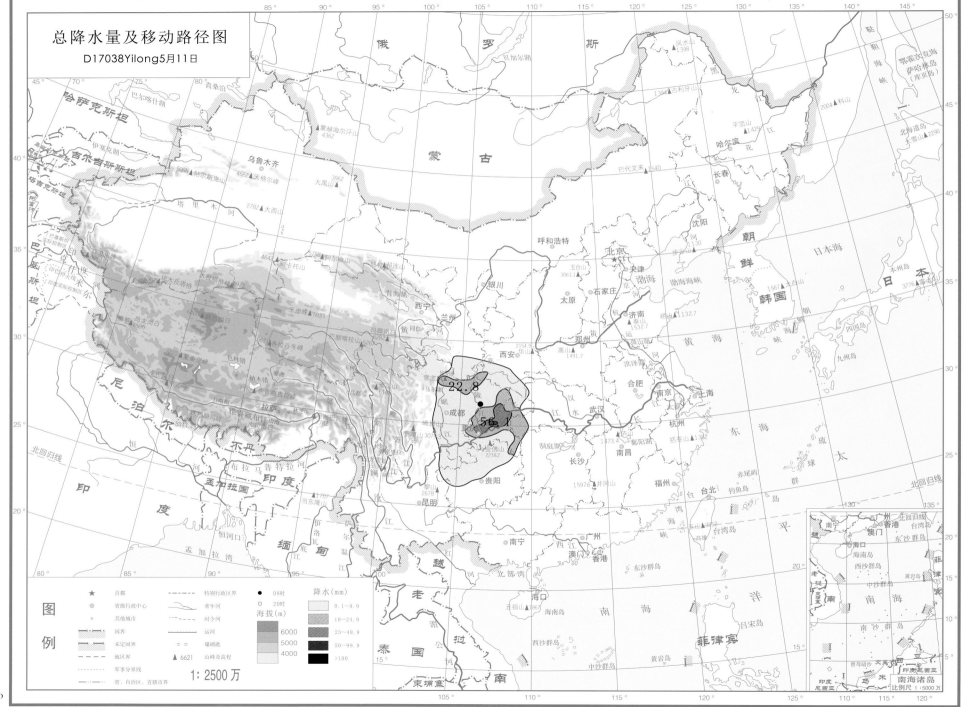

22.8

56.1

图例

★	首都	
◎	省级行政中心	
○	其他城市	

- - - - 特别行政区界
———— 国界
- - - - - 未定国界
- - - - - 地区界
· · · · · · 军事分界线
———— 省、自治区、直辖市界

———— 常年河
- - - - 时令河
= = 运河
= = 塘坝渠
▲ 6621 山峰及高程

● 08时
○ 20时

海拔(m)
6000
5000
4000

降水(mm)
0.1～9.9
10～24.9
25～49.9
50～99.9
>100

1:2500 万

南海诸岛
比例尺 1：5000 万

总降水日数图

D17038Yilong 5月11日

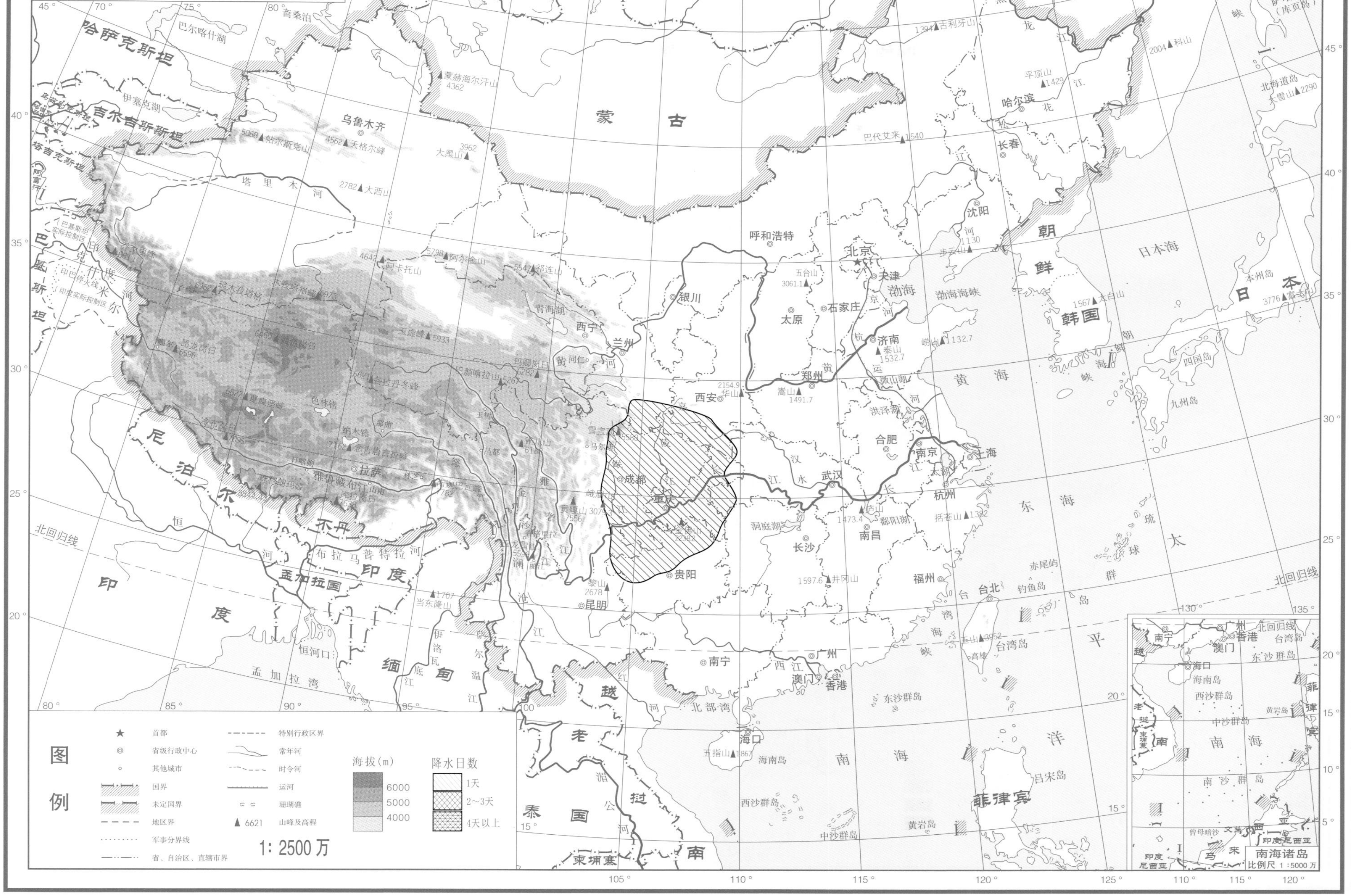

图例

首都	特别行政区界
省级行政中心	常年河
其他城市	时令河
国界	运河
未定国界	珊瑚礁
地区界	▲6621 山峰及高程
军事分界线	
省、自治区、直辖市界	

海拔(m)
6000
5000
4000

降水日数
1天
2～3天
4天以上

1：2500万

南海诸岛
比例尺 1：5000万

俄罗斯
蒙古
哈萨克斯坦
吉尔吉斯斯坦
塔吉克斯坦
巴基斯坦
印度
尼泊尔
不丹
孟加拉国
缅甸
越南
老挝
泰国
柬埔寨
菲律宾
朝鲜
韩国
日本

乌鲁木齐 呼和浩特 北京 天津 沈阳 长春 哈尔滨
银川 太原 石家庄 济南
西宁 兰州 西安 郑州
成都 重庆 武汉 合肥 南京 上海 杭州
贵阳 长沙 南昌 福州 台北
昆明 南宁 广州 澳门 香港 海口

贝加尔湖
巴尔喀什湖
咸海
阿尔金山
天格尔峰 4562
大尾山 3962
大西山 2782
昆仑山
祁连山
唐古拉山
冈底斯山
雅鲁藏布江
拉萨
喜马拉雅山
珠穆朗玛峰 8844.43

北回归线

东海
黄海
渤海
日本海
南海
太平洋
孟加拉湾
北部湾

海南岛
台湾岛
东沙群岛
西沙群岛
中沙群岛
南沙群岛
黄岩岛

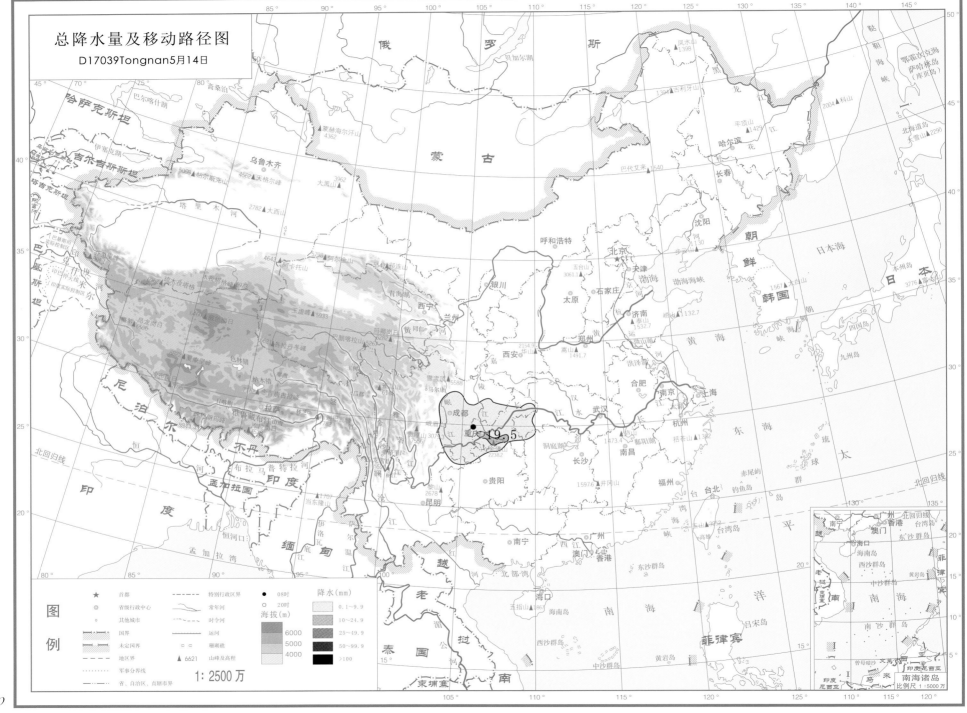

总降水量及移动路径图
D17039Tongnan5月14日

总降水日数图

D17039Tongnan5月14日

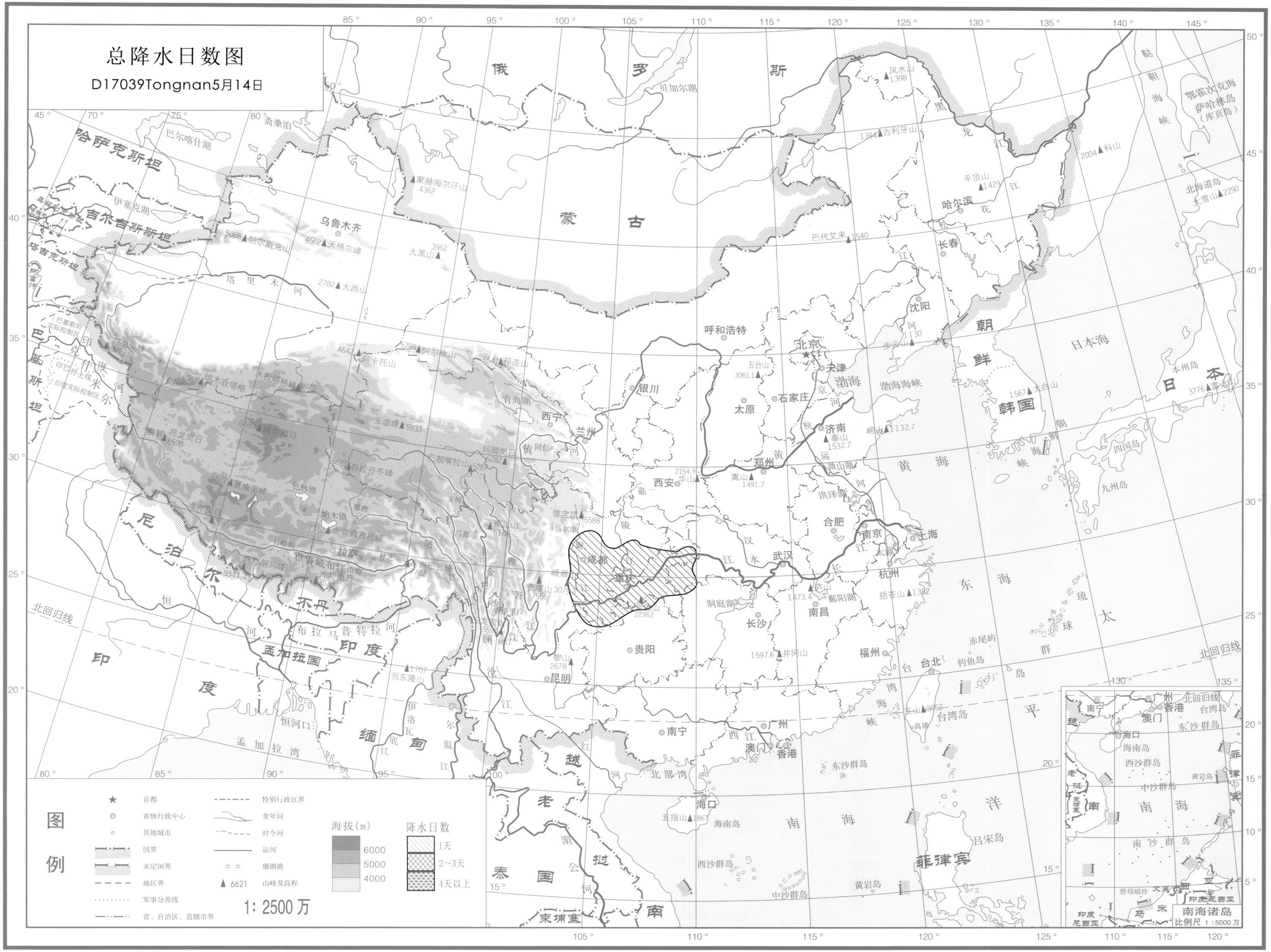

图例

符号	说明	符号	说明
★	首都	- - - -	特别行政区界
◎	省级行政中心	⌒	常年河
◎	其他城市	⌒ ⌒	时令河
	国界		运河
	未定国界	⌒⌒	珊瑚礁
	地区界	▲ 6621	山峰及高程
......	军事分界线		
——	省、自治区、直辖市界		

海拔(m)
6000
5000
4000

降水日数
1天
2~3天
4天以上

1:2500万

南海诸岛
比例尺 1:5000万

111

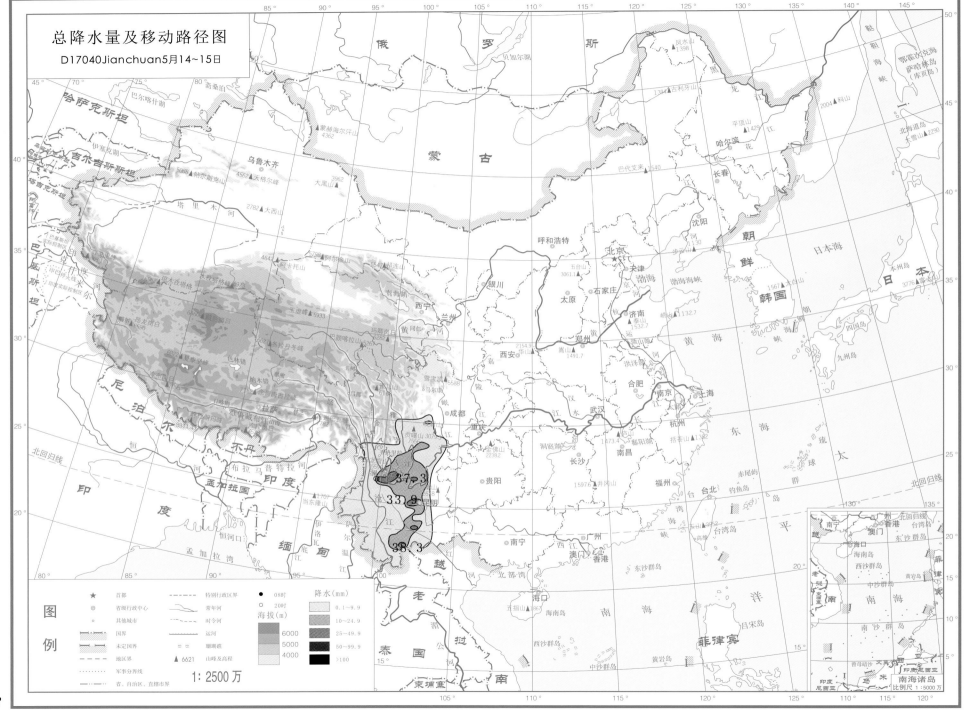

总降水量及移动路径图
D17040Jianchuan5月14~15日

图例

	首都		特别行政区界	●	08时
◎	省级行政中心		常年河	○	20时
○	其他城市		时令河		降水(mm)
	国界		运河	海拔(m)	0.1~9.9
	未定国界		珊瑚礁		10~24.9
	地区界	▲ 6621	山峰及高程	6000	25~49.9
	军事分界线			5000	50~99.9
	省、自治区、直辖市界			4000	>100

1:2500万

南海诸岛
比例尺 1:5000万

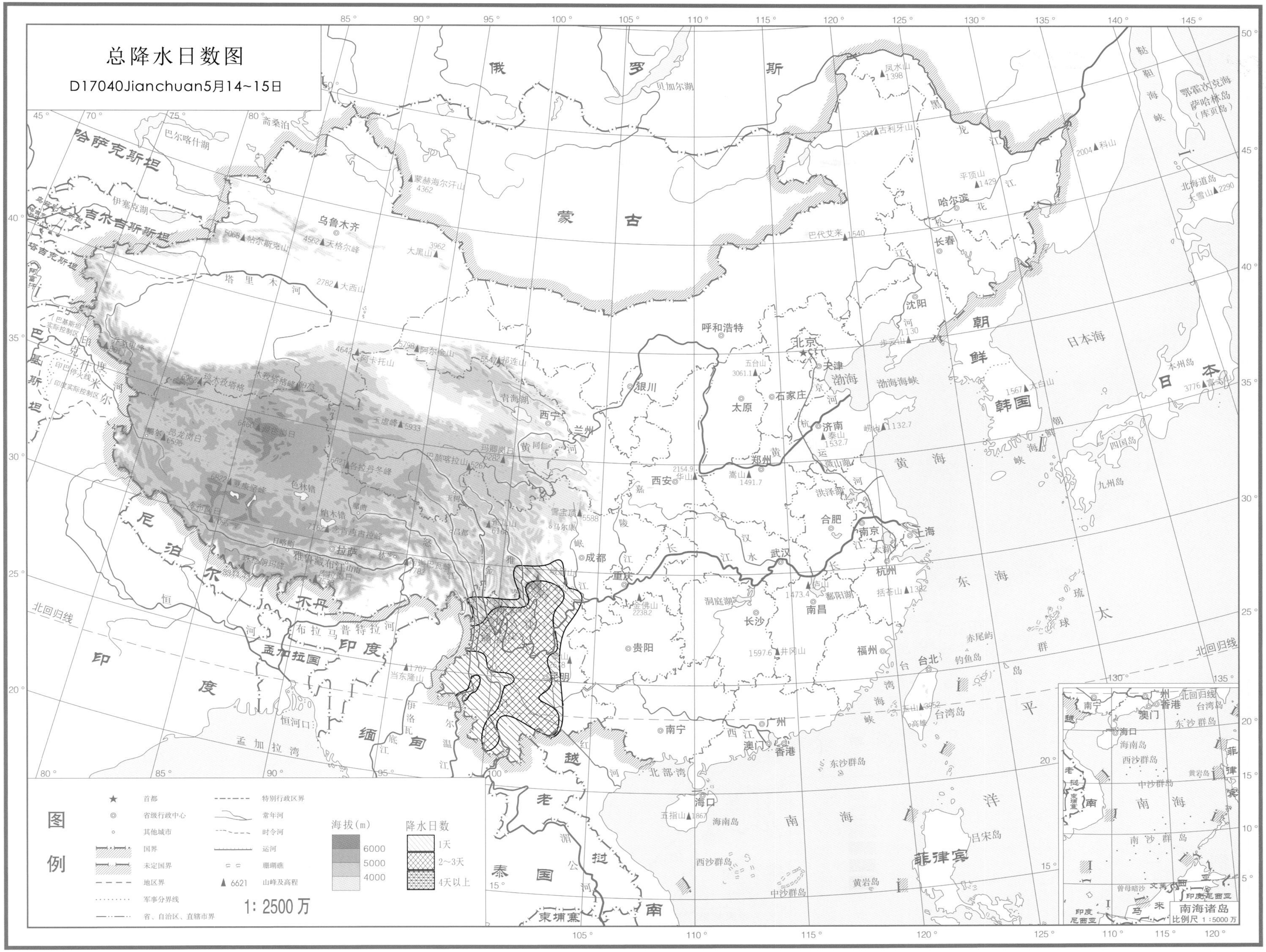

俄　罗　斯

哈萨克斯坦

吉尔吉斯斯坦

蒙　　古

乌鲁木齐

哈尔滨

长春

沈阳

朝　鲜

日本海

韩国

日

本

北京

呼和浩特

天津

渤海

石家庄

太原

银川

济南

西宁

青海湖

兰州

郑州

黄　海

西安

嵩山

合肥

南京

上海

成都

重庆

武汉

东　海

杭州

长沙

南昌

贵阳

福州

台北

尼泊尔

不丹

印度

孟加拉国

缅甸

昆明

南宁

广州

澳门

香港

太

平

洋

巴基斯坦

印度

北回归线

印　度

老挝

越

南

泰国

柬埔寨

越

南

海口

南　海

菲律宾

图

例

南海诸岛
比例尺 1:5000万

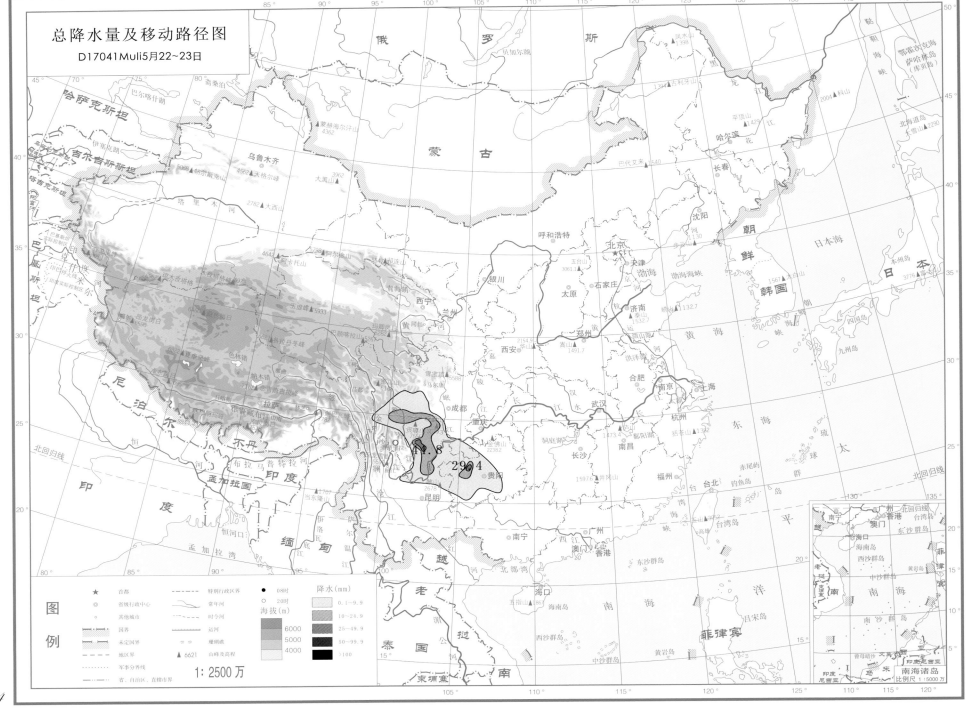

总降水量及移动路径图
D17041Muli5月22~23日

图例

★ 首都
◎ 省级行政中心
○ 其他城市
━━━━ 国界
━━━━ 未定国界
━━━━ 地区界
┄┄┄┄ 军事分界线
━━━━ 省、自治区、直辖市界

┅┅┅ 特别行政区界
━━━ 常年河
━━━ 时令河
━━━ 运河
═══ 珊瑚礁
▲ 6621 山峰及高程

● 08时
○ 20时

海拔(m)
6000
5000
4000

降水(mm)
0.1~9.9
10~24.9
25~49.9
50~99.9
>100

1:2500万

南海诸岛
比例尺 1:5000万

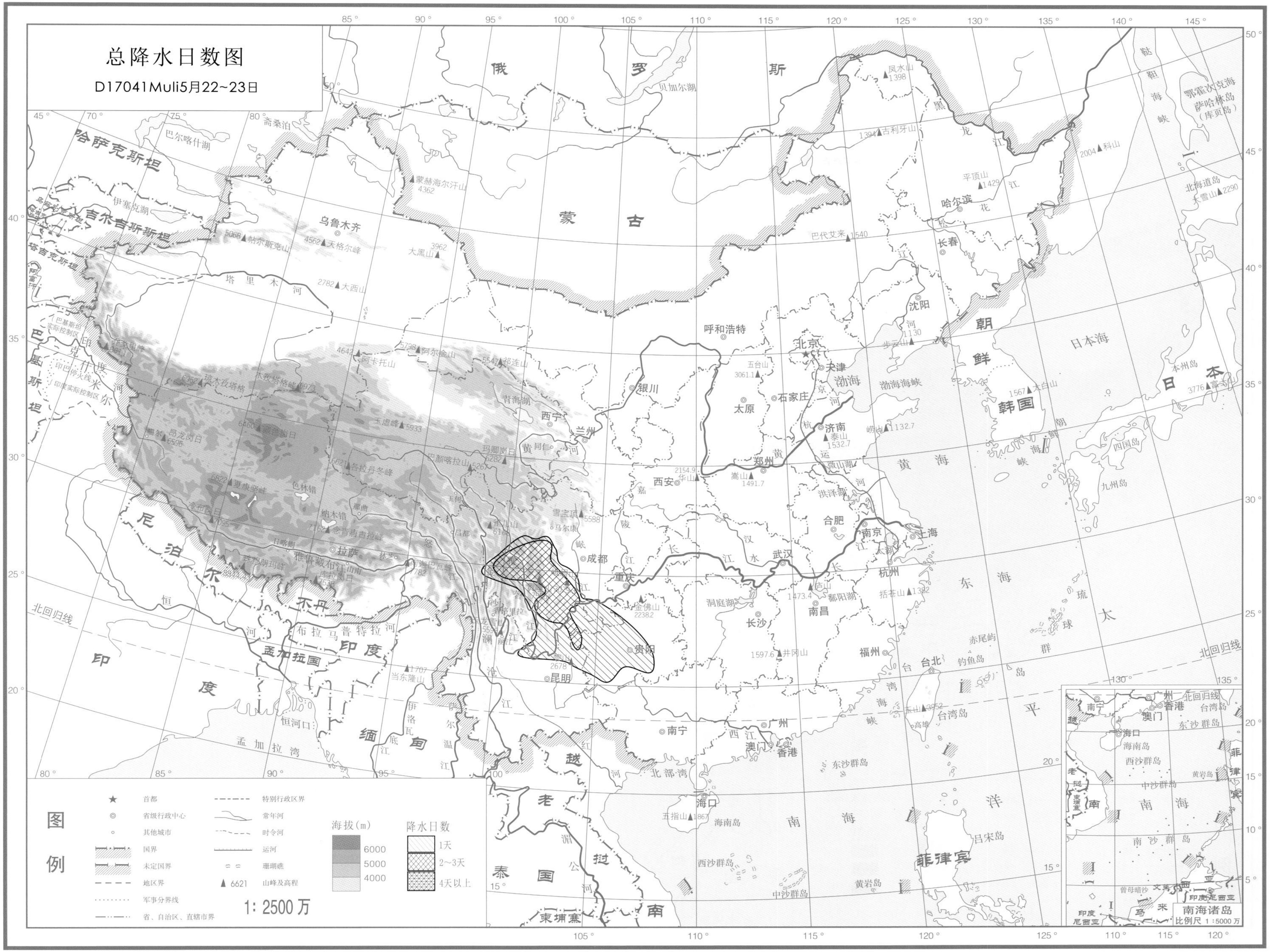

俄罗斯

哈萨克斯坦

蒙古

吉尔吉斯斯坦

乌鲁木齐

塔里木河

北京

朝鲜

韩国

日本

呼和浩特

银川

西宁　兰州

太原　石家庄　天津

西安　郑州

成都　重庆

拉萨

昆明　贵阳

长沙　南昌

福州　台北

南宁　广州　香港　澳门

海口

尼泊尔　不丹　印度　孟加拉国　缅甸

越南　老挝　泰国　柬埔寨

图例

★ 首都
◎ 省级行政中心
○ 其他城市
国界
未定国界
地区界
军事分界线
省、自治区、直辖市界
特别行政区界
常年河
时令河
运河
珊瑚礁
▲6621 山峰及高程

海拔(m)　6000　5000　4000

降水日数　1天　2~3天　4天以上

1:2500万

南海诸岛　比例尺 1:5000万

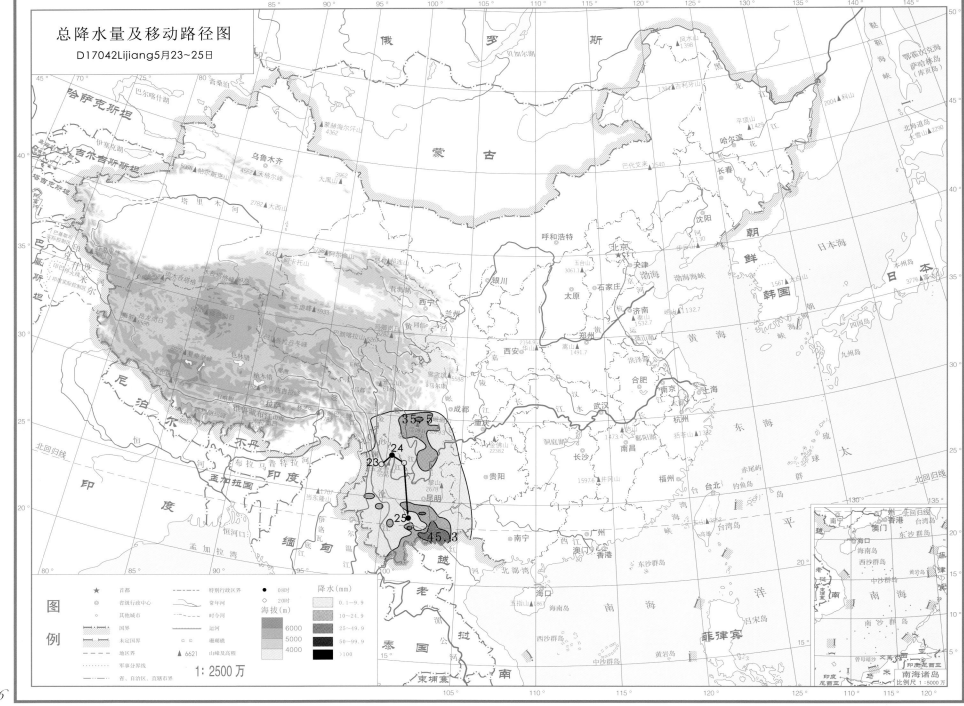

总降水量及移动路径图
D17042Lijiang5月23~25日

总降水日数图
D17042Lijiang5月23~25日

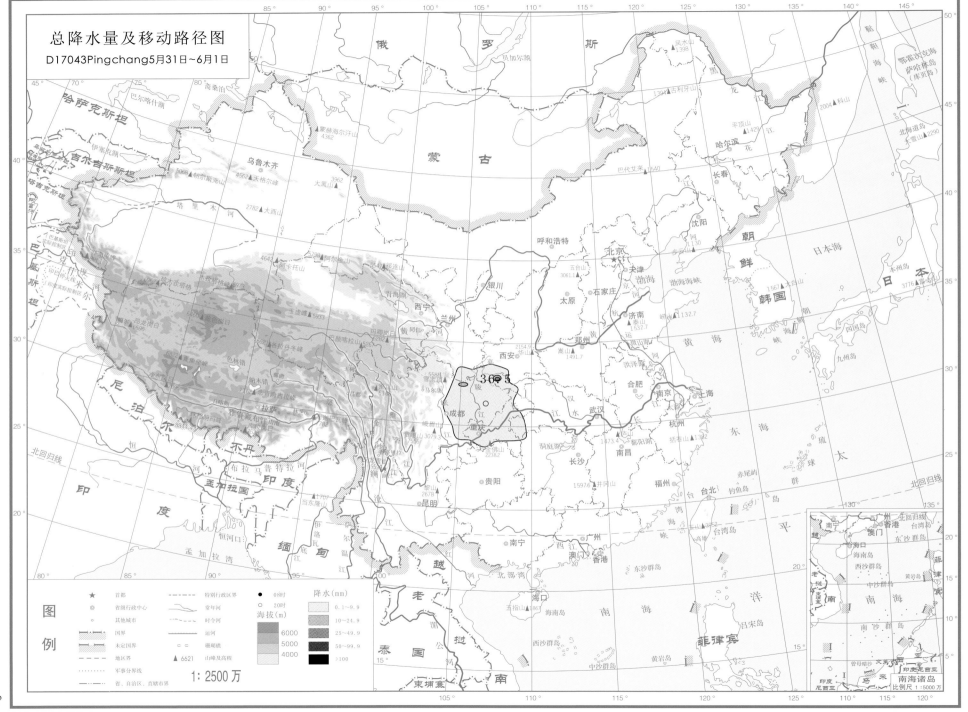

总降水量及移动路径图
D17043Pingchang5月31日~6月1日

哈萨克斯坦

俄　罗　斯

蒙　古

吉尔吉斯斯坦

乌鲁木齐

贝加尔湖

凤水山 1398

鄂霍次克海
萨哈林岛
(库页岛)

北海道岛 2290

2004 科山

塔吉克斯坦

蒙赫海尔汗山 4362

3962

巴代艾米 1540

哈尔滨

平顶山 1429

长春

古利牙山 1394

北海道岛

巴基斯坦

3066 帕米尔高原

天格尔峰 4562

3962 大黑山

2782 大西山

塔里木河

呼和浩特

沈阳

1130

朝
鲜

日本海

本州岛

3776 山

伊塞克湖

斋桑泊 80°

阿克托山 4643

阿尔金山 5798

祁连山

青海湖

银川

北京

五台山 3061.1

石家庄

天津

渤海

步云山 1132.7

渤海海峡

韩国

四国岛

九州岛

印巴克什米尔
印巴实际控制区

克什米尔

6096 昆仑山

6860 可可西里山

玉虚峰 5933

西宁

兰州

太原

郑州

济南

泰山 1532.7

黄海

尼
泊
尔

6596 冈底斯山

色林措

鹅冒错

玛卿岗日 6282

黄同仁

西安

华山 2154.9

嵩山 1491.7

洪洋淀

合肥

南京

上海

印
度

不丹

拉萨

雅鲁藏布江

昌都

雪宝顶

马尔康

汉水

武汉

杭州

括苍山 1382

东海

琉球

太

孟加拉国

恒河

布拉马普特拉河

6621

峨眉山 3079.2

金佛山 2238.2

洞庭湖

1473.4

鄱阳湖

南昌

长沙

群岛

赤尾屿

平

印
度

当惹雍山

7707

蒙山 2678

贵阳

1597.6 井冈山

福州

台北

钓鱼岛

岛

孟加拉湾

恒河口

伊洛瓦底江

怒江

澜沧江

昆明

南宁

西江

广州

香港

澳门

台湾海峡

玉山 3952

高雄

台湾岛

洋

北回归线

缅
甸

越
南

北部湾

海口

五指山 1867

海南岛

南　海

东沙群岛

南

老
挝

泰
国

柬
埔
寨

公河

湄

★ 首都

◎ 省级行政中心

○ 其他城市

国界

未定国界

地区界

军事分界线

省、自治区、直辖市界

特别行政区界

常年河

时令河

运河

珊瑚礁

▲ 6621 山峰及高程

海拔(m)

6000
5000
4000

降水日数

1天

2~3天

4天以上

1:2500万

西沙群岛

中沙群岛

黄岩岛

南海诸岛

比例尺 1:5000万

119

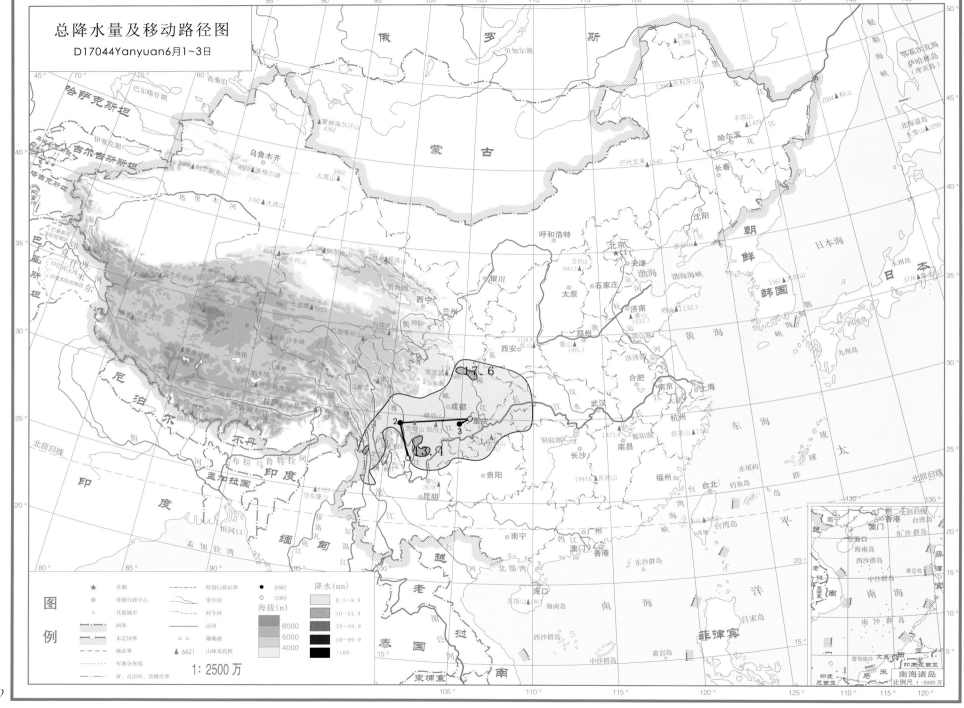

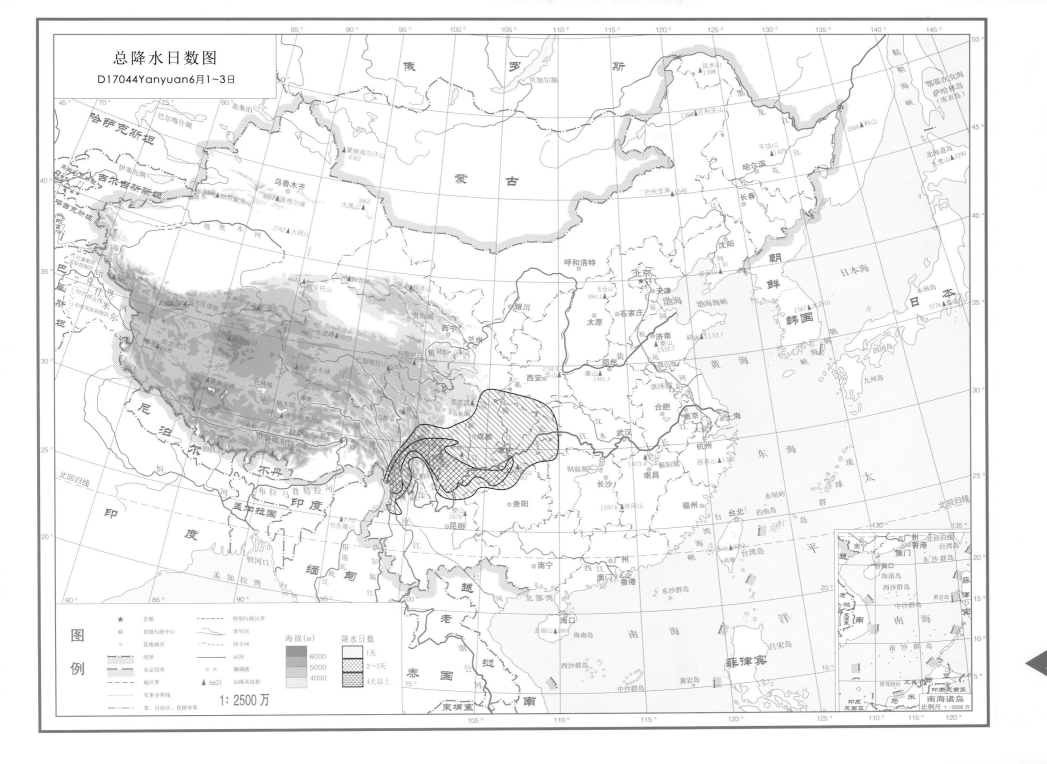

总降水日数图
D17044Yanyuan6月1~3日

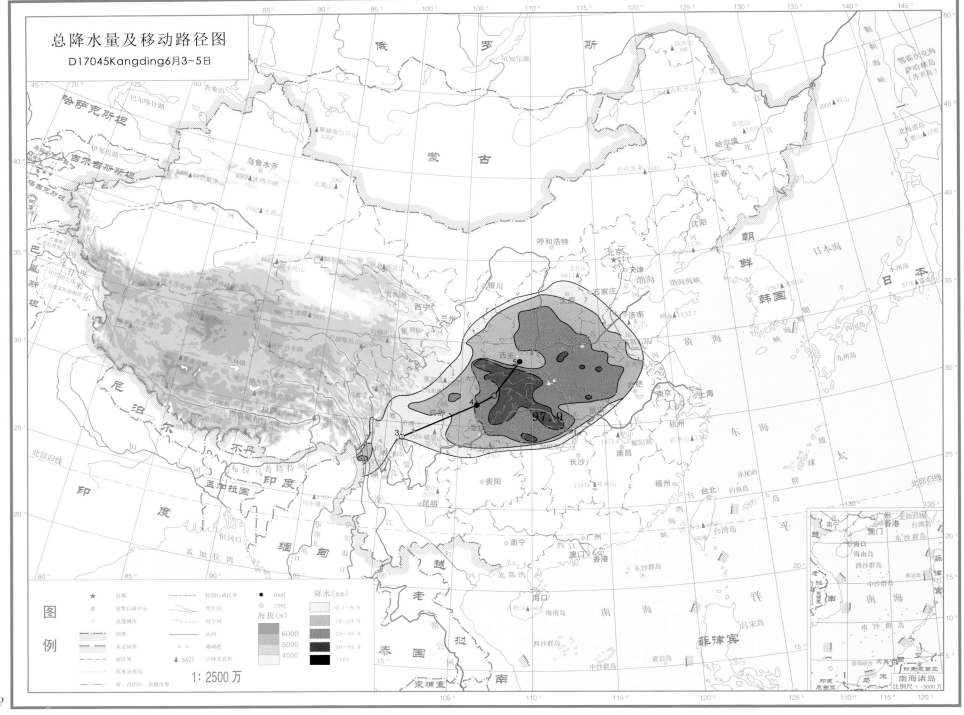

総降水量及移動路径图
D17045Kangding6月3~5日

总降水日数图
D17045Kangding6月3~5日

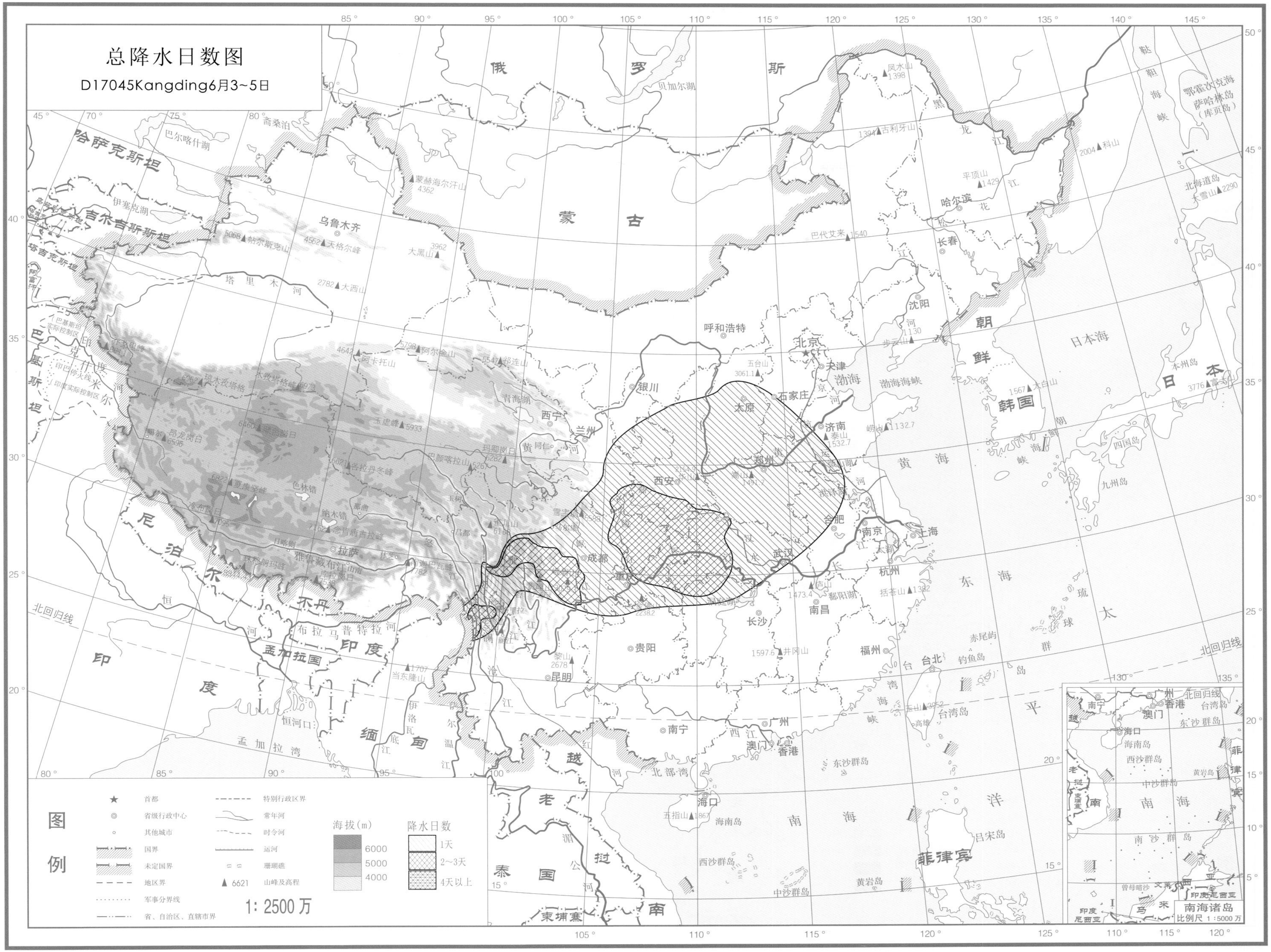

图例

★ 首都
◎ 省级行政中心
○ 其他城市

国界
未定国界
地区界
军事分界线
省、自治区、直辖市界

特别行政区界
常年河
时令河
运河
珊瑚礁
▲ 6621 山峰及高程

海拔(m)
6000
5000
4000

降水日数
1天
2~3天
4天以上

1 : 2500 万

南海诸岛
比例尺 1 : 5000 万

123

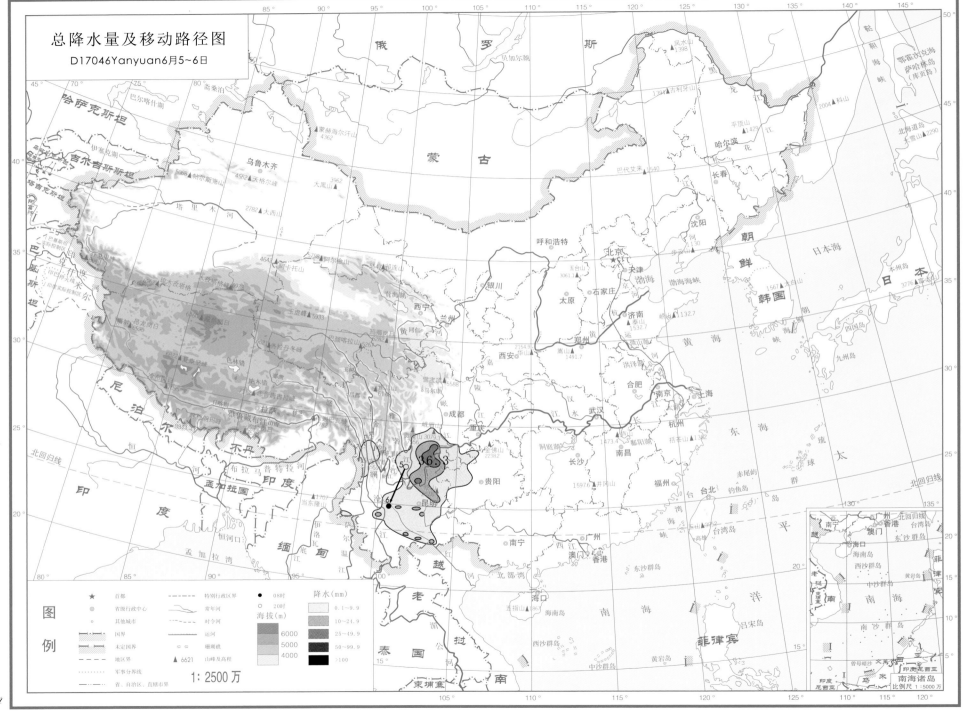

总降水量及移动路径图
D17046Yanyuan6月5~6日

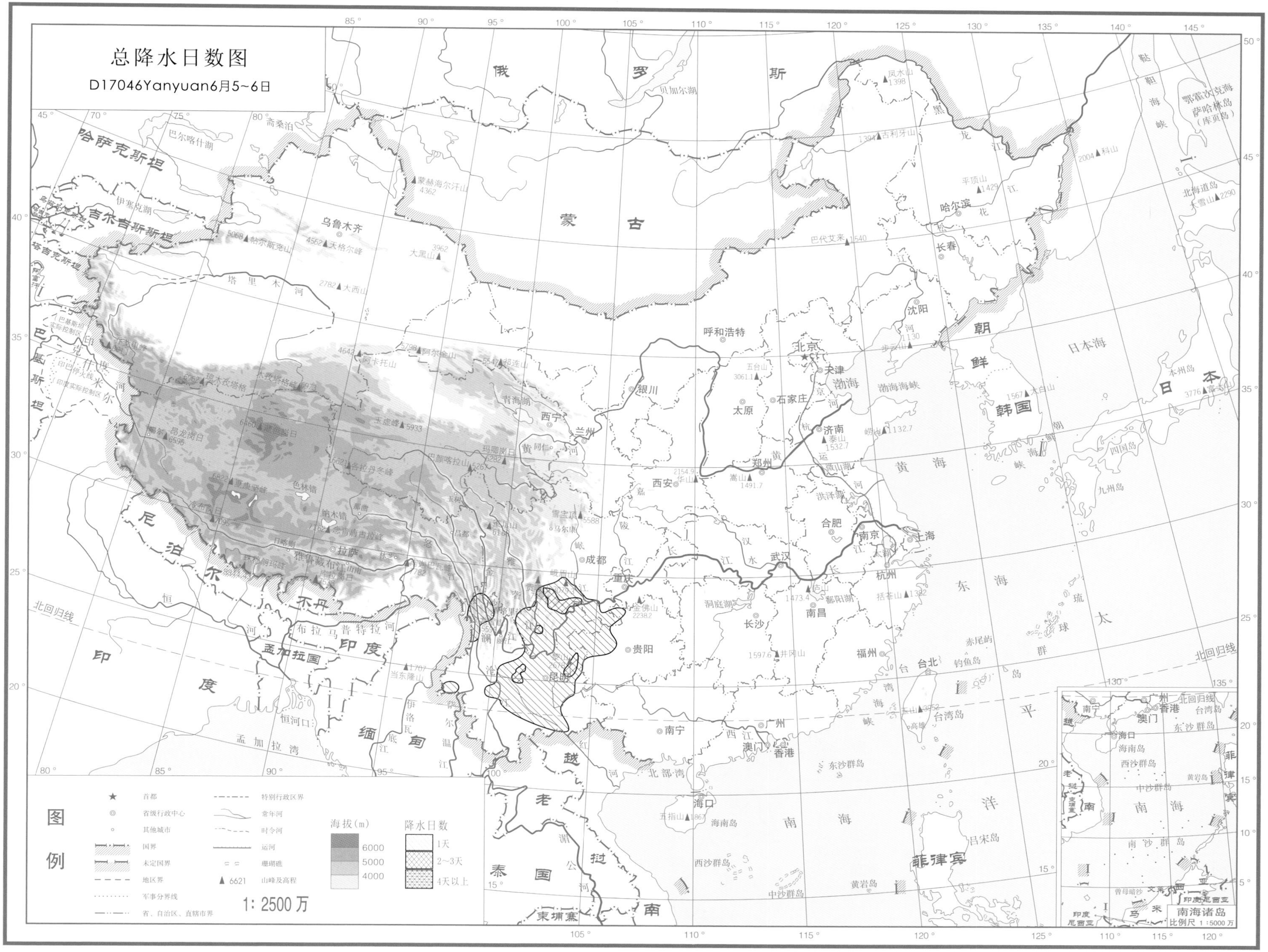

总降水日数图

D17046Yanyuan6月5~6日

图例

★	首都	
◎	省级行政中心	
○	其他城市	

特别行政区界
常年河
时令河
运河
曦湖堤
▲ 6621 山峰及高程

国界
未定国界
地区界
军事分界线
省、自治区、直辖市界

海拔(m)
6000
5000
4000

降水日数
1天
2~3天
4天以上

1:2500 万

南海诸岛
比例尺 1:5000 万

125

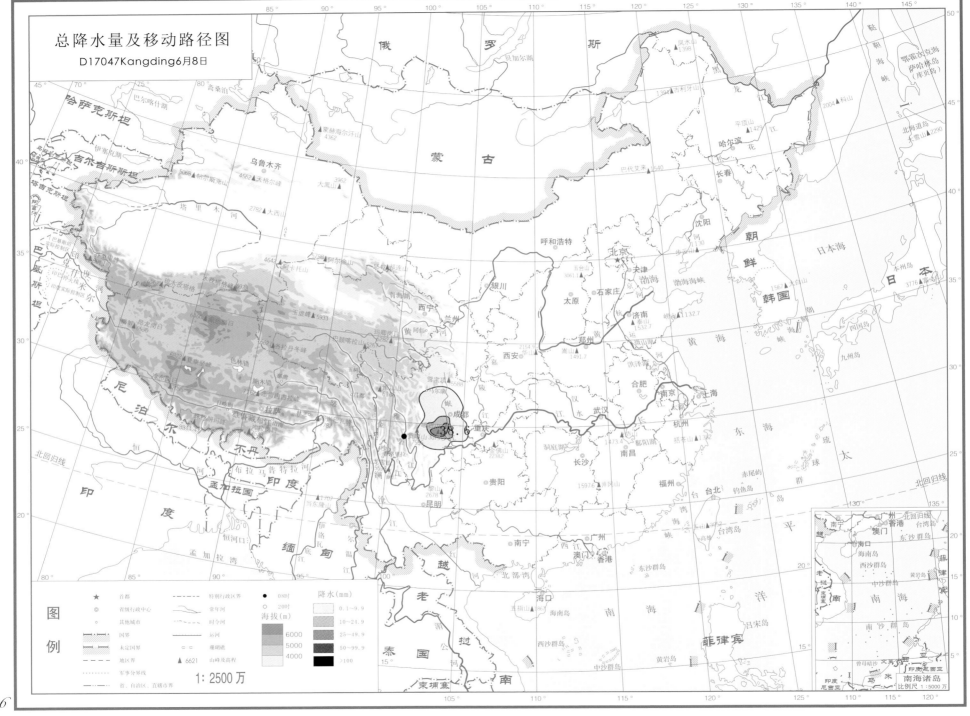

总降水量及移动路径图
D17047Kangding6月8日

图例

★	首都	-----	特别行政区界	● 08时

降水(mm)

海拔(m)

1:2500万

哈萨克斯坦
吉尔吉斯斯坦
塔吉克斯坦
巴基斯坦
印度实际控制区
印控克什米尔
印度实际控制区
尼泊尔
不丹
孟加拉国
印度
缅甸
老挝
泰国
柬埔寨
越南
俄罗斯
蒙古
朝鲜
韩国
日本

贝加尔湖
斋桑泊
巴尔喀什湖
伊塞克湖
阿赖山

乌鲁木齐
5068帕尔斯克山
4562天格尔峰
大黑山 3962
塔里木河
2782大西山
蒙赫海尔汗山 4362
4643
4798阿尔金山
阿卡托山
5547祁连山
青海湖
西宁
兰州
银川
玛沁岗日
玉龙雪山 5933
6660
黄河
昆仑山
可可西里
6621念青唐古拉山
色林错
纳木错
6621
61
拉萨
雅鲁藏布江
珠穆朗玛峰
喜马拉雅山
雪主顶 5588
成都
重庆
长江
黎山 2678
昆明
贵阳
南宁
西江
海口
海南岛
广州
香港
澳门
东沙群岛
福州
台北
台湾岛
钓鱼岛
赤尾屿
琉球群岛
南昌
长沙
1597.6井冈山
鄱阳湖
金佛山 2238.2
洞庭湖
武汉
汉水
合肥
南京
上海
杭州
括苍山 1382
东海
黄海
呼和浩特
北京
天津
渤海
渤海海峡
太原
石家庄
济南
泰山 1532.7
崂山 1132.7
郑州
嵩山 1491.7
西安
华山 2154.9
沈阳
辽河
步代艾来 1540
长春
哈尔滨
凤水山 1398
吉利牙山 1394
平顶山 1429
科山 2004
北海道岛
大雪山 2290
日本海
本州岛
3776富士山
九州岛
四国岛
五台山 3061.1
洪泽湖

俄罗斯
鄂霍次克海
萨哈林岛
(库页岛)
鞑靼海峡

北回归线

孟加拉湾

五指山 1867
西沙群岛
黄岩岛
中沙群岛
南海
太平洋
菲律宾

图例

★ 首都
◎ 省级行政中心
○ 其他城市
国界
未定国界
地区分界线
军事分界线
省、自治区、直辖市界
特别行政区界
常年河
时令河
运河
湖泊礁
▲ 6621 山峰及高程

海拔(m)
6000
5000
4000

降水日数
1天
2~3天
4天以上

1：2500万

南海诸岛

广州
香港
澳门
海口
海南岛
西沙群岛
中沙群岛
南沙群岛
东沙群岛
曾母暗沙

南海诸岛
比例尺 1：5000万

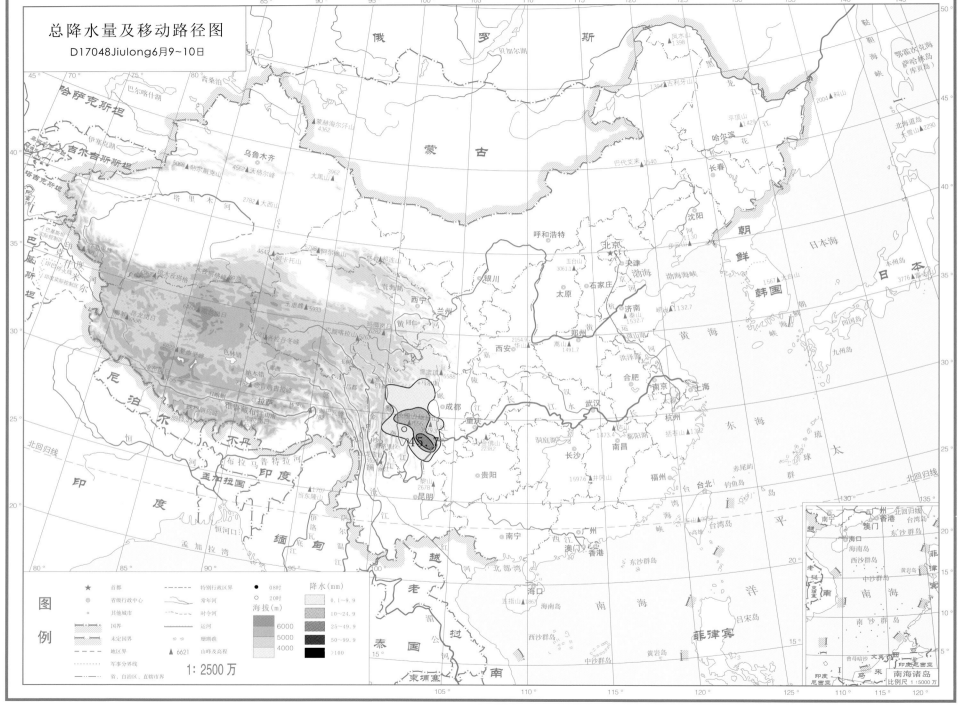

总降水日数图
D17048Jiulong6月9~10日

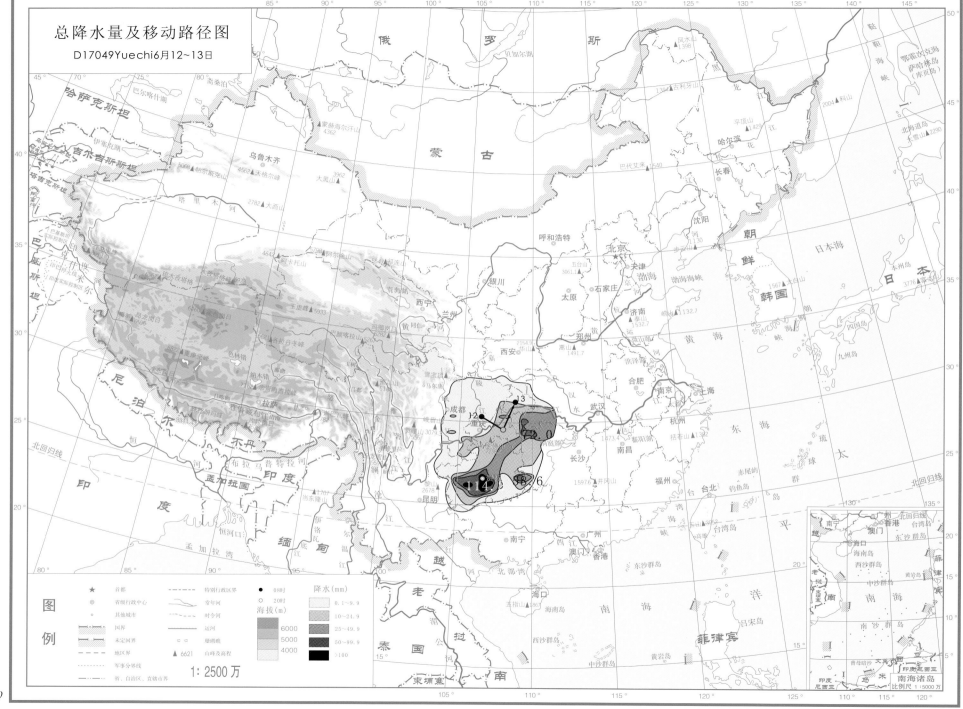

总降水量及移动路径图

D17049Yuechi6月12~13日

总降水日数图

D17049Yuechi6月12~13日

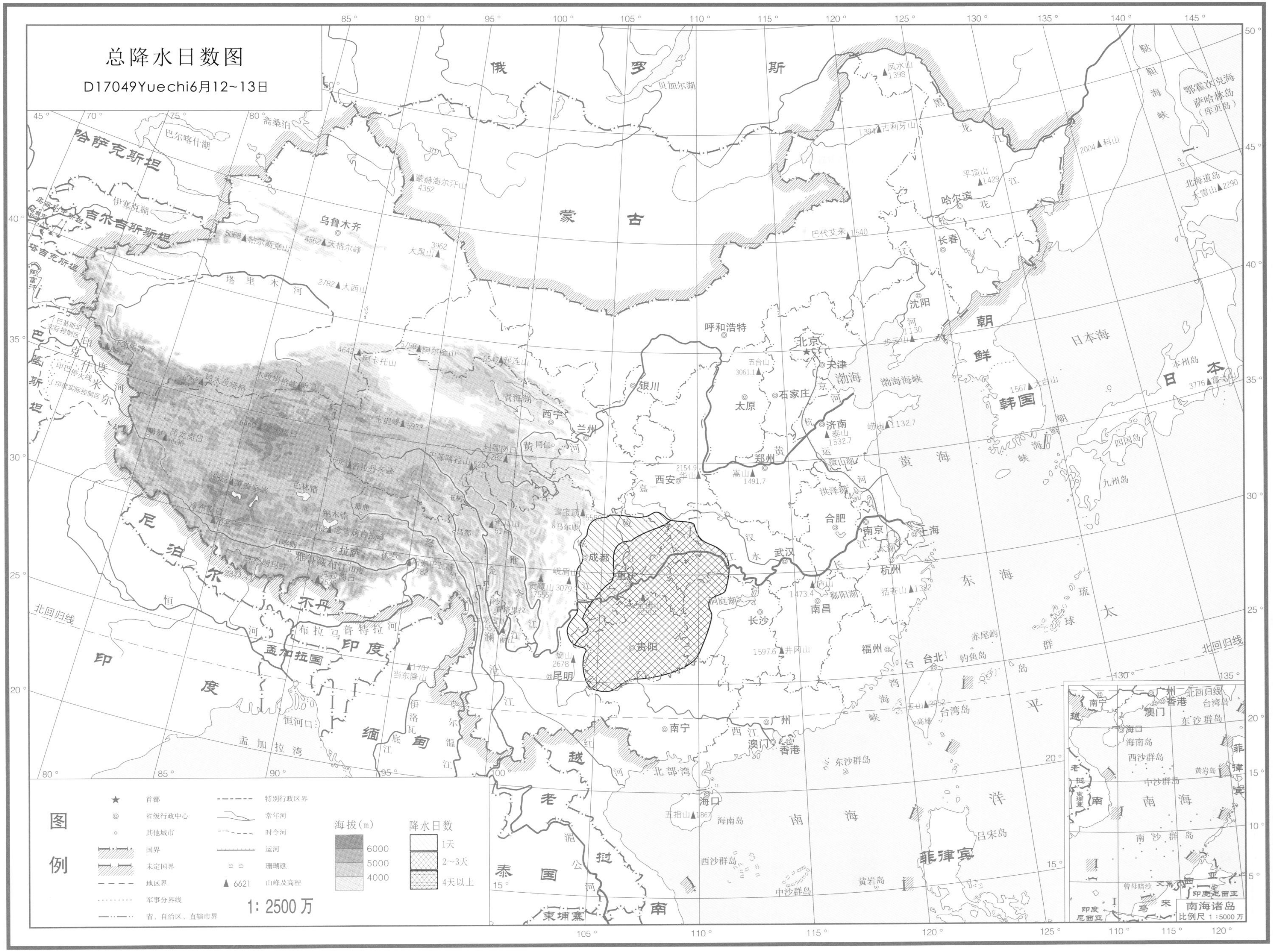

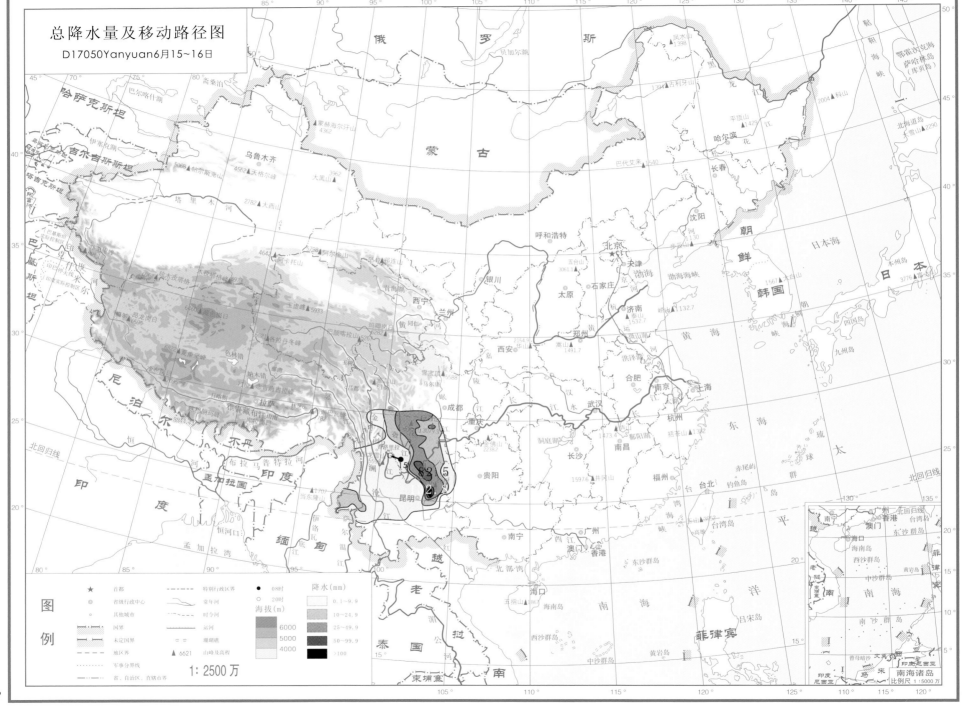

总降水量及移动路径图

D17050Yanyuan6月15~16日

总降水日数图

D17050Yanyuan6月15~16日

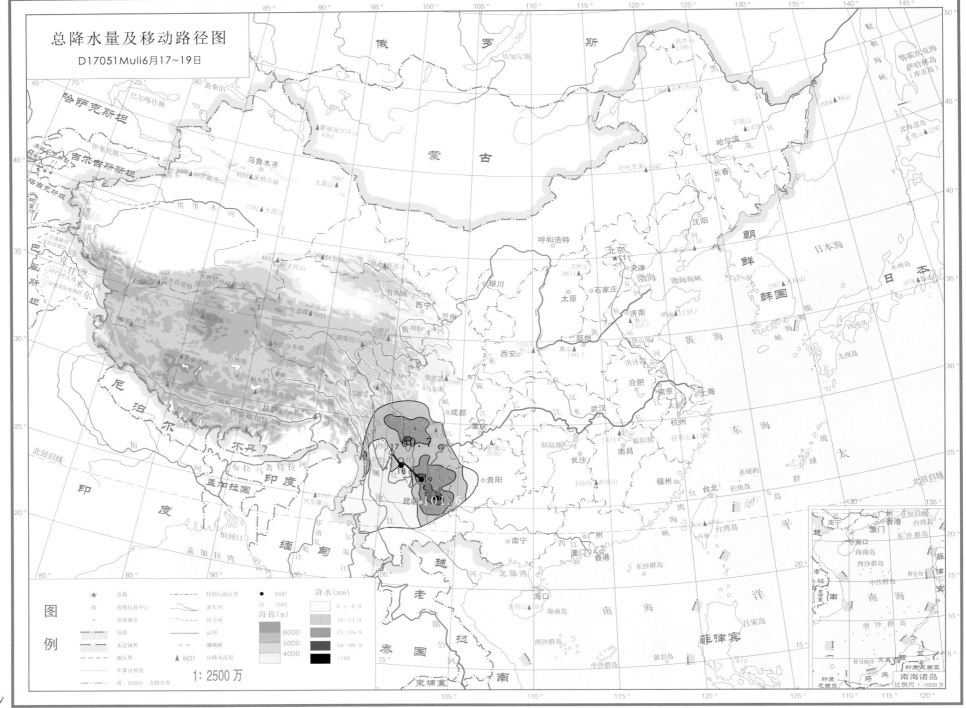

总降水量及移动路径图

D17051Muli 6月17~19日

总降水日数图

D17051Muli6月17~19日

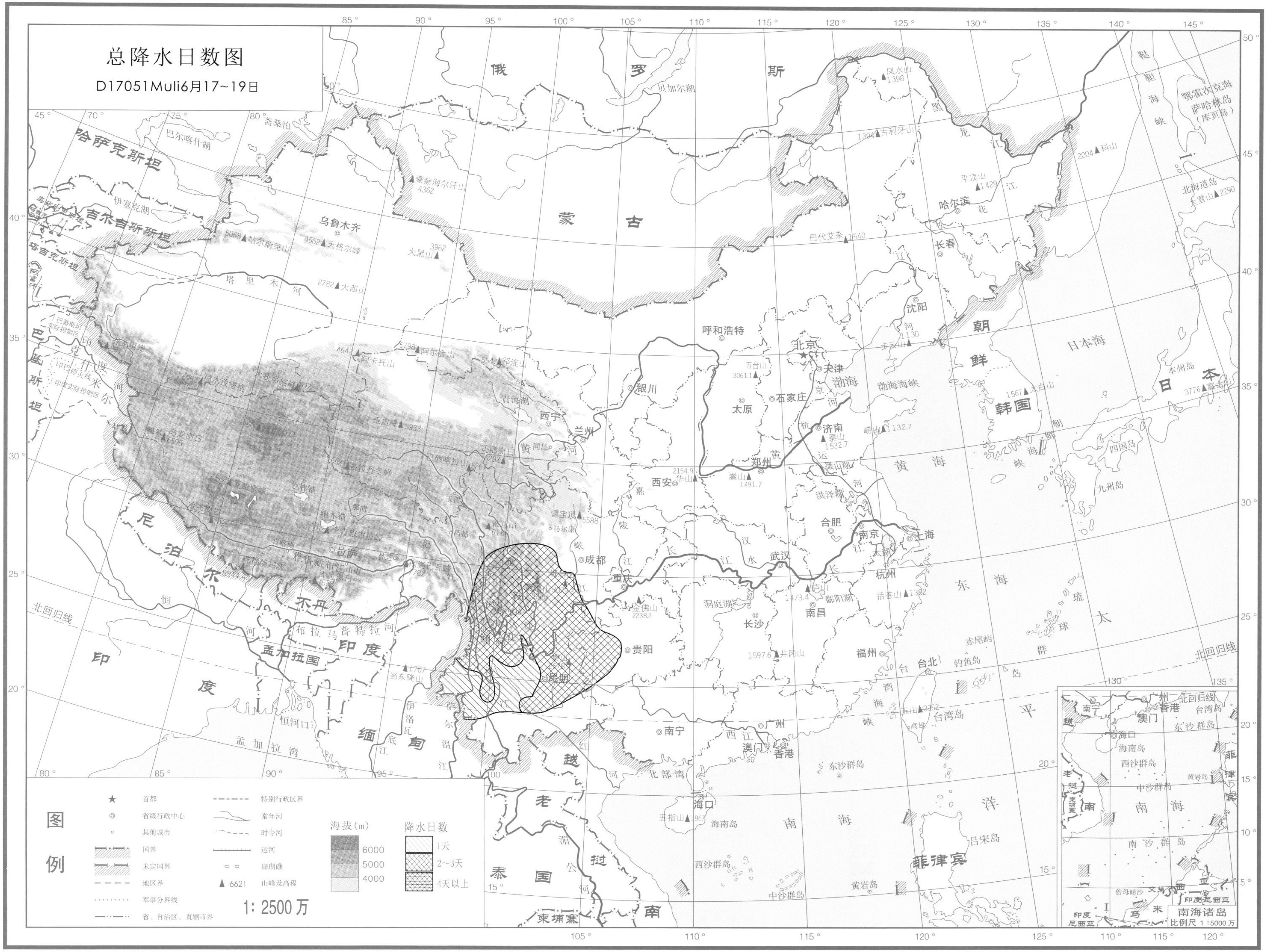

图例

★	首都	----- 特别行政区界
◎	省级行政中心	常年河
○	其他城市	时令河
	国界	运河
	未定国界	珊瑚礁
	地区界	▲ 6621 山峰及高程
	军事分界线	
	省、自治区、直辖市界	

海拔 (m)
6000
5000
4000

降水日数
1天
2~3天
4天以上

1:2500万

南海诸岛
比例尺 1:5000万

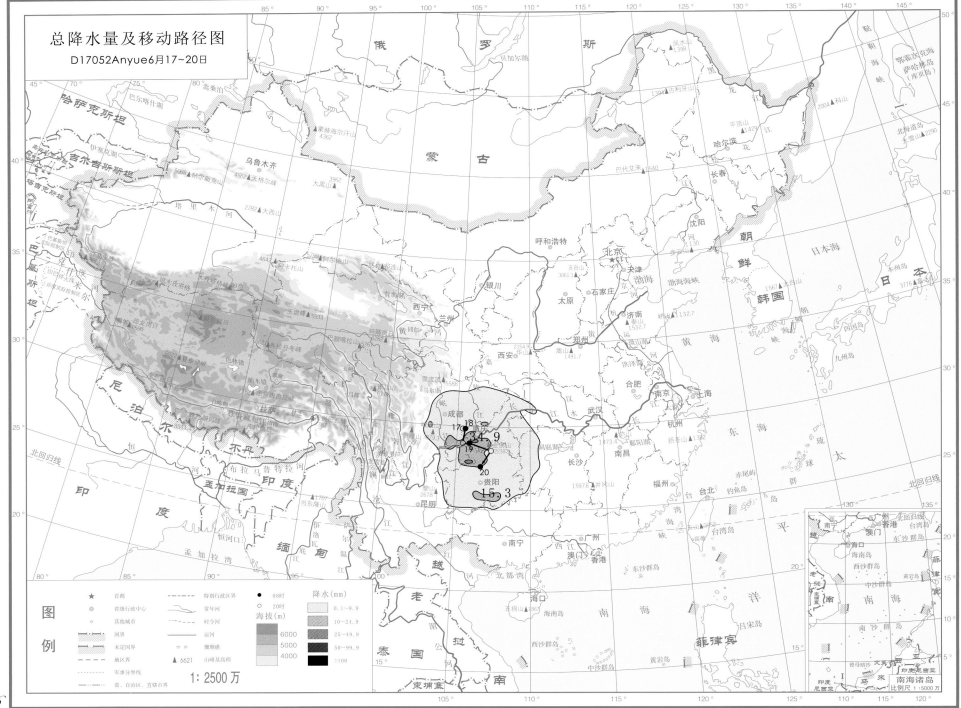

总降水量及移动路径图

D17052Anyue6月17~20日

图例

★	首都	-----	特别行政区界	
◎	省级行政中心		常年河	
○	其他城市		时令河	
	国界		运河	
	未定国界		珊瑚礁	
	地区界	▲6621	山峰及高程	
	军事分界线			
	省、自治区、直辖市界			

● 08时
○ 20时

降水(mm)

海拔(m)

	0.1~9.9
	10~24.9
	25~49.9
	50~99.9
	>100

6000	
5000	
4000	

1:2500万

总降水日数图

D17052Anyue6月17~20日

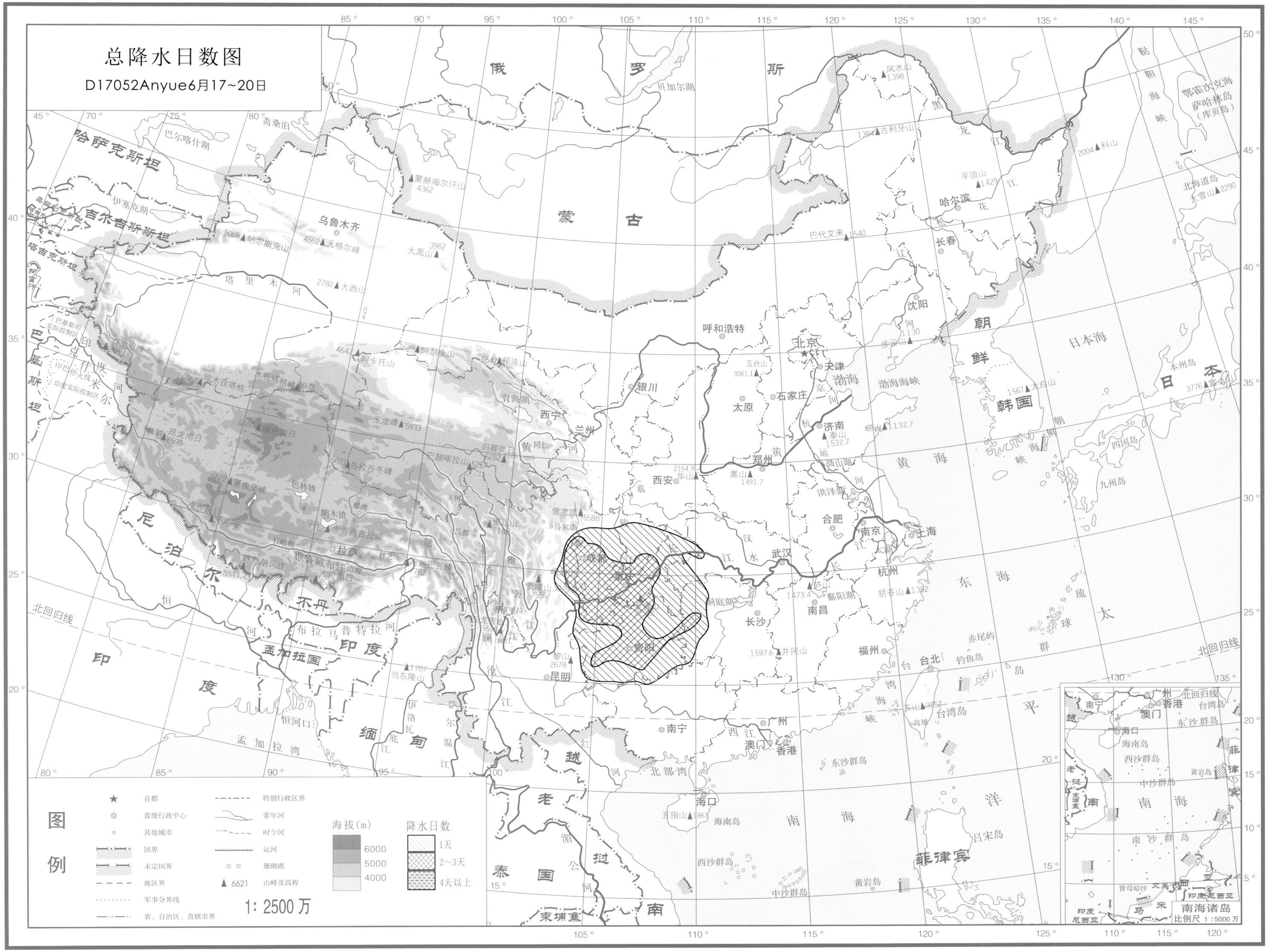

图例

★	首都	------	特别行政区界
◎	省级行政中心		常年河
○	其他城市		时令河
	国界	====	运河
	未定国界	⌐⌐	珊瑚礁
	地区界	▲ 6621	山峰及高程
	军事分界线		
	省、自治区、直辖市界		

海拔(m)
6000
5000
4000

降水日数
1天
2~3天
4天以上

1 : 2500 万

南海诸岛
比例尺 1 : 5000 万

137

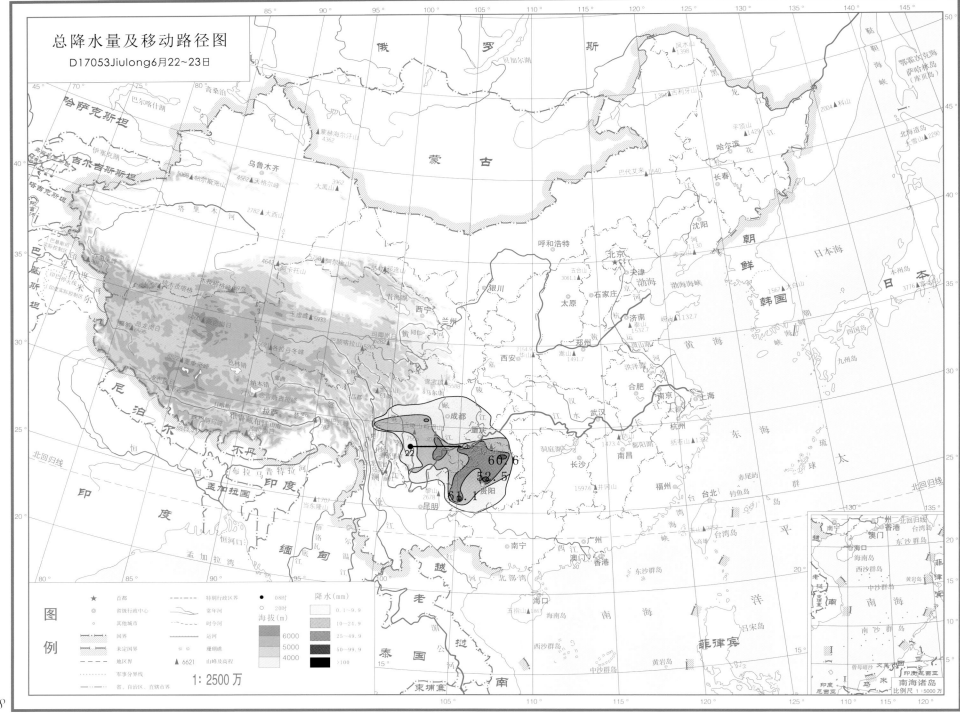

总降水量及移动路径图
D17053Jiulong6月22~23日

总降水日数图

D17053Jiulong6月22~23日

1: 2500万

图例

- ★ 首都
- ◎ 省级行政中心
- ○ 其他城市
- 国界
- 未定国界
- 地区界
- 军事分界线
- 省、自治区、直辖市界
- ----- 特别行政区界
- 常年河
- 时令河
- 运河
- 珊瑚礁
- ▲ 6621 山峰及高程

海拔(m)
- 6000
- 5000
- 4000

降水日数
- 1天
- 2~3天
- 4天以上

南海诸岛
比例尺 1:5000万

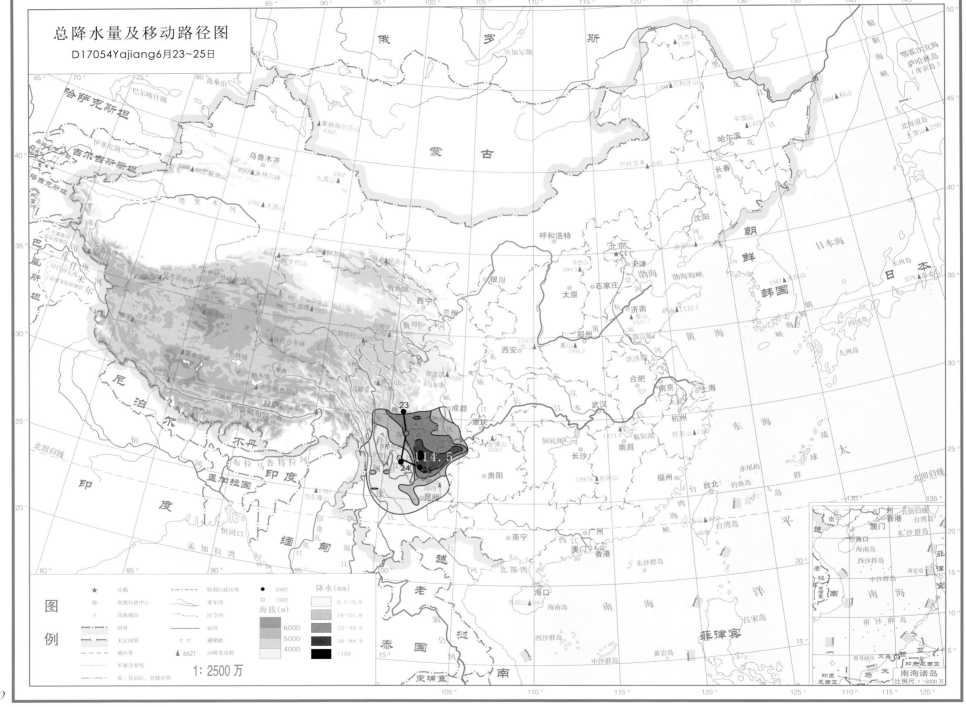

总降水量及移动路径图
D17054Yajiang6月23~25日

图例

★	首都	--- 特别行政区界	● 08时
◎	省级行政中心	常年河	○ 20时
○	其他城市	时令河	
	国界	= = 运河	
	未定国界	珊瑚礁	
	地区界	▲ 6621 山峰及高程	
	军事分界线		
	省、自治区、直辖市界		

降水(mm)
0.1～9.9
10～24.9
25～49.9
50～99.9
>100

海拔(m)
6000
5000
4000

1：2500万

南海诸岛
比例尺 1：5000万

总降水日数图

D17054Yajiang6月23~25日

俄罗斯

蒙古

哈萨克斯坦

吉尔吉斯斯坦

塔吉克斯坦

巴基斯坦

尼泊尔

不丹

印度

孟加拉国

缅甸

越南

老挝

泰国

柬埔寨

朝鲜

韩国

日本

乌鲁木齐

呼和浩特

北京

天津

沈阳

哈尔滨

长春

银川

太原

石家庄

济南

西宁

兰州

郑州

西安

合肥

南京

上海

杭州

武汉

成都

重庆

贵阳

长沙

南昌

福州

台北

昆明

南宁

广州

澳门

香港

海口

拉萨

日喀则

贝加尔湖

巴尔喀什湖

斋桑泊

伊塞克湖

塔里木河

青海湖

黄河

长江

汉水

嘉陵江

洞庭湖

鄱阳湖

黄海

渤海

东海

日本海

南海

太平洋

北回归线

海南岛

台湾岛

南海诸岛

图例

符号	说明	符号	说明
★	首都	— — —	特别行政区界
◎	省级行政中心		常年河
○	其他城市		时令河
	国界		运河
	未定国界		珊瑚礁
	地区界	▲6621	山峰及高程
	军事分界线		
	省、自治区、直辖市界		

海拔(m)
6000
5000
4000

降水日数
1天
2~3天
4天以上

1:2500万

南海诸岛
比例尺 1:5000万

141

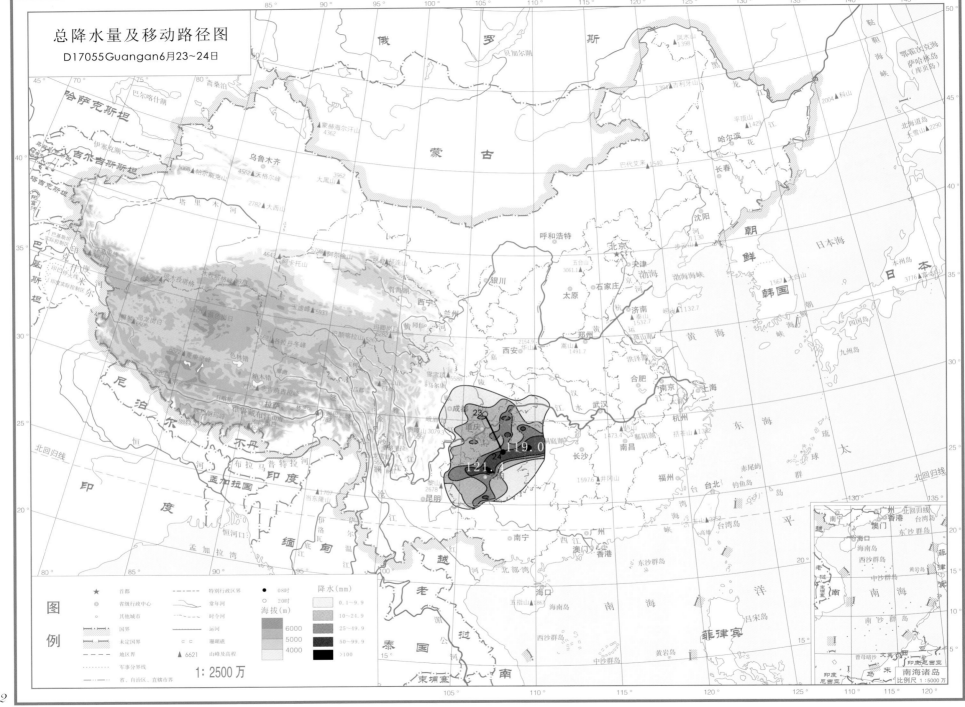

总降水量及移动路径图
D17055Guangan6月23~24日

总降水日数图

D17055Guangan6月23~24日

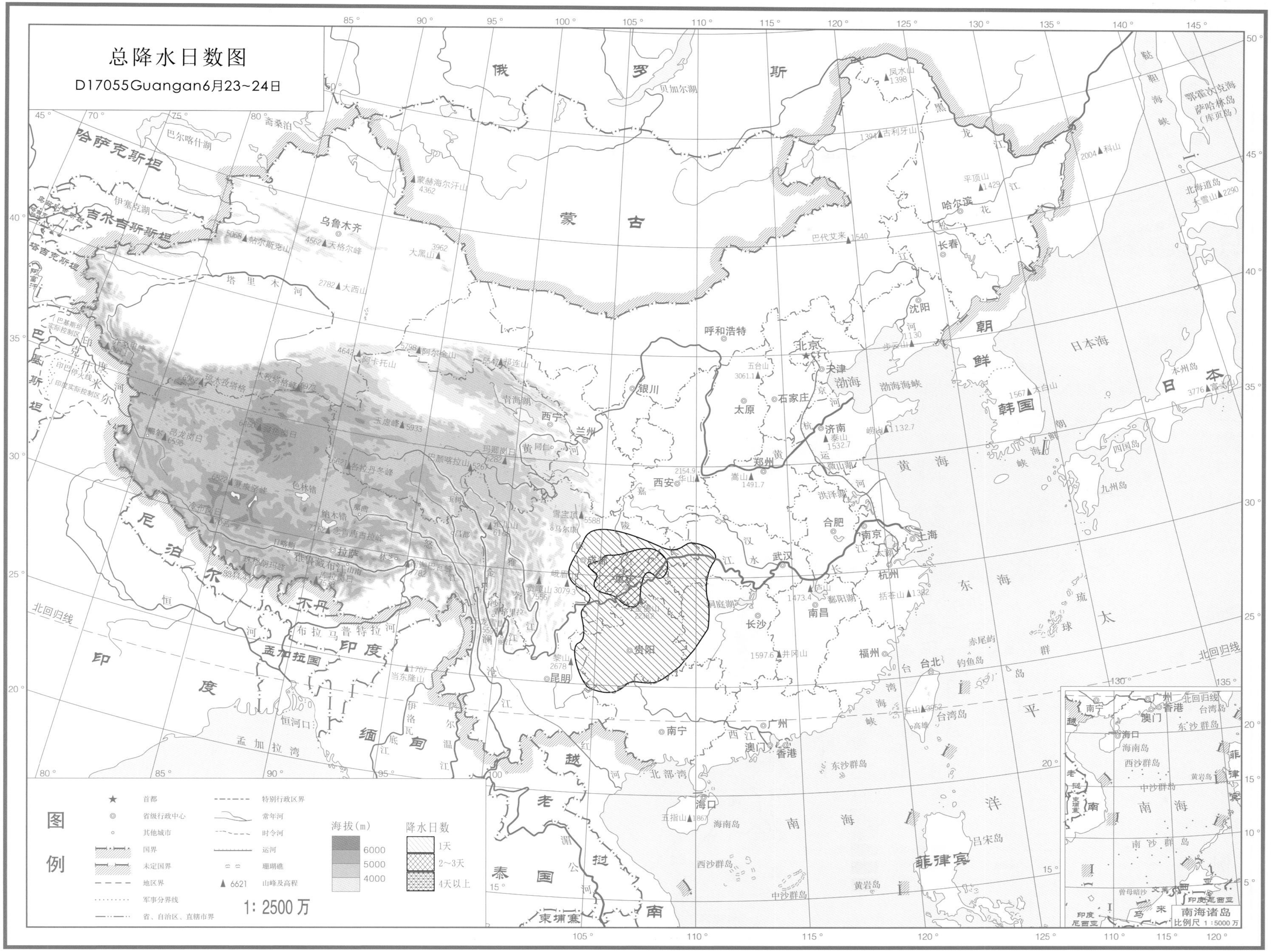

图例
首都
省级行政中心
其他城市
国界
未定国界
地区界
军事分界线
省、自治区、直辖市界
特别行政区界
常年河
时令河
运河
珊瑚礁
6621 山峰及高程
海拔(m)
6000
5000
4000
降水日数
1天
2~3天
4天以上
1：2500万
南海诸岛
比例尺 1：5000万
俄罗斯
蒙古
哈萨克斯坦
吉尔吉斯斯坦
塔吉克斯坦
巴基斯坦
尼泊尔
不丹
孟加拉国
印度
缅甸
老挝
泰国
越南
柬埔寨
朝鲜
韩国
日本
菲律宾
北京
天津
石家庄
太原
呼和浩特
沈阳
长春
哈尔滨
济南
郑州
西安
银川
兰州
西宁
乌鲁木齐
拉萨
成都
重庆
贵阳
昆明
南宁
广州
香港
澳门
海口
长沙
武汉
南昌
合肥
南京
上海
杭州
福州
台北
渤海
黄海
东海
南海
日本海
太平洋
北回归线

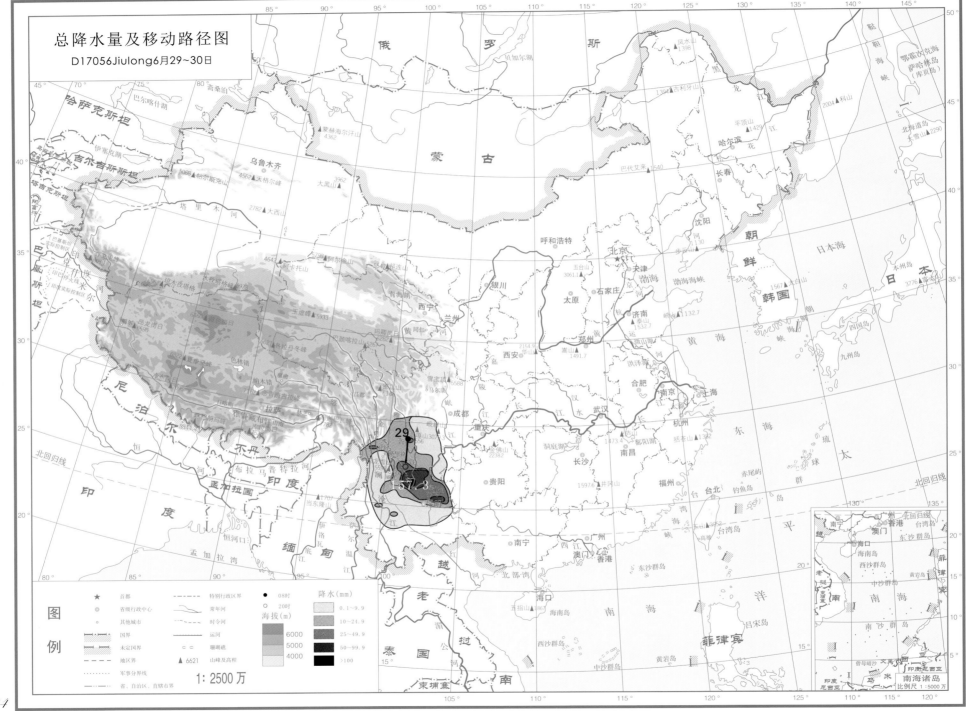

总降水量及移动路径图

D17056Jiulong6月29~30日

1:2500万

总降水日数图

D17056Jiulong6月29~30日

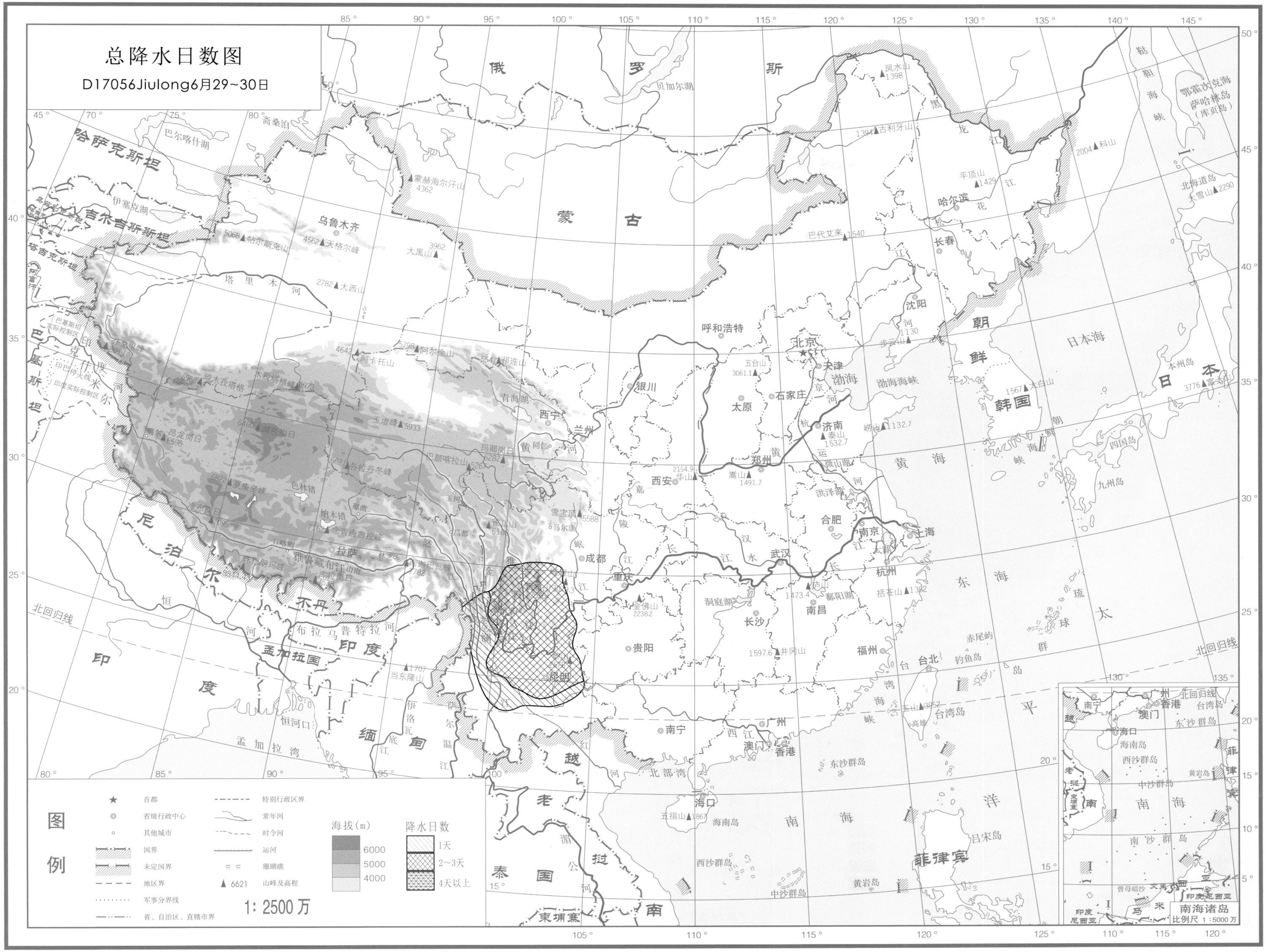

图例

图例	
★ 首都	- - - 特别行政区界
◎ 省级行政中心	—— 常年河
○ 其他城市	时令河
国界	=== 运河
未定国界	珊瑚礁
地区界	▲ 6621 山峰及高程
军事分界线	
省、自治区、直辖市界	

海拔(m)
6000
5000
4000

降水日数
1天
2~3天
4天以上

1:2500万

南海诸岛
比例尺 1:5000万

145

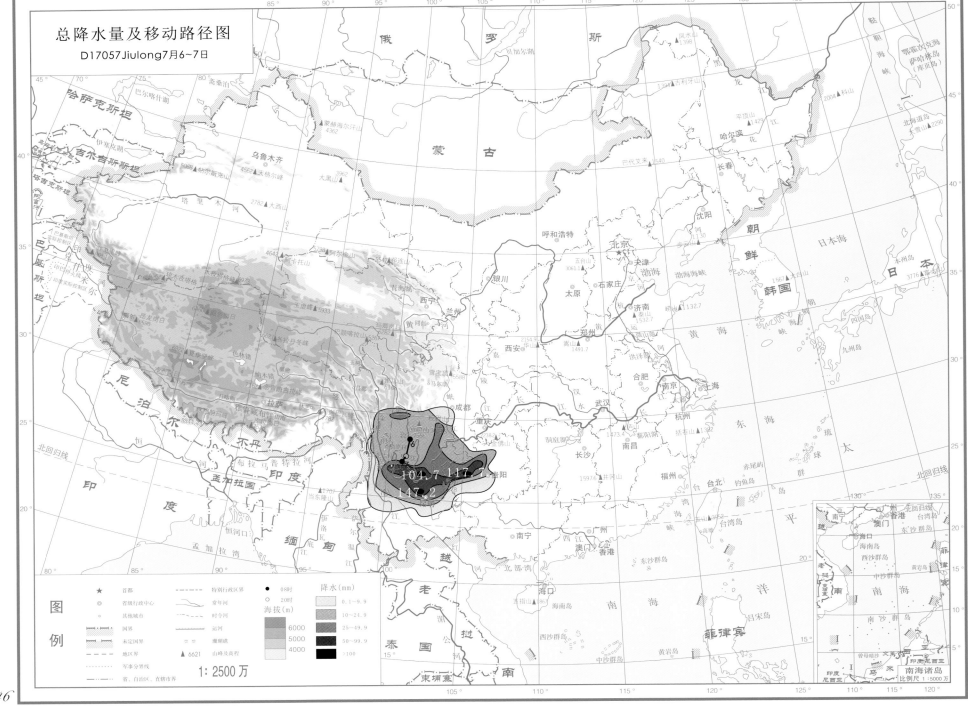

总降水量及移动路径图
D17057Jiulong7月6~7日

104.7 117.7
147.2

图例

★	首都	------	特别行政区界
◎	省级行政中心		常年河
○	其他城市		时令河
	国界	○○	运河
	未定国界		珊瑚礁
---	地区界	▲ 6621	山峰及高程
......	军事分界线		
	省、自治区、直辖市界		

● 08时
○ 20时

降水(mm)

海拔(m)
6000
5000
4000

0.1~9.9
10~24.9
25~49.9
50~99.9
>100

1:2500 万

南海诸岛
比例尺 1:5000 万

P...146

总降水日数图

D17057 Jiulong 7月6~7日

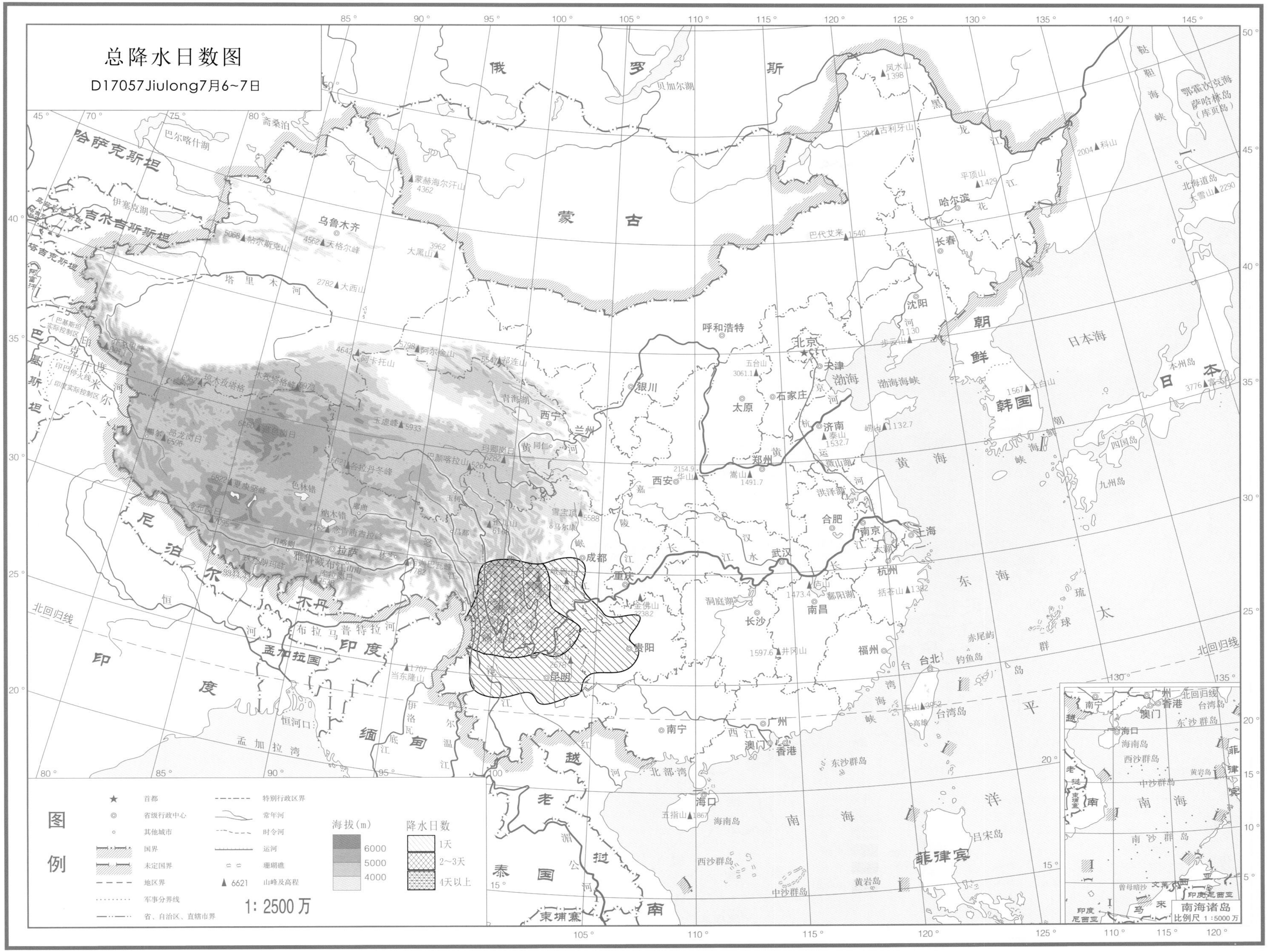

1:2500万

图例

星	首都
◎	省级行政中心
○	其他城市
	国界
	未定国界
	地区界
	军事分界线
	省、自治区、直辖市界
	特别行政区界
	常年河
	时令河
	运河
	珊瑚礁
▲ 6621	山峰及高程

海拔(m)
6000
5000
4000

降水日数
1天
2~3天
4天以上

南海诸岛
比例尺 1:5000万

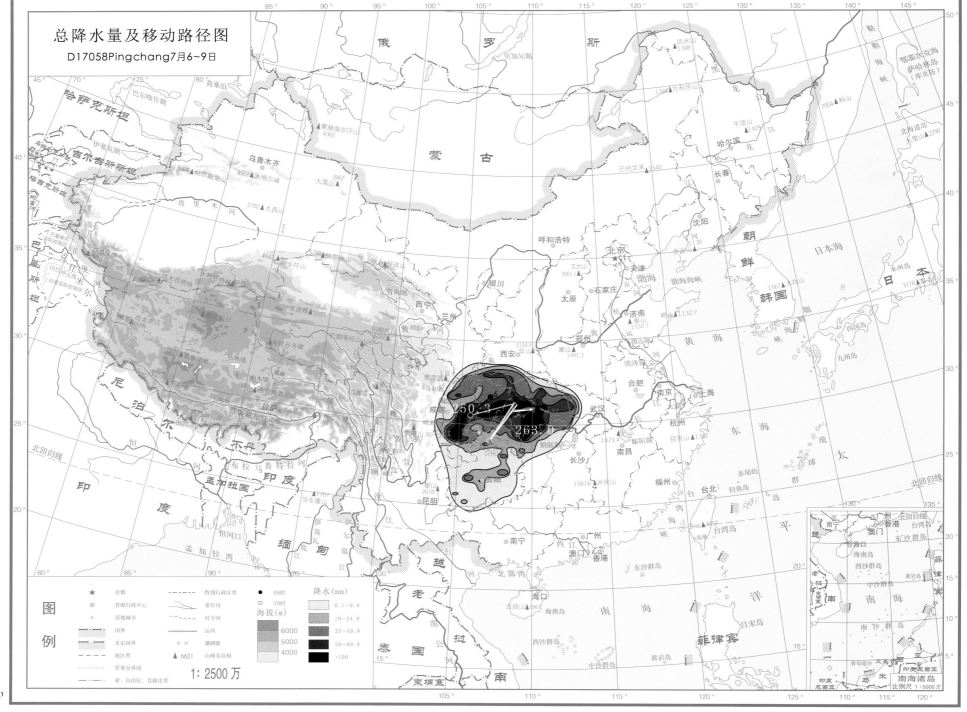

总降水量及移动路径图
D17058Pingchang7月6~9日

总降水日数图

D17058Pingchang7月6~9日

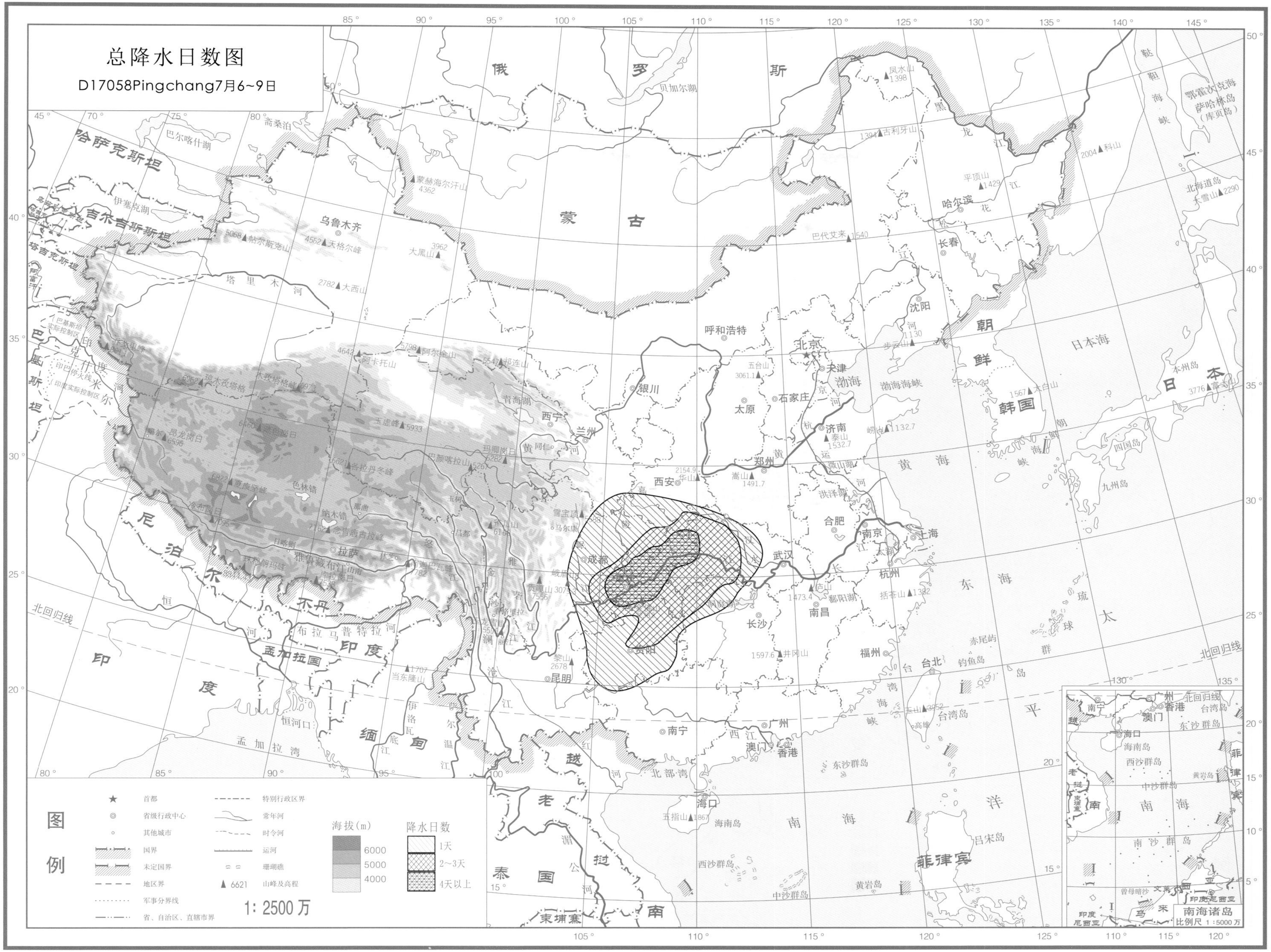

俄 罗 斯

哈萨克斯坦

吉尔吉斯斯坦

蒙 古

巴基斯坦

尼泊尔

不丹

印 度

孟加拉国

缅 甸

老 挝

泰 国

越 南

柬埔寨

朝 鲜

韩 国

日 本

北回归线

北回归线

俄 罗 斯

图 例

	首都		特别行政区界
◎	省级行政中心		常年河
○	其他城市		时令河
	国界	==	运河
	未定国界		珊瑚礁
	地区界	▲ 6621	山峰及高程
	军事分界线		
	省、自治区、直辖市界		

海拔(m)

| 6000 |
| 5000 |
| 4000 |

降水日数

	1天
	2~3天
	4天以上

1:2500万

南海诸岛

南海诸岛
比例尺 1:5000万

149

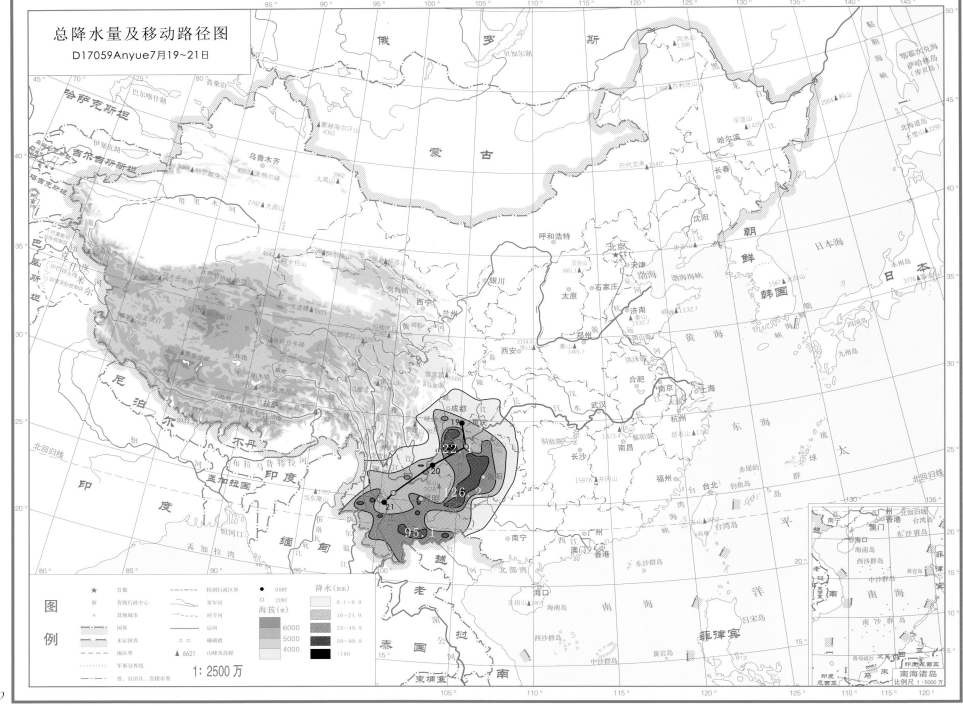

总降水量及移动路径图
D17059Anyue7月19~21日

151

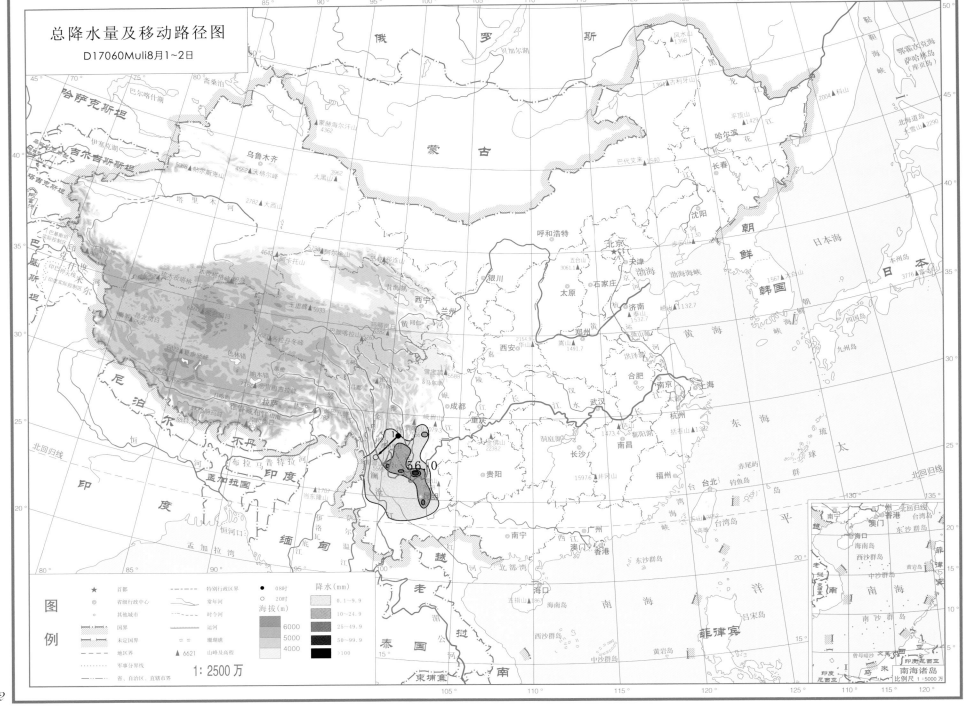

总降水量及移动路径图
D17060Muli8月1~2日

图
例

1 : 2500 万

俄 罗 斯

哈萨克斯坦

蒙 古

吉尔吉斯斯坦

乌鲁木齐

塔克拉玛干

巴基斯坦

印 度

尼 泊 尔

不 丹

孟加拉国

缅 甸

老 挝

越 南

泰 国

柬 埔 寨

菲 律 宾

北京

韩 国

朝 鲜

日 本

哈尔滨

长春

沈阳

天津

济南

郑州

西安

成都

重庆

武汉

南京

上海

杭州

长沙

南昌

福州

台北

广州

南宁

海口

贵阳

昆明

兰州

西宁

银川

呼和浩特

太原

石家庄

合肥

拉萨

日本海

黄 海

东 海

南 海

太 平 洋

图 例

★ 首都
◎ 省级行政中心
○ 其他城市
国界
未定国界
地区界
军事分界线
省、自治区、直辖市界
特别行政区界
常年河
时令河
运河
珊瑚礁
▲ 6621 山峰及高程

海拔(m)
6000
5000
4000

降水日数
1天
2~3天
4天以上

1:2500万

南海诸岛
比例尺 1:5000万

153

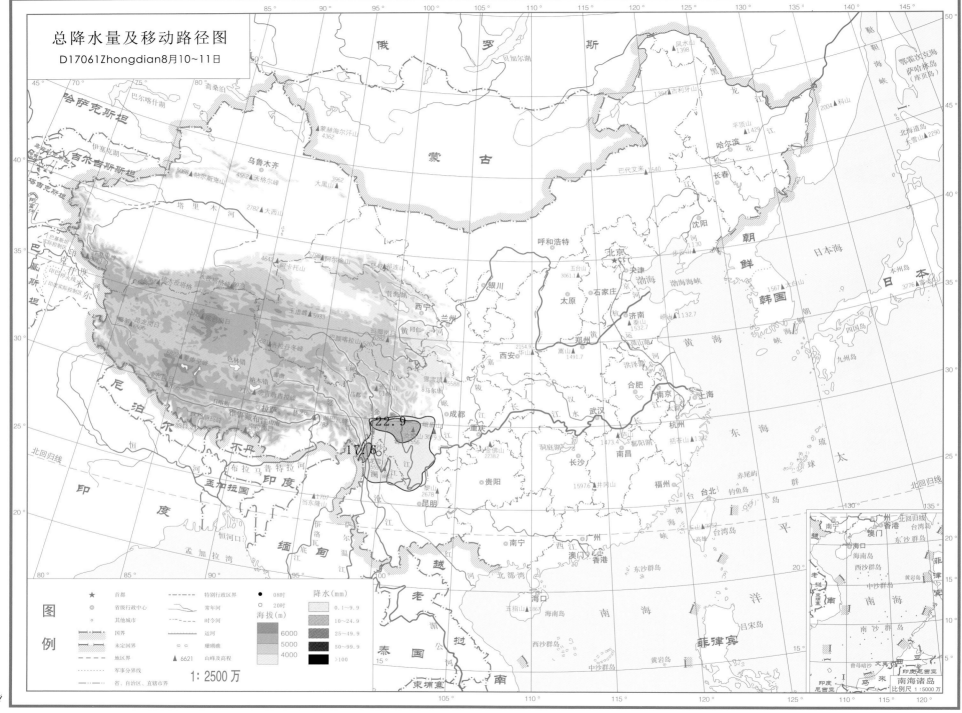

总降水量及移动路径图
D17061Zhongdian8月10~11日

总降水日数图
D17061Zhongdian8月10~11日

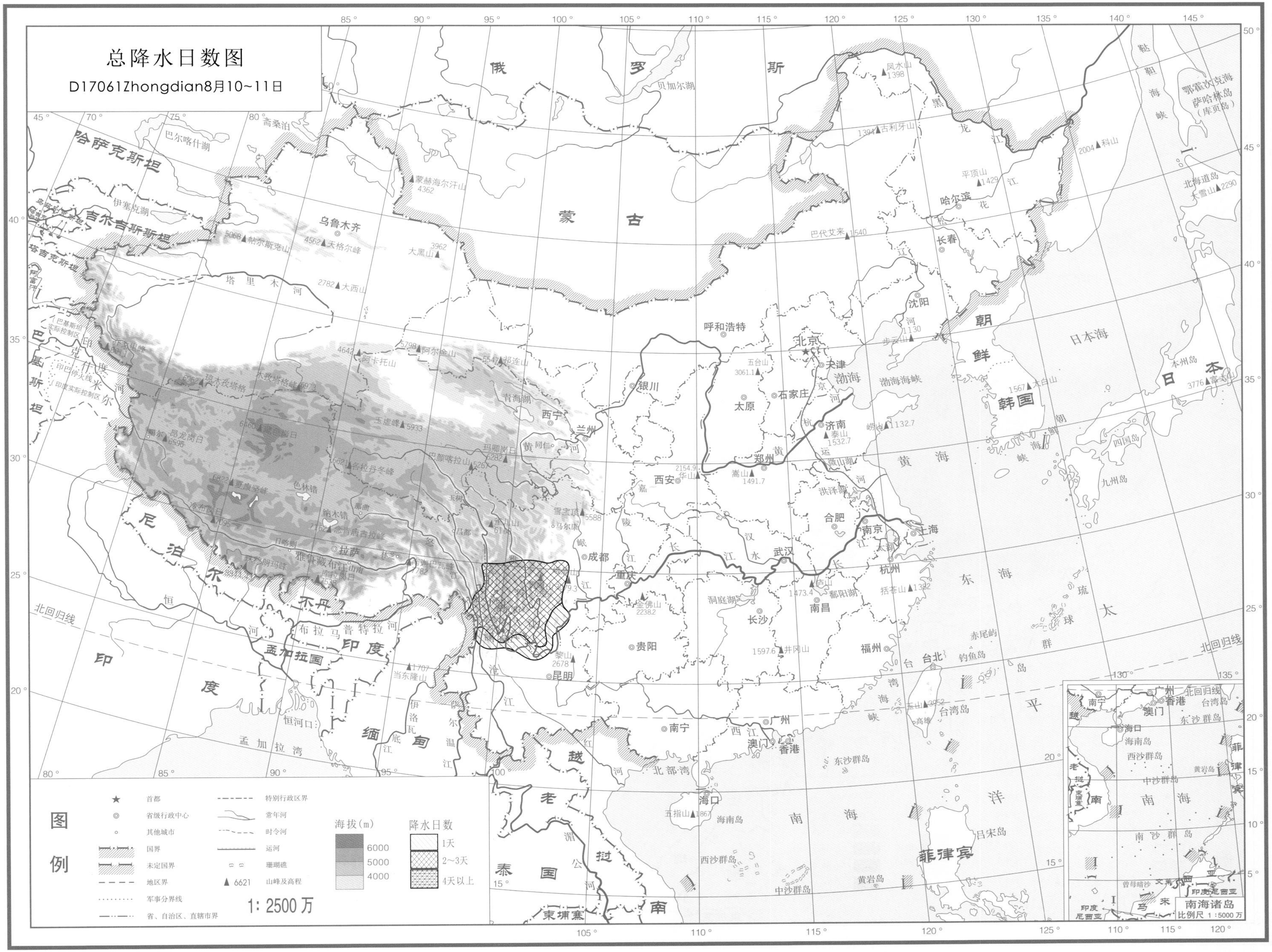

俄　罗　斯
蒙　古
哈萨克斯坦
吉尔吉斯斯坦
塔吉克斯坦
巴基斯坦
印度
尼泊尔
不丹
孟加拉国
缅甸
越南
老挝
泰国
柬埔寨

乌鲁木齐
呼和浩特
北京
天津
银川
太原
石家庄
西宁
兰州
郑州
西安
成都
重庆
合肥
南京
上海
杭州
武汉
长沙
南昌
贵阳
昆明
福州
台北
广州
南宁
澳门
香港
海口

沈阳
哈尔滨
长春

朝　鲜
韩　国
日　本

拉萨

日本海
黄　海
东　海
南　海
太　平　洋

菲律宾

青海湖
洞庭湖
鄱阳湖

海南岛
台湾岛
九州岛
本州岛

北回归线

图例

	首都		特别行政区界
⊛	省级行政中心		常年河
○	其他城市		时令河
	国界		运河
	未定国界		珊瑚礁
	地区界	▲ 6621	山峰及高程
	军事分界线		
	省、自治区、直辖市界		

海拔(m)
6000
5000
4000

降水日数
1天
2~3天
4天以上

1：2500万

南海诸岛
比例尺 1：5000万

南宁
广州
香港
澳门
台湾岛
海口
海南岛
西沙群岛
中沙群岛
南沙群岛
东沙群岛
黄岩岛
曾母暗沙

155

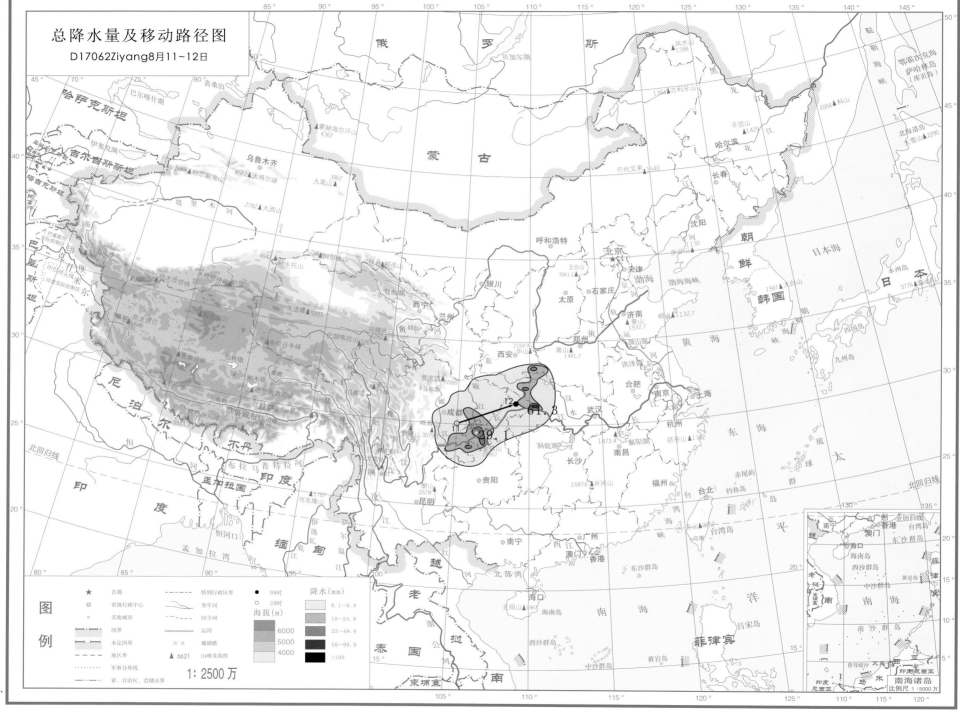

总降水量及移动路径图
D17062Ziyang8月11~12日

总降水日数图

D17062Ziyang8月11~12日

图例

首都　省级行政中心　其他城市　国界　未定国界　地区界　军事分界线　省、自治区、直辖市界

特别行政区界　常年河　时令河　运河　珊瑚礁　山峰及高程

海拔(m)　6000　5000　4000

降水日数　1天　2~3天　4天以上

1：2500万

南海诸岛

比例尺 1：5000万

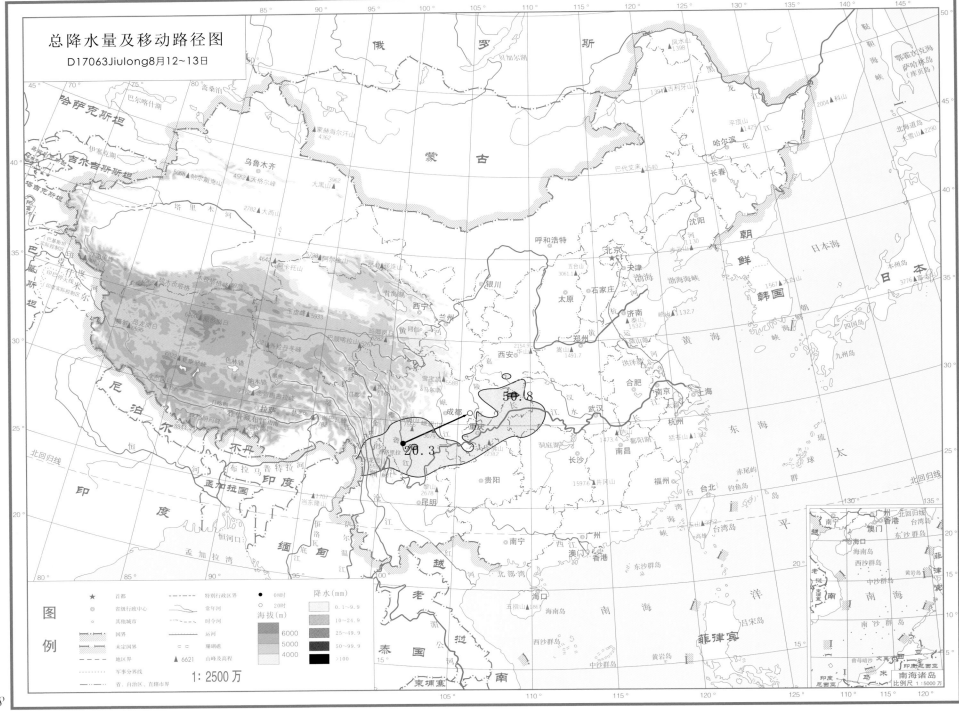

总降水日数图

D17063Jiulong8月12~13日

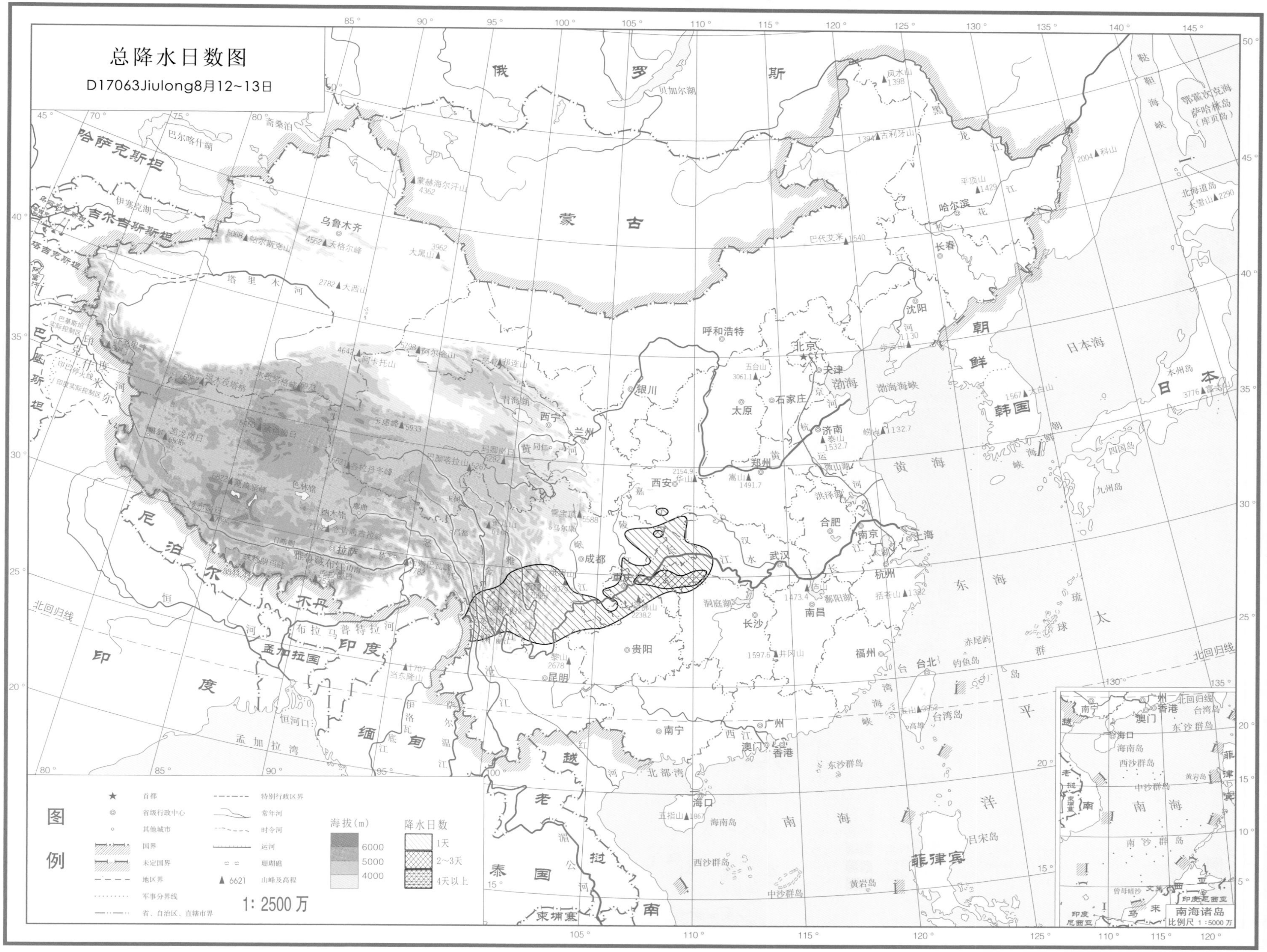

图例

	首都		特别行政区界
	省级行政中心		常年河
	其他城市		时令河
	国界		运河
	未定国界		珊瑚礁
	地区界	▲ 6621	山峰及高程
	省、自治区、直辖市界		
	军事分界线		

海拔(m)
6000
5000
4000

降水日数
1天
2~3天
4天以上

1：2500万

南海诸岛
比例尺 1：5000万

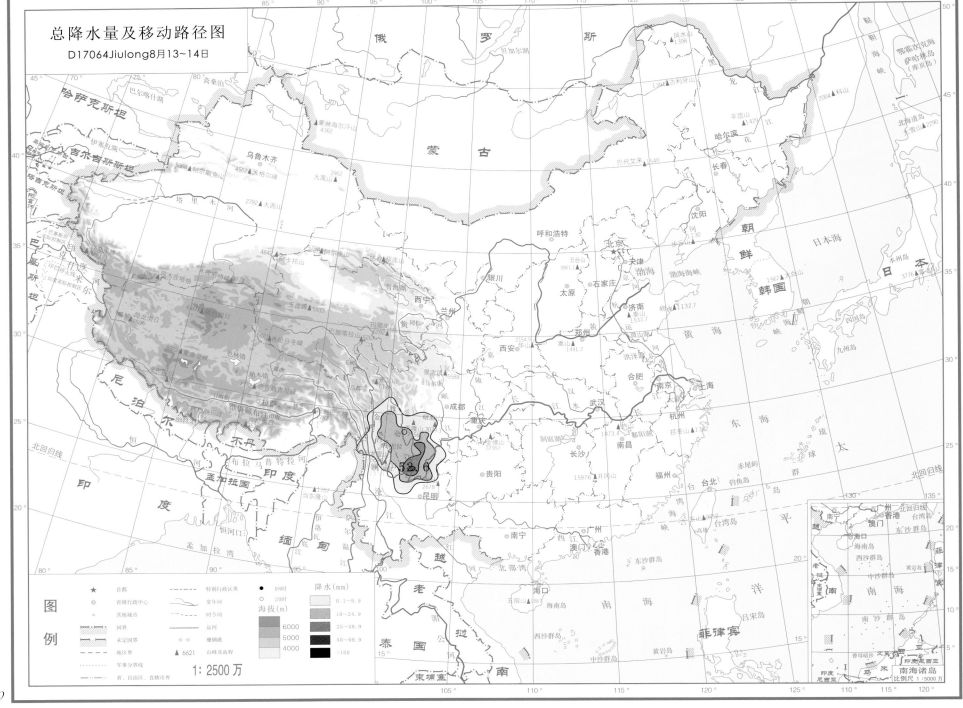

总降水量及移动路径图
D17064Jiulong8月13~14日

总降水日数图

D17064Jiulong8月13~14日

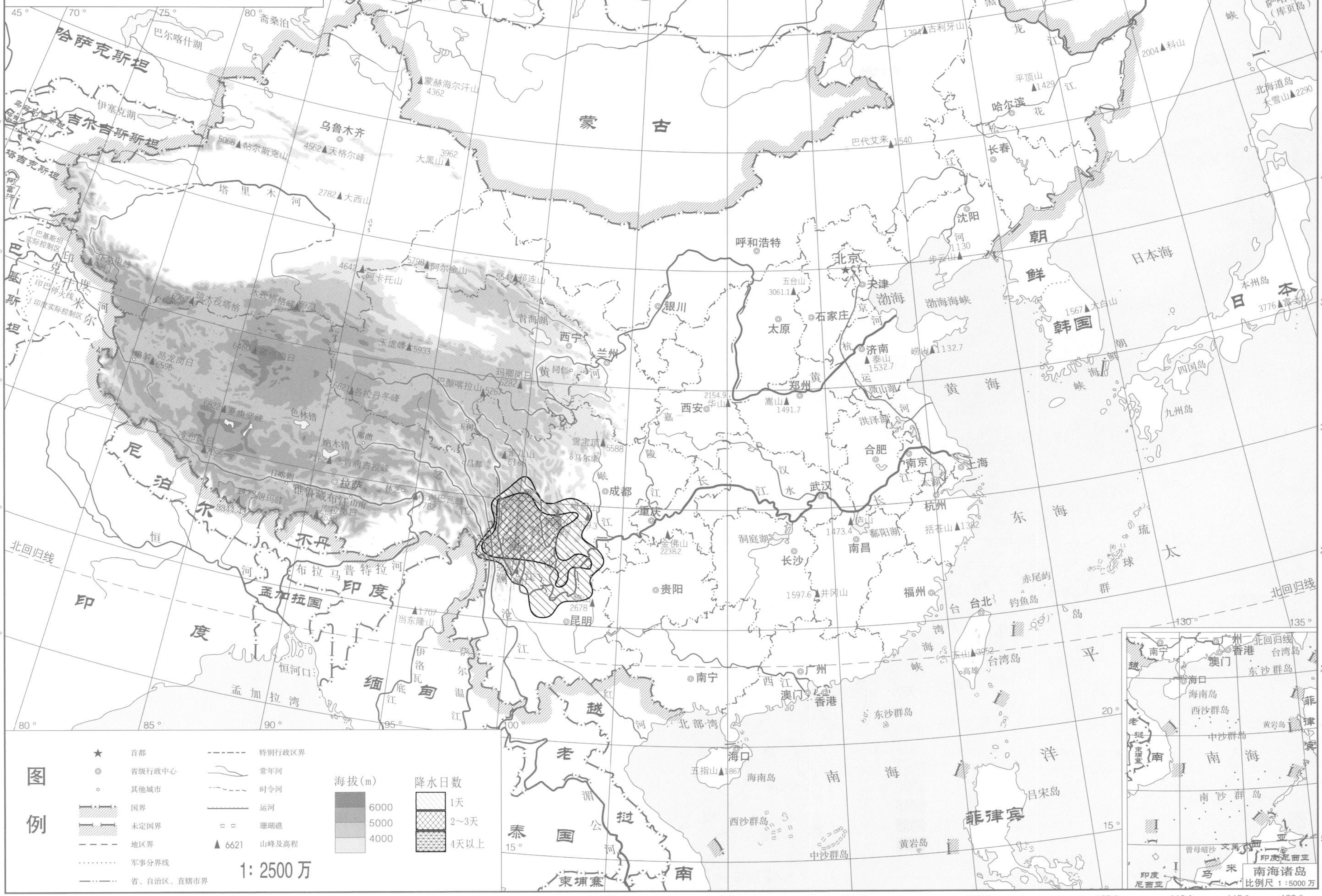

图例

符号	说明	符号	说明
★	首都	------	特别行政区界
◎	省级行政中心	---	常年河
○	其他城市	----	时令河
国界		----	运河
未定国界		□ □	珊瑚礁
地区界		▲ 6621	山峰及高程
军事分界线			
省、自治区、直辖市界			

海拔(m)
6000
5000
4000

降水日数
1天
2~3天
4天以上

1:2500万

南海诸岛
比例尺 1:5000万

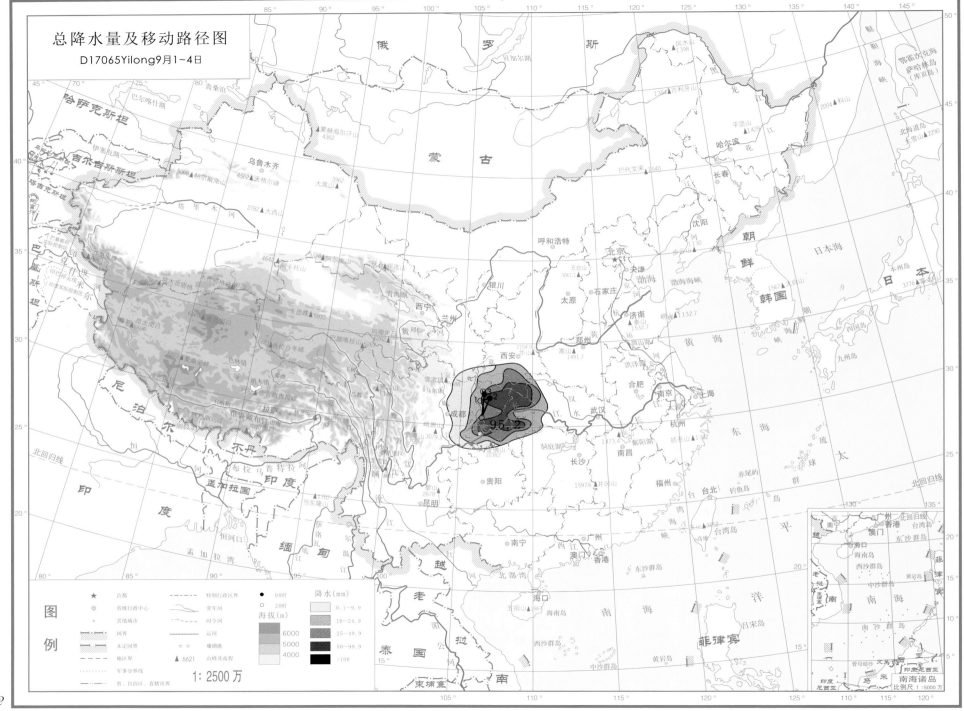

总降水量及移动路径图

D17065Yilong9月1~4日

P...162

总降水日数图
D17065Yilong9月1~4日

1：2500万

163

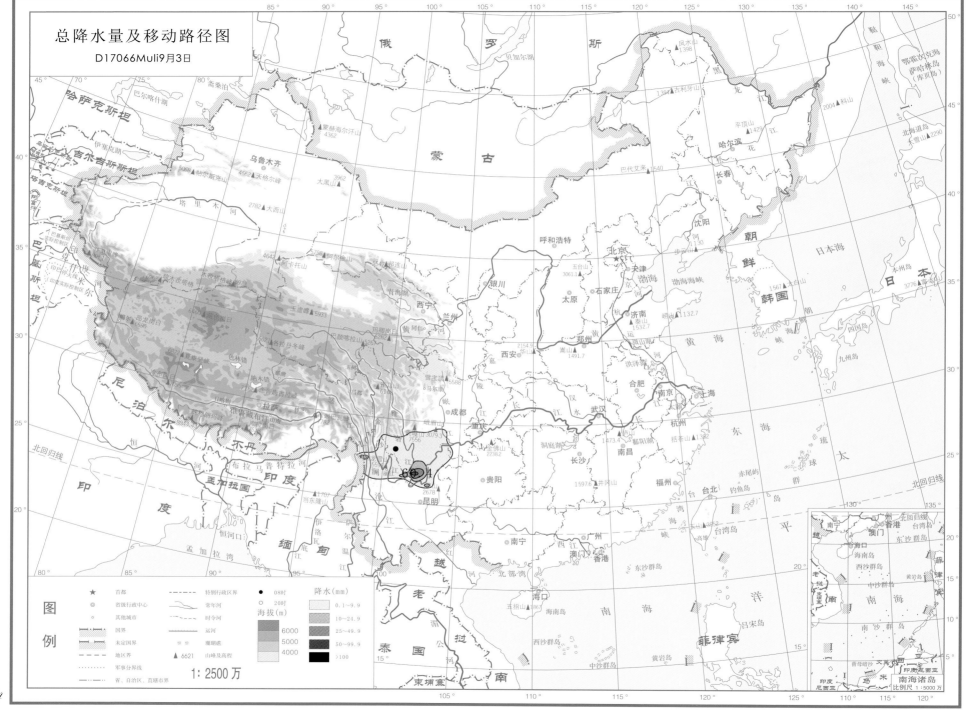

总降水量及移动路径图
D17066Muli9月3日

图例

1：2500万

总降水日数图

D17066Muli9月3日

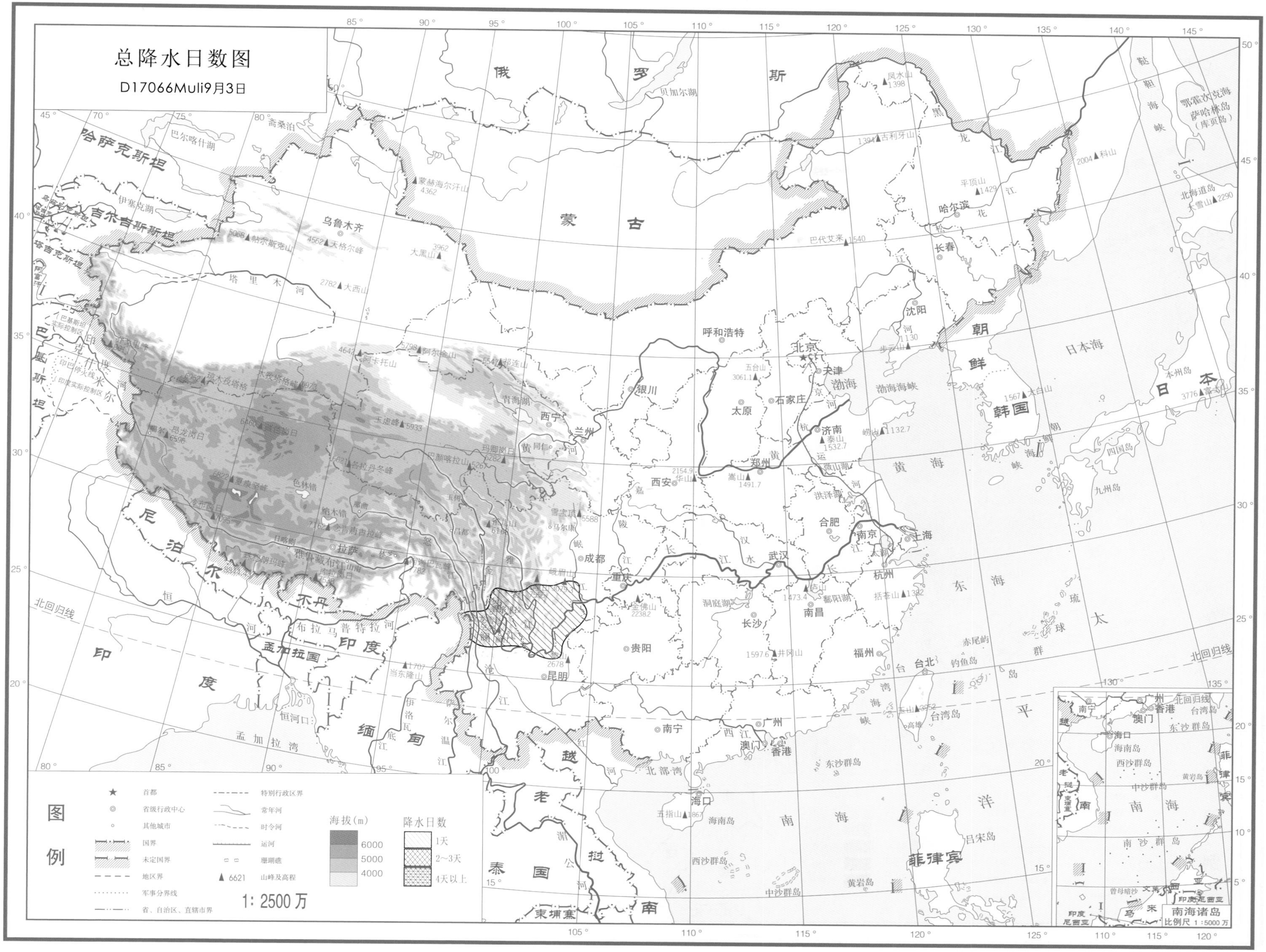

图例

★	首都
◎	省级行政中心
○	其他城市
	国界
	未定国界
	地区界
	军事分界线
	省、自治区、直辖市界
	特别行政区界
	常年河
	时令河
	运河
	珊瑚礁
▲ 6621	山峰及高程

海拔(m)
6000
5000
4000

降水日数
1天
2～3天
4天以上

1：2500万

南海诸岛
比例尺 1：5000万

国家/地区标注： 俄罗斯、蒙古、哈萨克斯坦、吉尔吉斯斯坦、塔吉克斯坦、巴基斯坦、印度、尼泊尔、不丹、孟加拉国、缅甸、越南、老挝、泰国、柬埔寨、朝鲜、韩国、日本、菲律宾

城市/地名标注： 乌鲁木齐、哈尔滨、长春、沈阳、呼和浩特、北京、天津、银川、太原、石家庄、西宁、兰州、济南、郑州、西安、合肥、南京、上海、杭州、成都、重庆、武汉、长沙、南昌、福州、台北、贵阳、昆明、广州、南宁、澳门、香港、海口

水域/地形标注： 贝加尔湖、巴尔喀什湖、伊塞克湖、咸海、塔里木河、青海湖、黄河、长江、黄海、东海、渤海、日本海、南海、太平洋、孟加拉湾、北部湾、北回归线

岛屿标注： 库页岛（萨哈林岛）、北海道岛、本州岛、四国岛、九州岛、台湾岛、海南岛、东沙群岛、西沙群岛、中沙群岛、南沙群岛、黄岩岛、钓鱼岛、赤尾屿

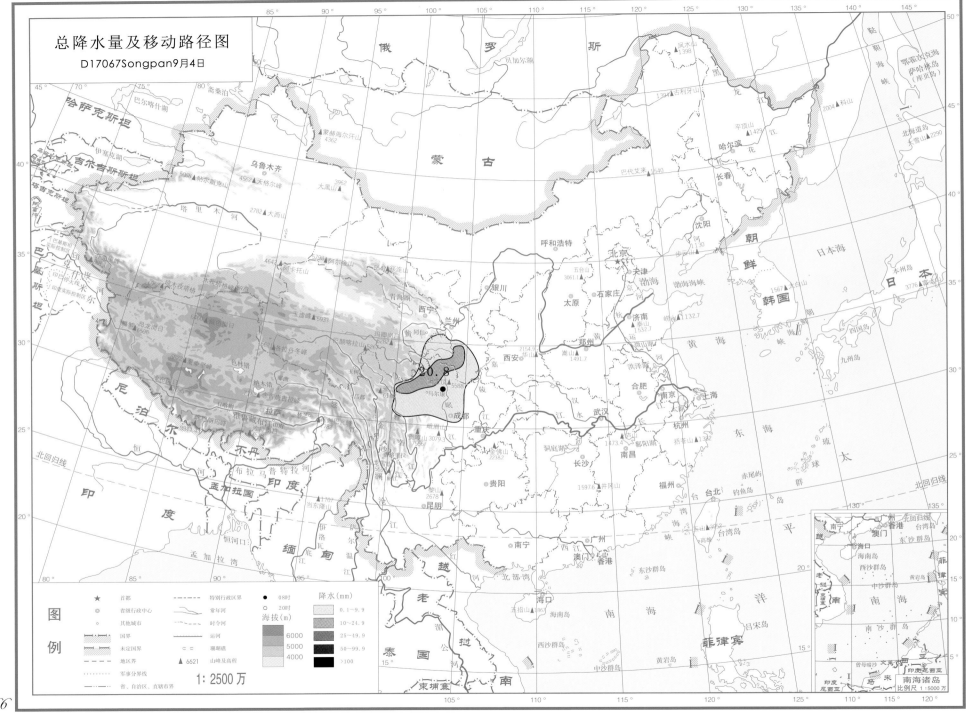

总降水量及移动路径图
D17067Songpan9月4日

图例

20.8

1：2500万

总降水日数图

D17067Songpan9月4日

南海诸岛
比例尺 1:5000万

167

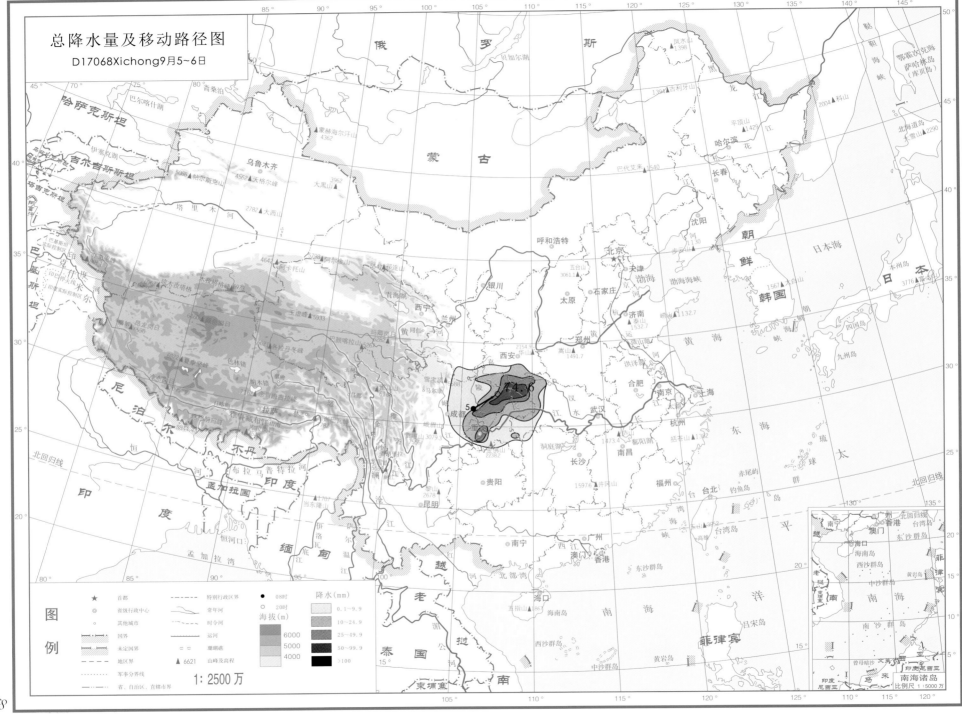

总降水量及移动路径图
D17068Xichong9月5~6日

1:2500万

俄　罗　斯

哈萨克斯坦

蒙　古

吉尔吉斯斯坦

乌鲁木齐

塔里木河

巴基斯坦

尼泊尔

印

度

不丹

孟加拉国

缅

甸

越

南

老

挝

泰

国

柬埔寨

北京 ★

呼和浩特

太原

石家庄

天津

沈阳

哈尔滨

长春

朝
鲜

韩
国

日本海

银川

西宁

兰州

西安

郑州

成都

贵阳

昆明

武汉

南昌

长沙

南宁

广州

澳门 香港

海口

杭州

上海

南京

合肥

福州

台北

济南

黄　海

东　海

太

平

洋

南　海

日　本

北回归线

北回归线

菲律宾

图例		
★	首都	
◎	省级行政中心	
○	其他城市	
	国界	
	未定国界	
	地区界	
	军事分界线	
	省、自治区、直辖市界	
	特别行政区界	
	常年河	
	时令河	
	运河	
═	珊瑚礁	
▲ 6621	山峰及高程	

海拔(m)
6000
5000
4000

降水日数
1天
2~3天
4天以上

1：2500万

南海诸岛
比例尺 1：5000万

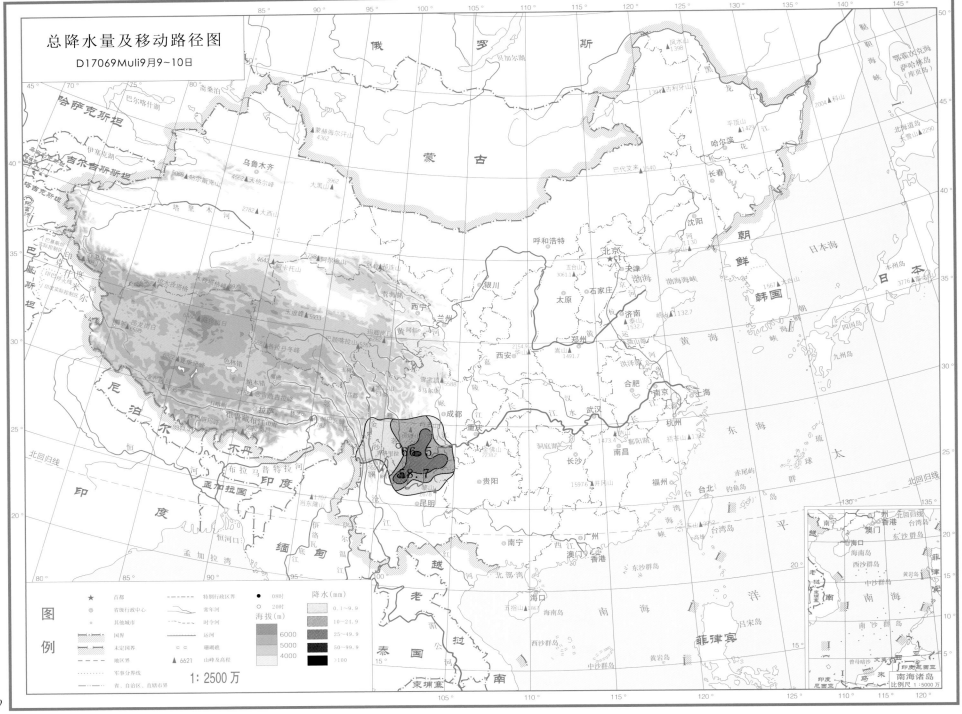

总降水量及移动路径图
D17069Muli9月9~10日

总降水日数图

D17069Muli9月9~10日

哈萨克斯坦　吉尔吉斯斯坦　塔吉克斯坦　巴基斯坦　俄　罗　斯　蒙　古　俄罗斯

乌鲁木齐　帖尔斯套山　天格尔峰　大黑山　蒙赫海尔汗山　贝加尔湖　古利牙山　平顶山　巴代艾来　哈尔滨　长春　沈阳　科山　北海道岛　鄂霍次克海　萨哈林岛（库页岛）

塔里木河　大西山　阿卡托山　阿东德山　祁连山　呼和浩特　北京　天津　五台山　石家庄　太原　银川　韩国　朝鲜　日本海　本州岛　日本

青海湖　西宁　兰州　郑州　济南　泰山　渤海　渤海海峡　黄海

唐古拉山　玉珠峰　各拉丹冬峰　色林错　马嵩峰日　马卿雪山　西安　华山　嵩山　合肥　南京　上海　九州岛　四国岛

巴颜喀拉山　雪宝顶　成都　重庆　武汉　杭州　括苍山　东海　琉球

拉萨　雅鲁藏布江　喜马拉雅山　长江　汉水　洞庭湖　鄱阳湖　南昌　长沙　贵阳　井冈山　福州　台北　钓鱼岛　赤尾屿

尼泊尔　不丹　布拉马普特拉河　印度　孟加拉国　恒河　北回归线　昆明　南宁　广州　西江　澳门　香港　东沙群岛　台湾岛　台湾海峡

印度　孟加拉湾　恒河口　缅甸　伊洛瓦底江　怒江　澜沧江　越南　老挝　北部湾　海口　五指山　海南岛　南　海　西沙群岛　中沙群岛　黄岩岛　南沙群岛　菲律宾

泰国　柬埔寨　湄公河

图例

★	首都
◎	省级行政中心
○	其他城市
	国界
	未定国界
	地区界
	军事分界线
	省、自治区、直辖市界
	特别行政区界
	常年河
	时令河
	运河
	雅鲁藏布
▲ 6621	山峰及高程

海拔(m)　6000　5000　4000

降水日数　1天　2~3天　4天以上

1：2500万

南海诸岛
比例尺 1：5000万

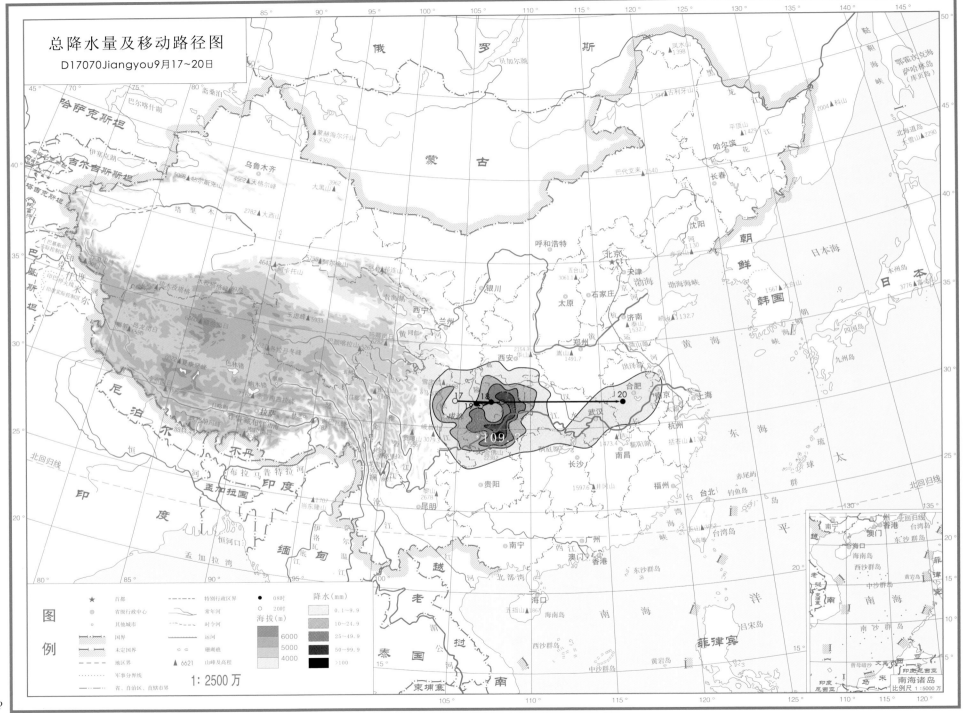

总降水量及移动路径图
D17070Jiangyou9月17~20日

1:2500万

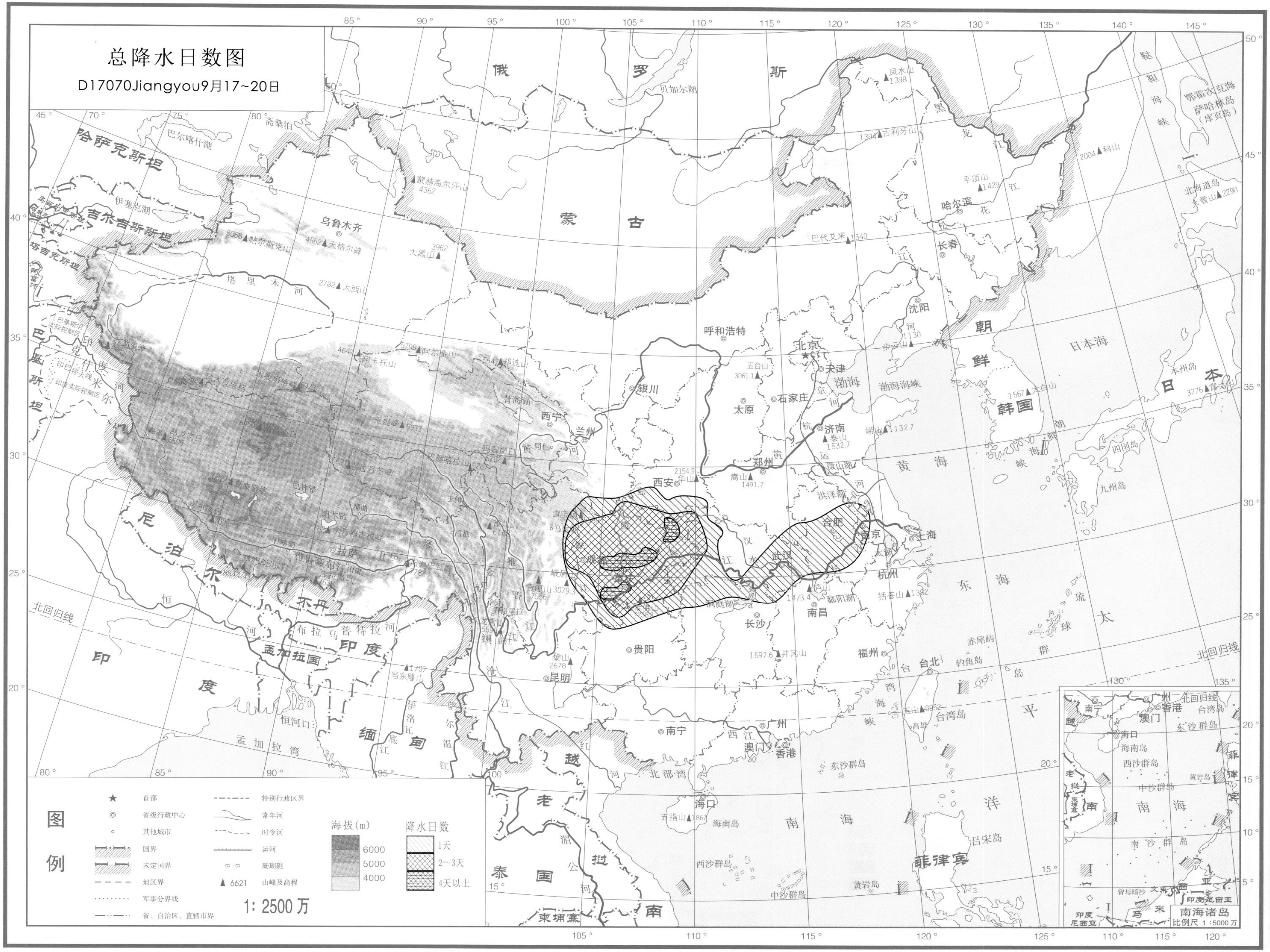

总降水日数图
D17070Jiangyou9月17~20日
图例
首都
省级行政中心
其他城市
国界
未定国界
地区界
军事分界线
省、自治区、直辖市界
特别行政区界
常年河
时令河
运河
珊瑚礁
6621 山峰及高程
海拔（m）
6000
5000
4000
降水日数
1天
2~3天
4天以上
1:2500万
俄
罗
斯
蒙
古
哈萨克斯坦
吉尔吉斯斯坦
塔吉克斯坦
阿富汗
巴基斯坦
印度
尼泊尔
不丹
孟加拉国
缅甸
老挝
泰国
柬埔寨
越南
菲律宾
朝鲜
韩国
日本
北京
天津
石家庄
太原
呼和浩特
沈阳
长春
哈尔滨
济南
郑州
西安
银川
兰州
西宁
乌鲁木齐
拉萨
成都
重庆
贵阳
昆明
南宁
广州
香港
澳门
海口
长沙
武汉
南昌
合肥
南京
上海
杭州
福州
台北
渤海
黄海
东海
南海
日本海
太平洋
北回归线
南海诸岛
比例尺 1:5000万

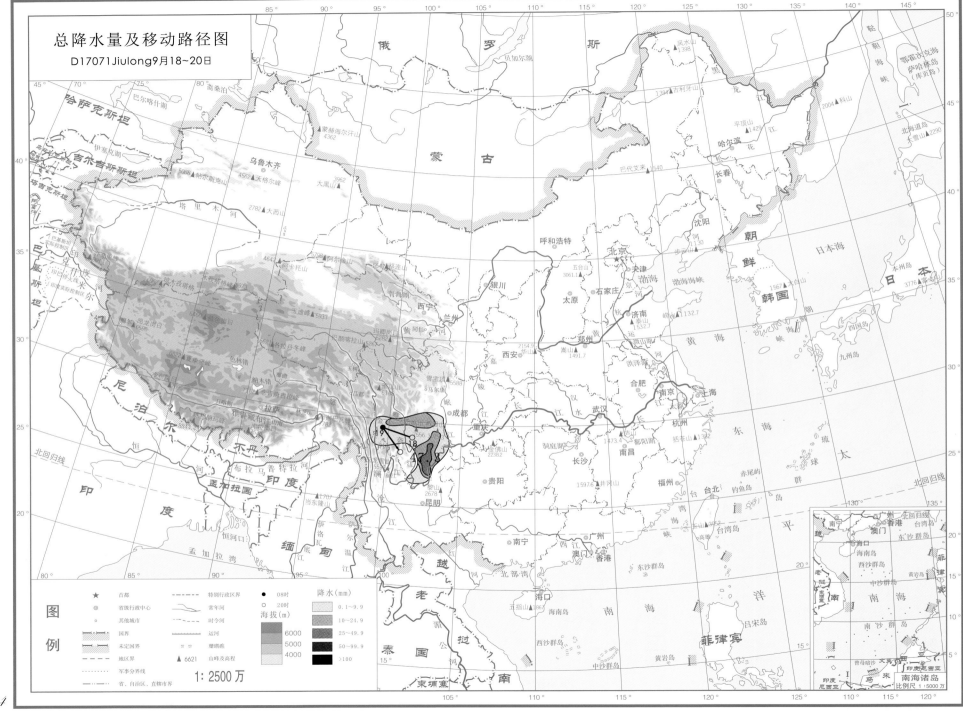

总降水量及移动路径图

D17071Jiulong9月18~20日

总降水日数图

D17071Jiulong 9月18~20日

1 : 2500 万

图例

★ 首都	------ 特别行政区界
◎ 省级行政中心	常年河
◦ 其他城市	时令河
国界	运河
未定国界	珊瑚礁
地区界	▲6621 山峰及高程
军事分界线	
省、自治区、直辖市界	

海拔(m)
6000
5000
4000

降水日数
1天
2~3天
4天以上

南海诸岛
比例尺 1:5000万

175

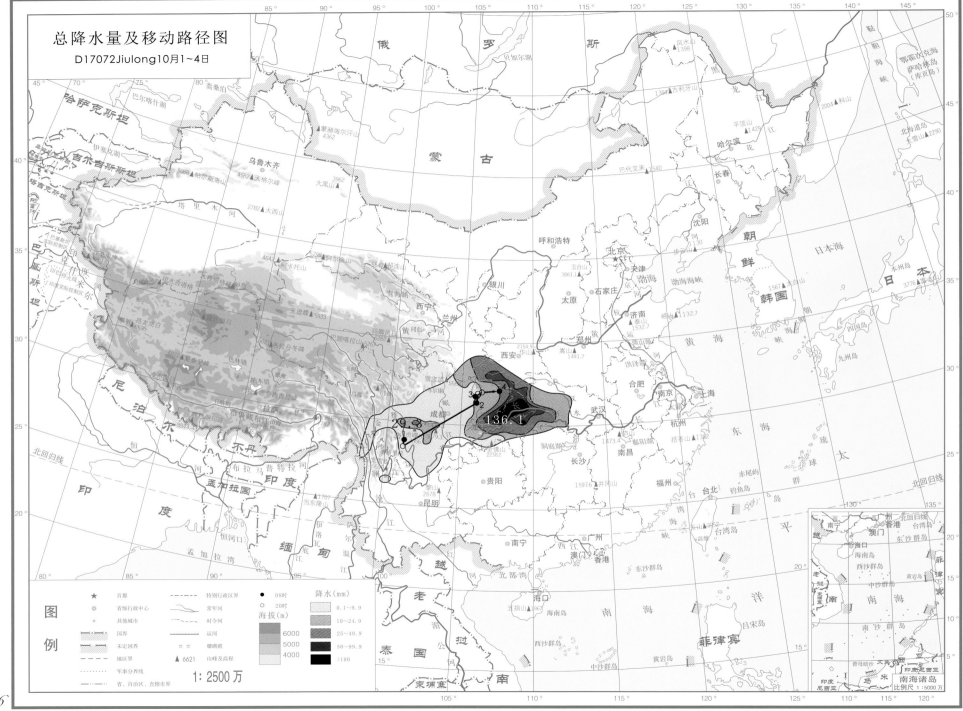

总降水量及移动路径图
D17072Jiulong10月1~4日

俄 罗 斯

蒙 古

哈萨克斯坦

吉尔吉斯斯坦

塔吉克斯坦

巴基斯坦

尼 泊 尔

不 丹

印 度

孟加拉国

缅 甸

老 挝

泰 国

越 南

柬 埔 寨

朝 鲜

韩 国

日 本

乌鲁木齐

呼和浩特

北京

天津

沈阳

哈尔滨

长春

银川

西宁

兰州

太原

石家庄

济南

郑州

西安

合肥

南京

上海

杭州

武汉

长沙

南昌

福州

台北

贵阳

昆明

南宁

广州

澳门

香港

海口

拉萨

海 拔(m)

6000
5000
4000

降水日数

1天
2~3天
4天以上

图 例

★ 首都
◎ 省级行政中心
○ 其他城市
国界
未定国界
地区界
军事分界线
省、自治区、直辖市界

特别行政区界
常年河
时令河
运河
珊瑚礁
▲ 6621 山峰及高程

1：2500万

南海诸岛
比例尺 1：5000万

177

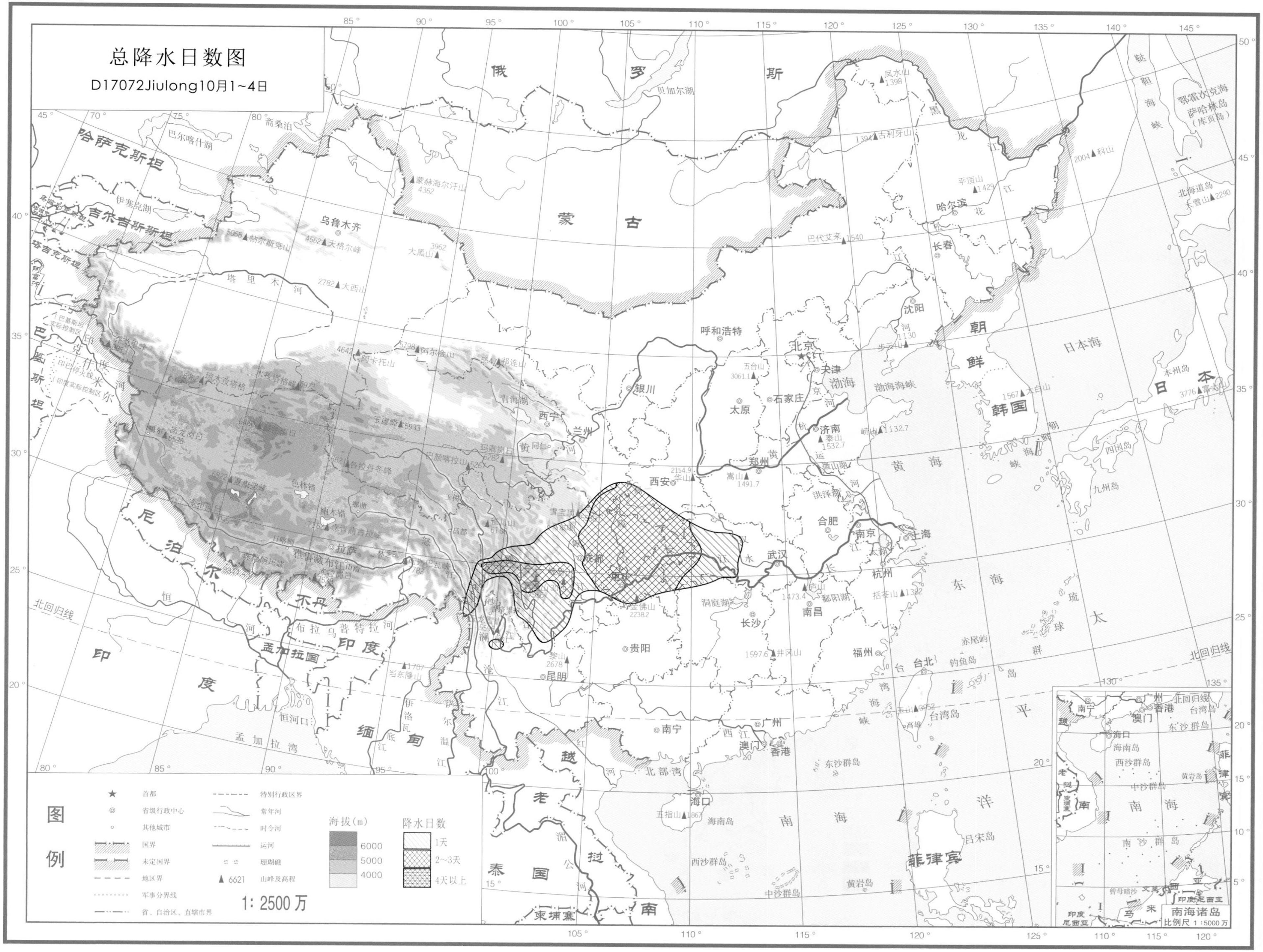

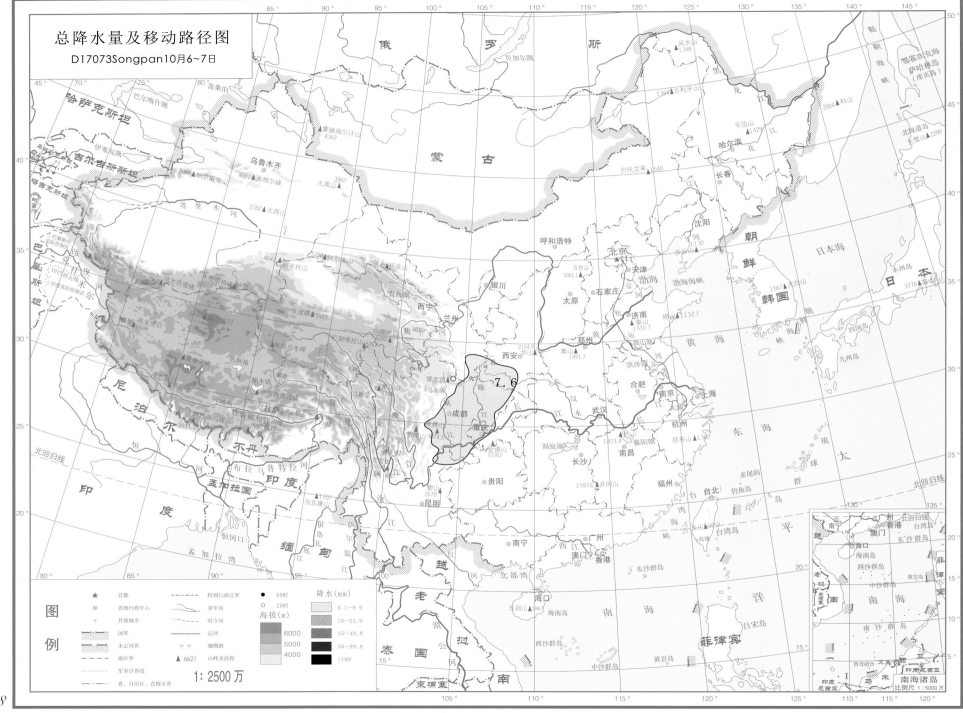

总降水量及移动路径图
D17073Songpan10月6~7日

总降水日数图

D17073Songpan10月6~7日

图例

★	首都	-----	特别行政区界
◎	省级行政中心		常年河
○	其他城市		时令河
	国界		运河
	未定国界	══	珊瑚礁
	地区界	▲ 6621	山峰及高程
	军事分界线		
	省、自治区、直辖市界		

海拔(m)
- 6000
- 5000
- 4000

降水日数
- 1天
- 2~3天
- 4天以上

1:2500万

俄　罗　斯

蒙　古

哈萨克斯坦

吉尔吉斯斯坦

巴基斯坦

尼泊尔

不丹

印　度

孟加拉国

缅甸

越南

老挝

泰国

柬埔寨

朝鲜

韩国

日本

乌鲁木齐

呼和浩特

北京

天津

石家庄

太原

银川

西宁

兰州

郑州

西安

成都

马尔康

贵阳

昆明

南宁

长沙

南昌

武汉

合肥

南京

上海

杭州

福州

台北

广州

澳门

香港

海口

济南

沈阳

长春

哈尔滨

日本海

黄海

东海

渤海

南海

太平洋

孟加拉湾

北部湾

北回归线

南海诸岛
比例尺 1:5000万

179

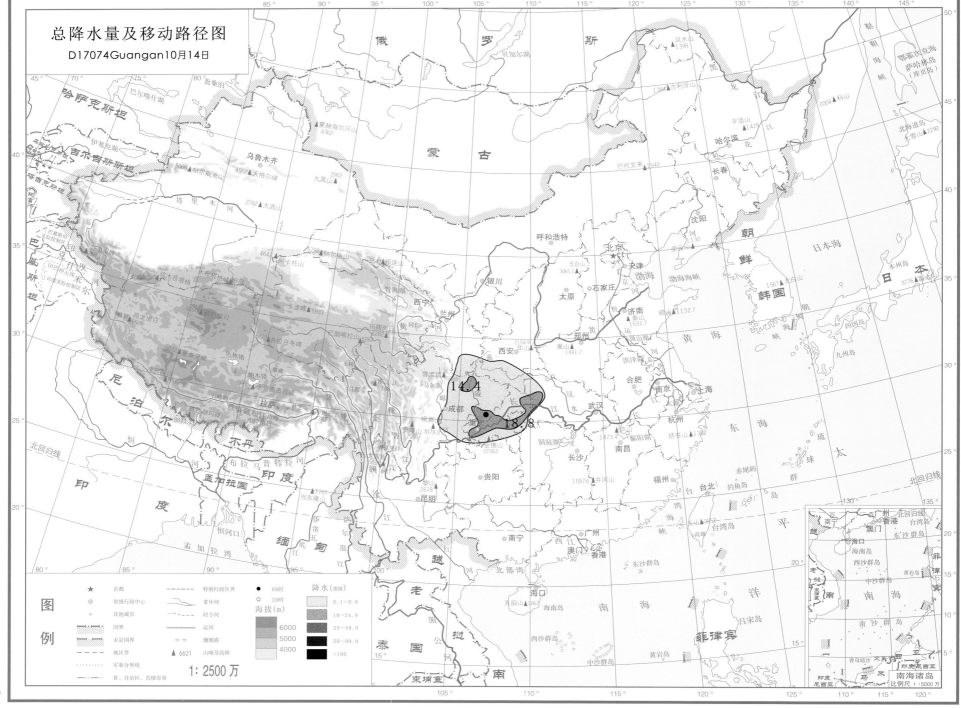

总降水量及移动路径图
D17074Guangan10月14日

P...180

总降水日数图

D17074Guangan10月14日

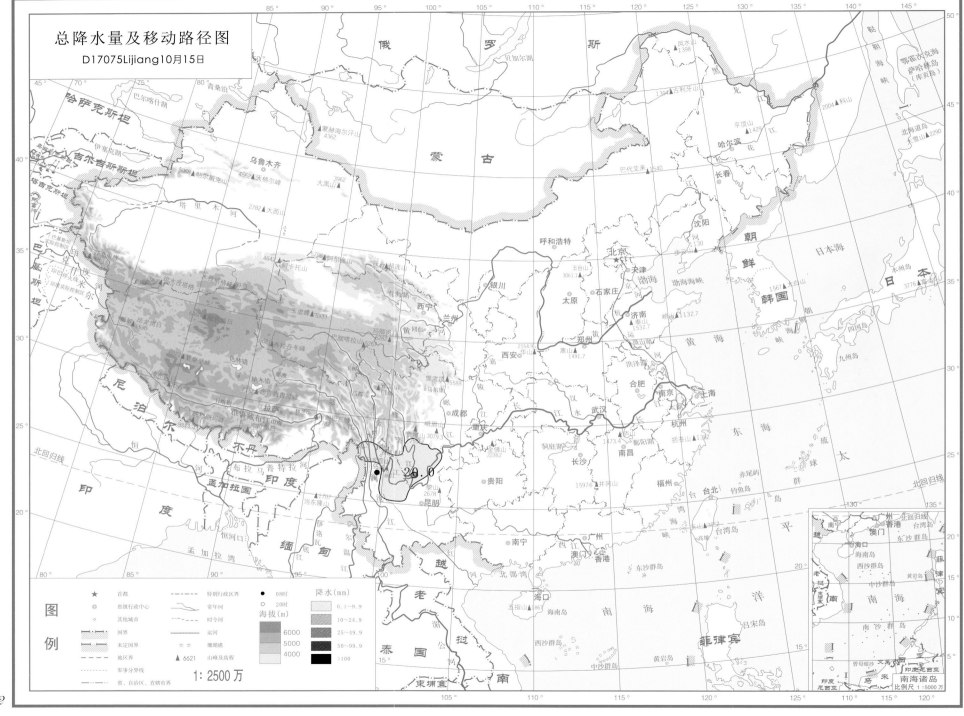

总降水量及移动路径图
D17075Lijiang10月15日

20.0

图例

★	首都	
◎	省级行政中心	
◎	其他城市	
○	其他城市	

特别行政区界
常年河
时令河
运河
湖泊塘
● 08时
○ 20时

国界
未定国界
地区界
军事分界线
省、自治区、直辖市界

▲ 6621 山峰及高程

降水(mm)
0.1～9.9
10～24.9
25～49.9
50～99.9
>100

海拔(m)
6000
5000
4000

1：2500万

南海诸岛
比例尺 1：5000万

总降水日数图

D17075Lijiang10月15日

图例

★ 首都	------ 特别行政区界
◎ 省级行政中心	—— 常年河
○ 其他城市	—— 时令河
国界	—— 运河
未定国界	⊂⊃ 珊瑚礁
地区界	▲ 6621 山峰及高程
军事分界线	
省、自治区、直辖市界	

海拔(m)
- 6000
- 5000
- 4000

降水日数
- 1天
- 2～3天
- 4天以上

1: 2500万

南海诸岛
比例尺 1:5000万

183

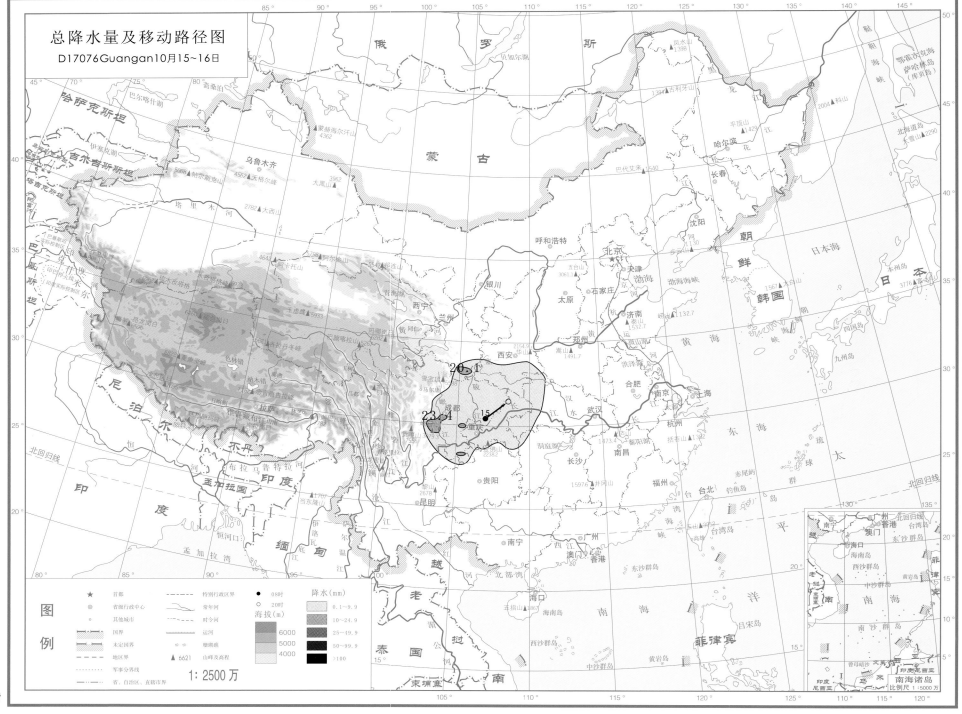

总降水量及移动路径图
D17076Guangan10月15~16日

总降水日数图

D17076Guangan10月15~16日

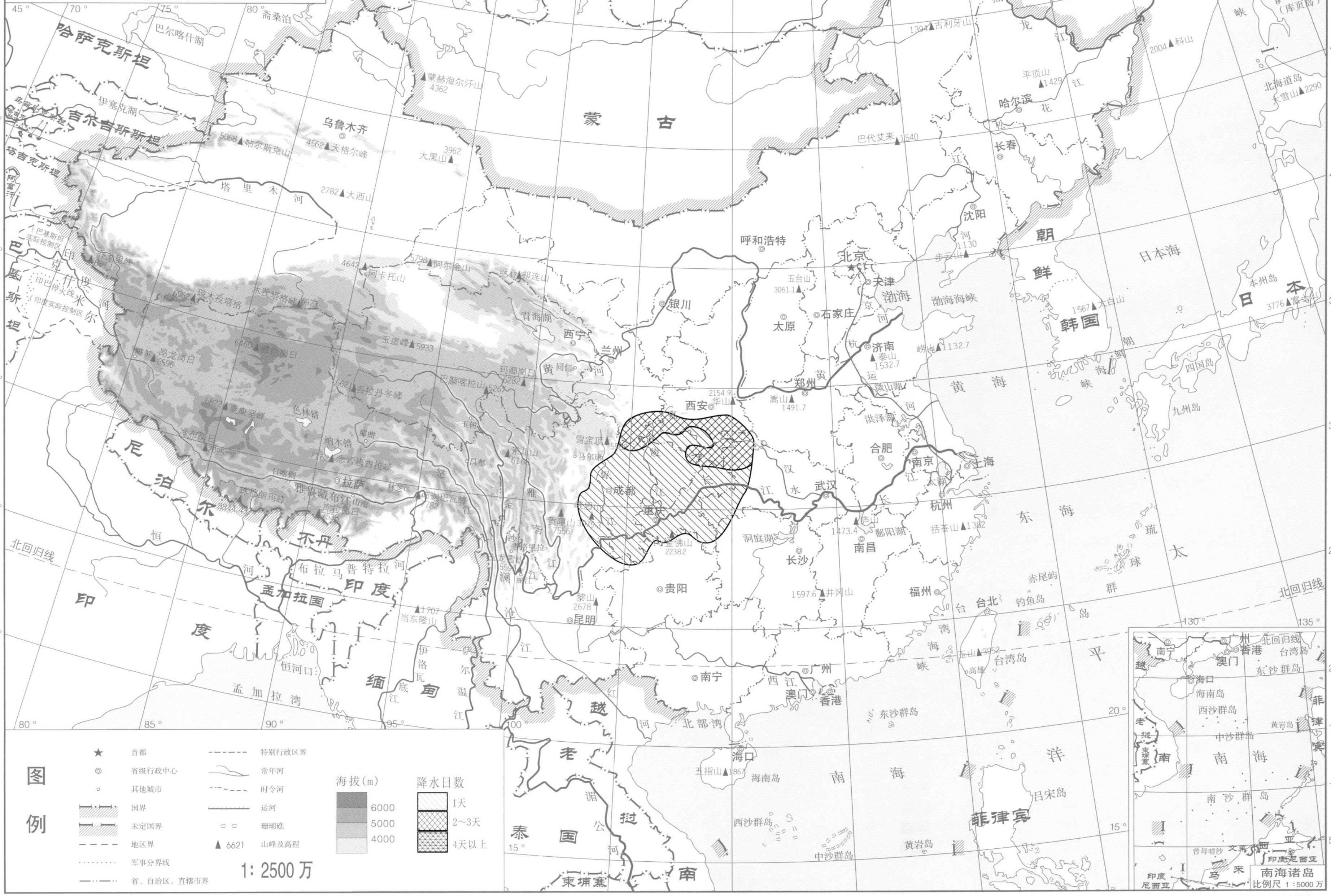

图例
首都
省级行政中心
其他城市
国界
未定国界
地区界
军事分界线
省、自治区、直辖市界
特别行政区界
常年河
时令河
运河
珊瑚礁
6621 山峰及高程
海拔(m)
6000
5000
4000
降水日数
1天
2~3天
4天以上
1: 2500 万
南海诸岛
比例尺 1:5000 万
俄罗斯
蒙古
哈萨克斯坦
吉尔吉斯斯坦
塔吉克斯坦
尼泊尔
不丹
印度
孟加拉国
缅甸
老挝
越南
泰国
柬埔寨
菲律宾
朝鲜
韩国
日本
北京
天津
石家庄
太原
呼和浩特
沈阳
长春
哈尔滨
济南
郑州
西安
银川
兰州
西宁
乌鲁木齐
拉萨
成都
重庆
贵阳
昆明
南宁
长沙
武汉
南昌
合肥
南京
上海
杭州
福州
台北
广州
香港
澳门
海口

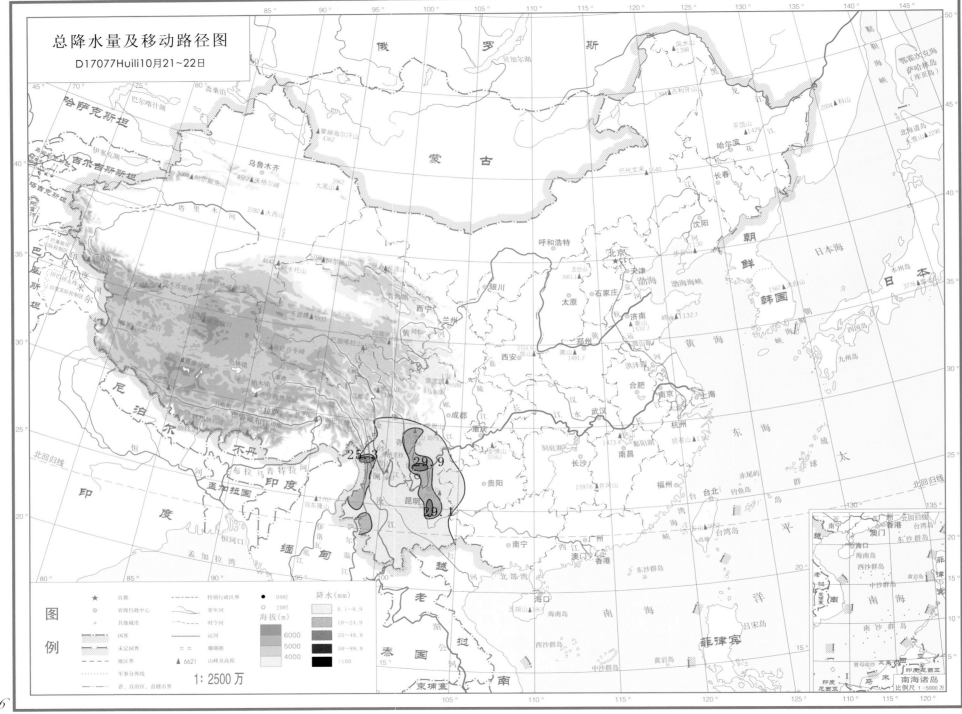

总降水量及移动路径图

D17077Huili10月21~22日

俄　罗　斯

哈萨克斯坦

蒙　古

吉尔吉斯斯坦

乌鲁木齐

塔吉克斯坦

巴基斯坦

尼泊尔

印　度

不丹

孟加拉国

缅甸

越　南

老　挝

泰　国

柬埔寨

朝　鲜

韩　国

日　本海

日　本

黄　海

东　海

太　平　洋

北京★

呼和浩特

银川

太原

石家庄

哈尔滨

长春

沈阳

天津

济南

郑州

西安

兰州

西宁

成都

重庆

贵阳

昆明

武汉

南昌

长沙

合肥

南京

上海

杭州

福州

台北

南宁

澳门　香港

海口

南　海

海南岛

菲律宾

斋桑泊

巴尔喀什湖

伊塞克湖

贝加尔湖

渤海

青海湖

洞庭湖

鄱阳湖

北回归线

北回归线

图例

★　首都
◎　省级行政中心
○　其他城市

------　特别行政区界
------　常年河
------　时令河
------　运河
= =　珊瑚礁
▲ 6621　山峰及高程

国界
未定国界
地区界
军事分界线
省、自治区、直辖市界

海拔(m)
6000
5000
4000

降水日数
1天
2~3天
4天以上

1: 2500 万

南海诸岛
比例尺 1：5000万

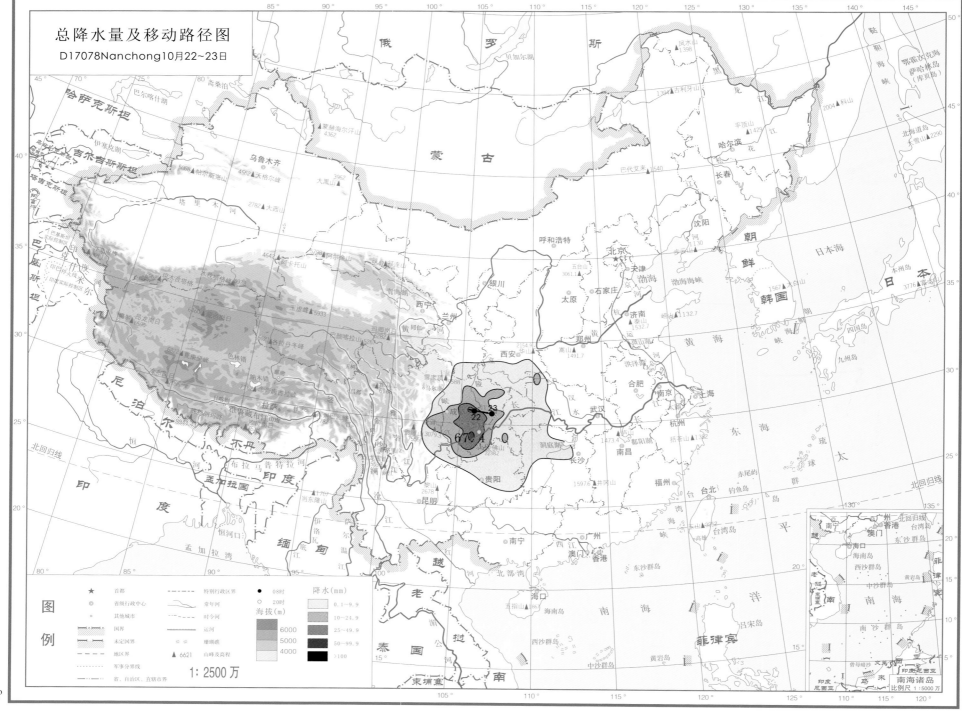

总降水量及移动路径图
D17078Nanchong10月22~23日

图例

★	首都		
◎	省级行政中心		
○	其他城市		
	国界		
	未定国界		
	地区界		
	军事分界线		

特别行政区界
常年河
时令河
运河
珊瑚礁
▲ 6621 山峰及高程

省、自治区、直辖市界

● 08时
○ 20时

降水(mm)

海拔(m)
6000
5000
4000

0.1~9.9
10~24.9
25~49.9
50~99.9
>100

1:2500万

南海诸岛
比例尺 1:5000万

总降水日数图

D17078Nanchong10月22~23日

俄罗斯

蒙古

哈萨克斯坦

吉尔吉斯斯坦

塔吉克斯坦

巴基斯坦

印度

尼泊尔

不丹

孟加拉国

缅甸

老挝

泰国

越南

柬埔寨

朝鲜

韩国

日本

乌鲁木齐

呼和浩特

北京
天津

银川

西宁

兰州

太原

石家庄

济南

郑州

西安

武汉

合肥

南京

上海

杭州

成都

重庆

长沙

南昌

贵阳

昆明

福州

台北

南宁

广州

澳门 香港

海口

菲律宾

贝加尔湖

斋桑泊

巴尔喀什湖

伊塞克湖

日本海

黄海

渤海

东海

南海

太平洋

北部湾

孟加拉湾

北回归线

北回归线

图例

★	首都		特别行政区界
◎	省级行政中心		常年河
○	其他城市		时令河
	国界		运河
	未定国界		珊瑚礁
	地区界	▲ 6621	山峰及高程
	军事分界线		
	省、自治区、直辖市界		

海拔(m)

6000
5000
4000

降水日数

1天
2~3天
4天以上

1:2500万

南海诸岛

比例尺 1:5000万

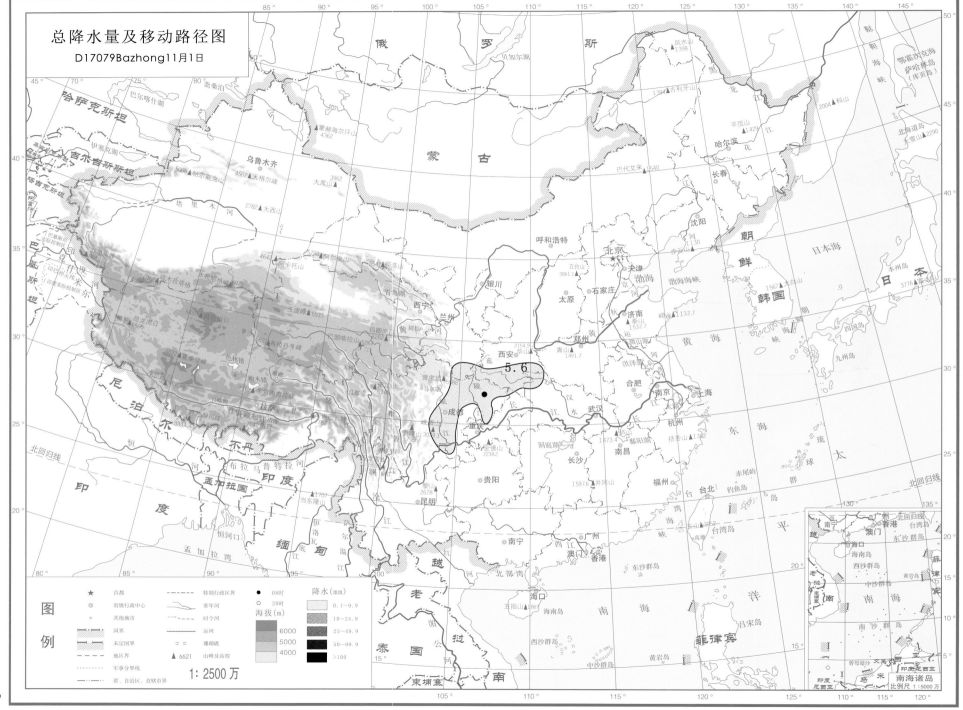

总降水日数图

D17079Bazhong11月1日

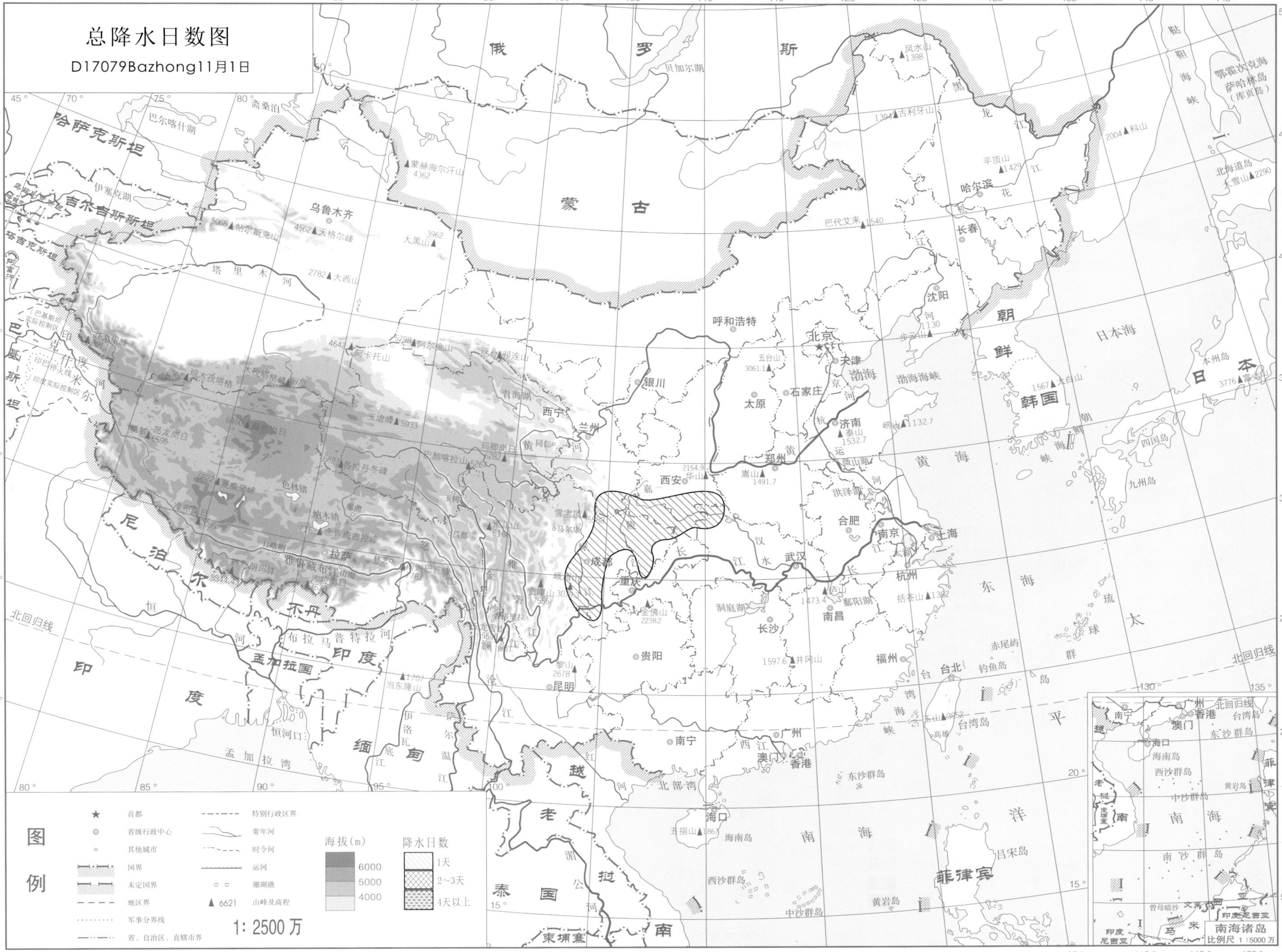

图例

★	首都
◎	省级行政中心
○	其他城市

特别行政区界
常年河
时令河
运河
国界
未定国界
地区界
军事分界线
省、自治区、直辖市界

雕期道
▲6621 山峰及高程

海拔(m)
6000
5000
4000

降水日数
1天
2~3天
4天以上

1:2500万

比例尺 1:5000万
南海诸岛

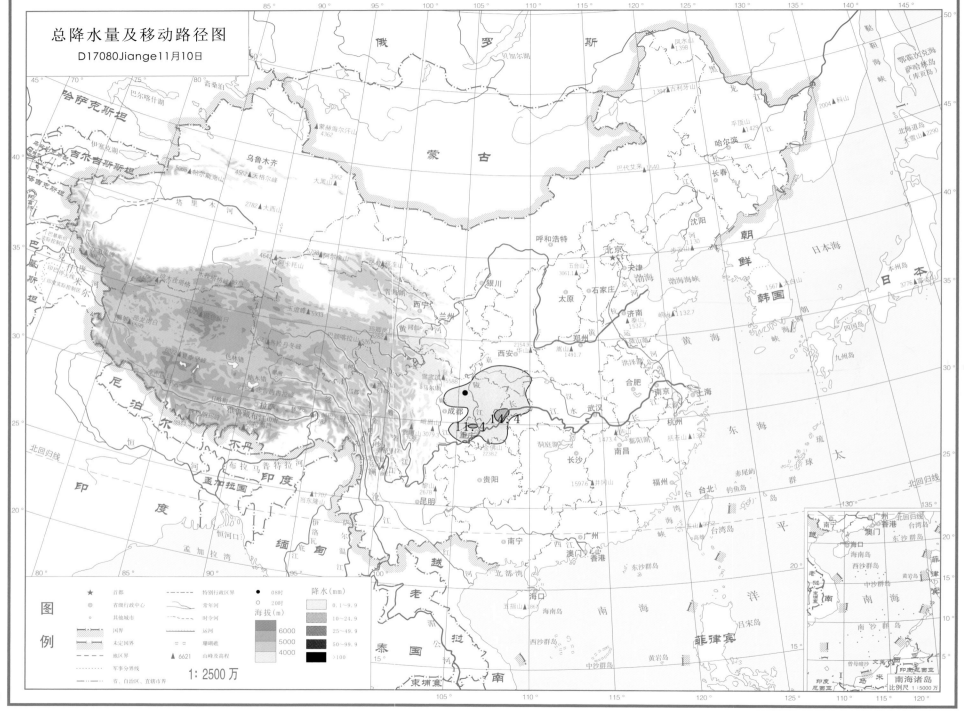

总降水量及移动路径图
D17080Jiange11月10日

总降水日数图

D17080Jiange11月10日

图例

★ 首都	----- 特别行政区界
◎ 省级行政中心	常年河
○ 其他城市	时令河
国界	运河
未定国界	珊瑚礁
地区界	▲ 6621 山峰及高程
军事分界线	
省、自治区、直辖市界	

海拔(m)
6000
5000
4000

降水日数
1天
2～3天
4天以上

1:2500万

南海诸岛
比例尺 1:5000万

193

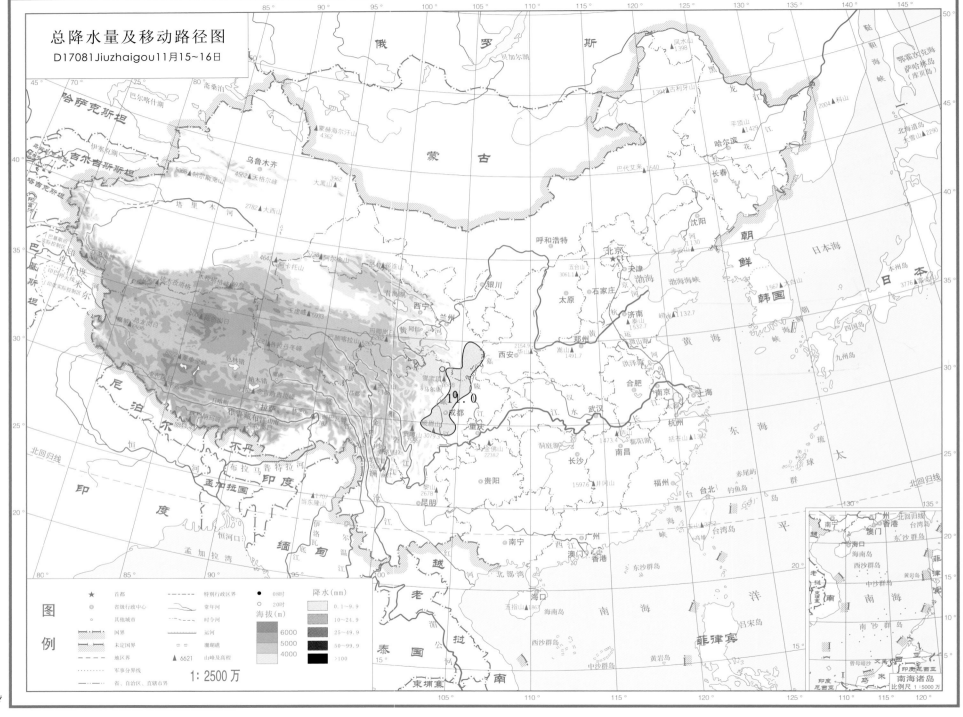

总降水量及移动路径图
D17081Jiuzhaigou11月15~16日

总降水日数图

D17081Jiuzhaigou11月15~16日

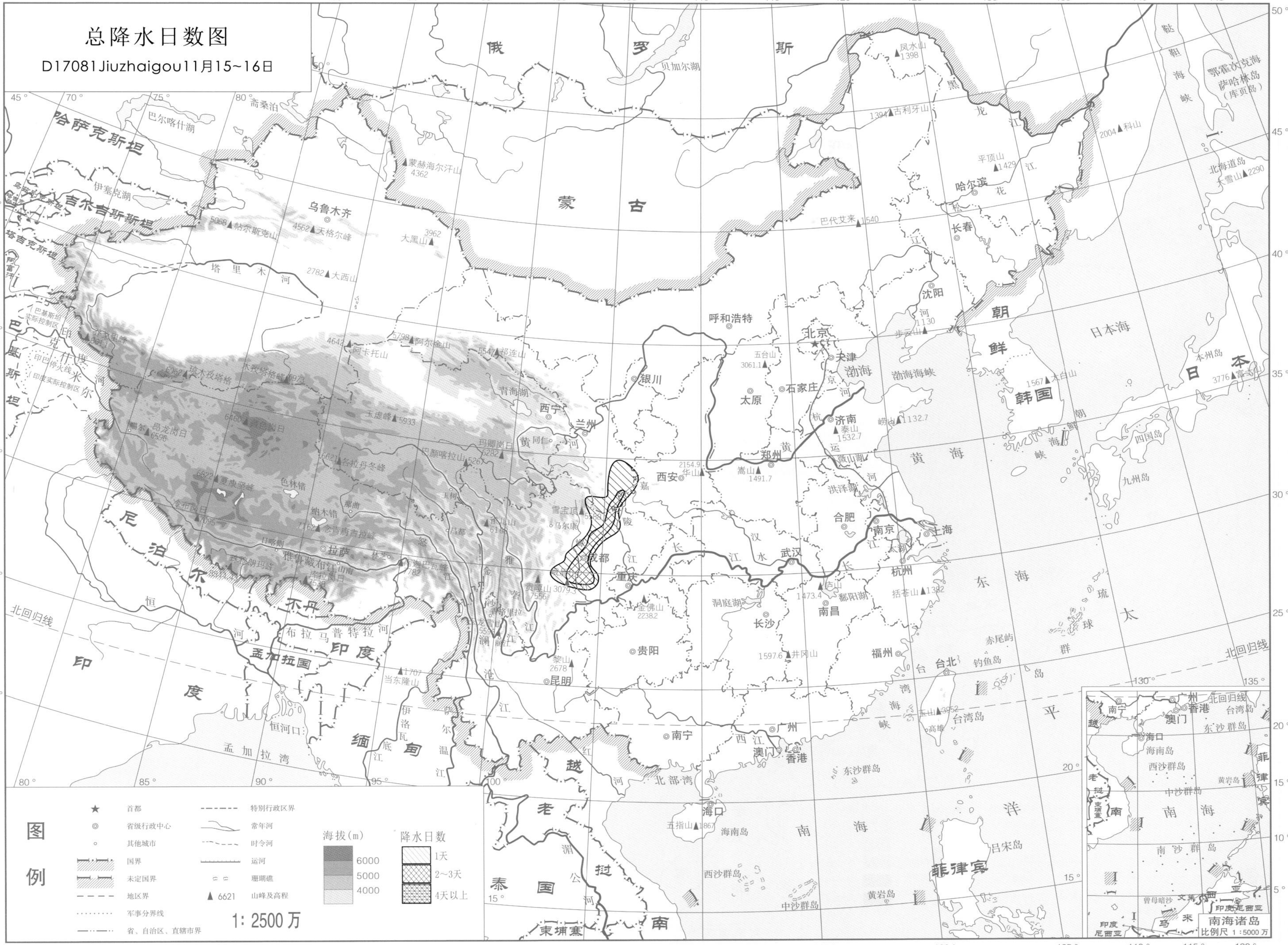

图例

★	首都	
◎	省级行政中心	
○	其他城市	
	国界	
	未定国界	
	地区界	
	军事分界线	
	省、自治区、直辖市界	

特别行政区界
常年河
时令河
运河
珊瑚礁
▲ 6621 山峰及高程

海拔(m)
6000
5000
4000

降水日数
1天
2~3天
4天以上

1:2500万

南海诸岛
比例尺 1:5000万

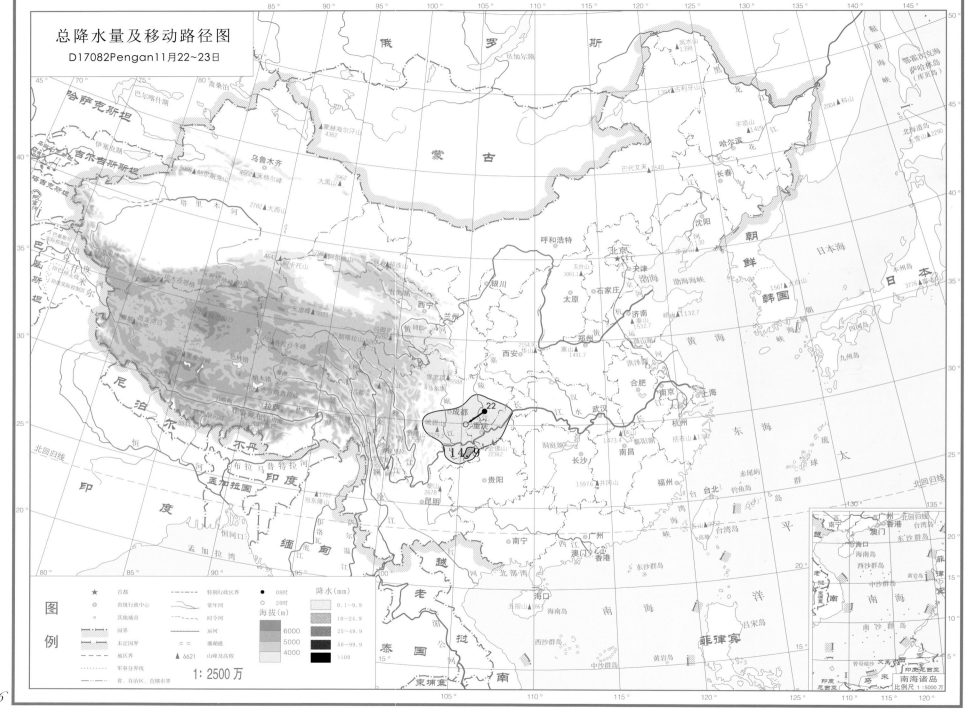

总降水量及移动路径图
D17082Pengan11月22~23日

总降水日数图

D17082Pengan11月22~23日

图例

★ 首都	------- 特别行政区界	
◎ 省级行政中心	常年河	
○ 其他城市	时令河	
国界	运河	
未定国界	▭ 珊瑚礁	
地区界	▲6621 山峰及高程	
军事分界线		
省、自治区、直辖市界		

海拔(m)
6000
5000
4000

降水日数
1天
2~3天
4天以上

1:2500万

南海诸岛
比例尺 1:5000万

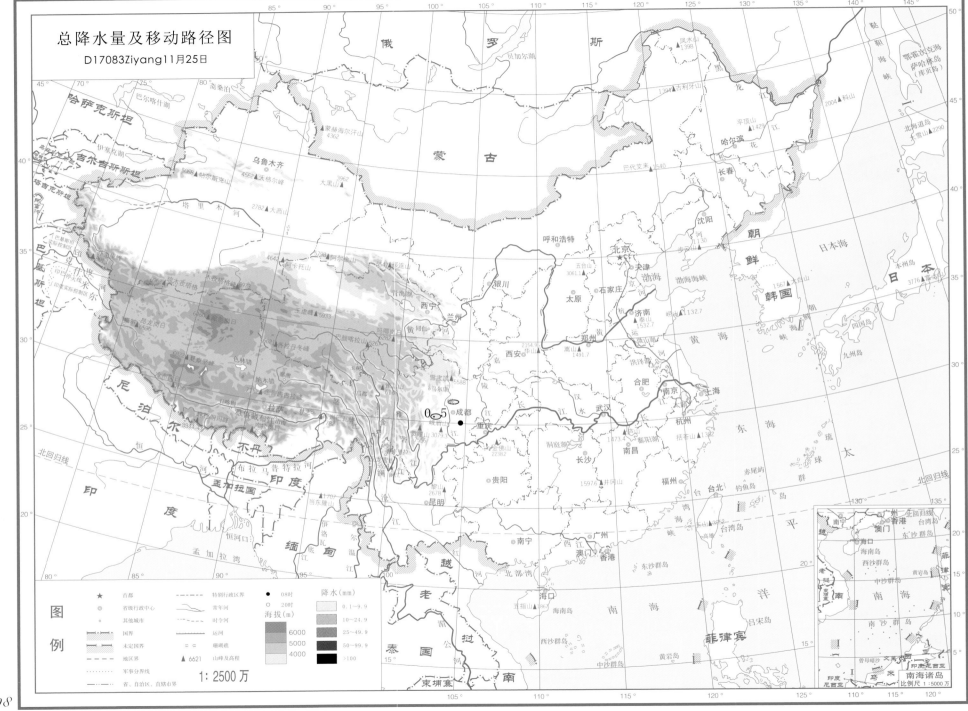

总降水量及移动路径图

D17083Ziyang11月25日

总降水日数图

D17083Ziyang11月25日

图例

★ 首都
◎ 省级行政中心
○ 其他城市
国界
未定国界
地区界
军事分界线
省、自治区、直辖市界
特别行政区界
常年河
时令河
运河
珊瑚礁
▲ 6621 山峰及高程

海拔(m)
6000
5000
4000

降水日数
1天
2~3天
4天以上

1:2500万

南海诸岛
比例尺 1:5000万

199

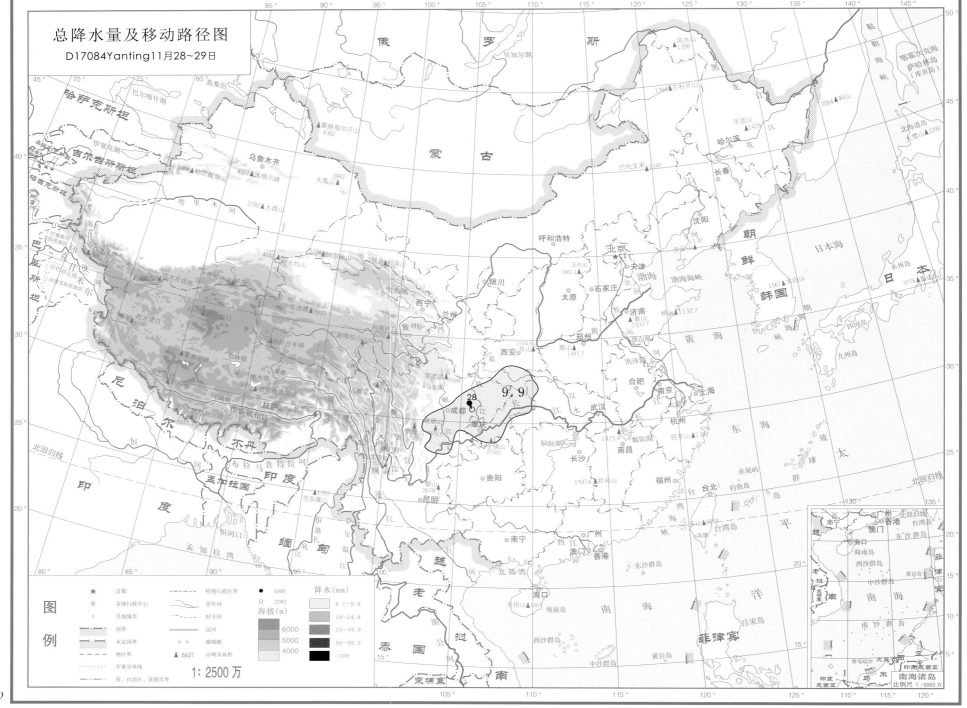

总降水量及移动路径图

D17084Yanting11月28~29日

图例

★	首都
◎	省级行政中心
○	其他城市

特别行政区界
常年河
时令河
运河

国界
未定国界
地区界
军事分界线
省、自治区、直辖市界

● 08时
○ 20时

▲ 6621 山峰及高程

降水(mm)
0.1~9.9
10~24.9
25~49.9
50~99.9
>100

海拔(m)
6000
5000
4000

1:2500万

南海诸岛
比例尺 1:5000万

总降水日数图

D17084Yanting11月28~29日

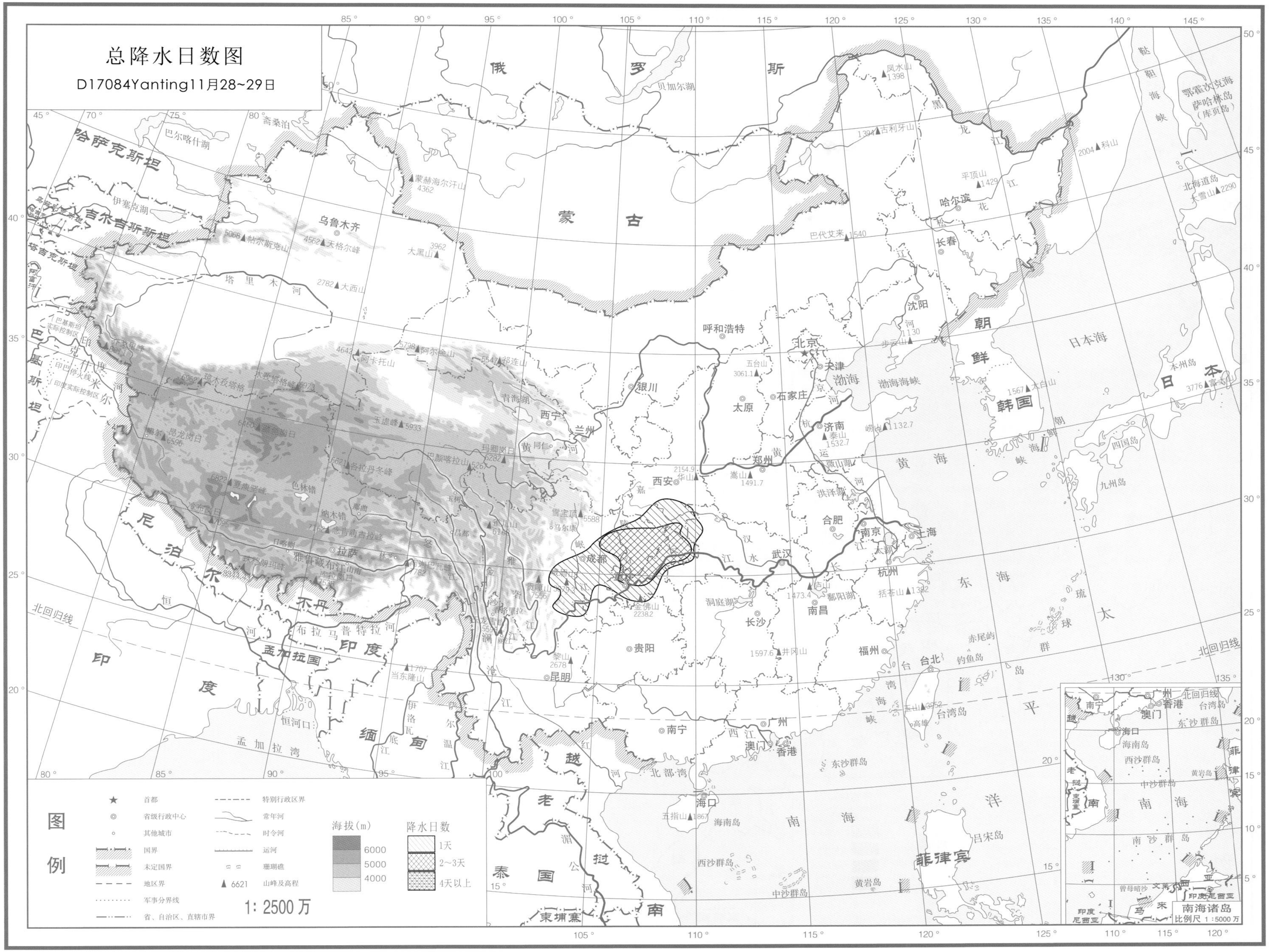

图例

★	首都	------	特别行政区界
◎	省级行政中心		常年河
○	其他城市		时令河
	国界	==	运河
	未定国界		珊瑚礁
	地区界	▲ 6621	山峰及高程
	军事分界线		
	省、自治区、直辖市界		

海拔(m)
6000
5000
4000

降水日数
1天
2~3天
4天以上

1:2500万

南海诸岛
比例尺 1:5000万

201

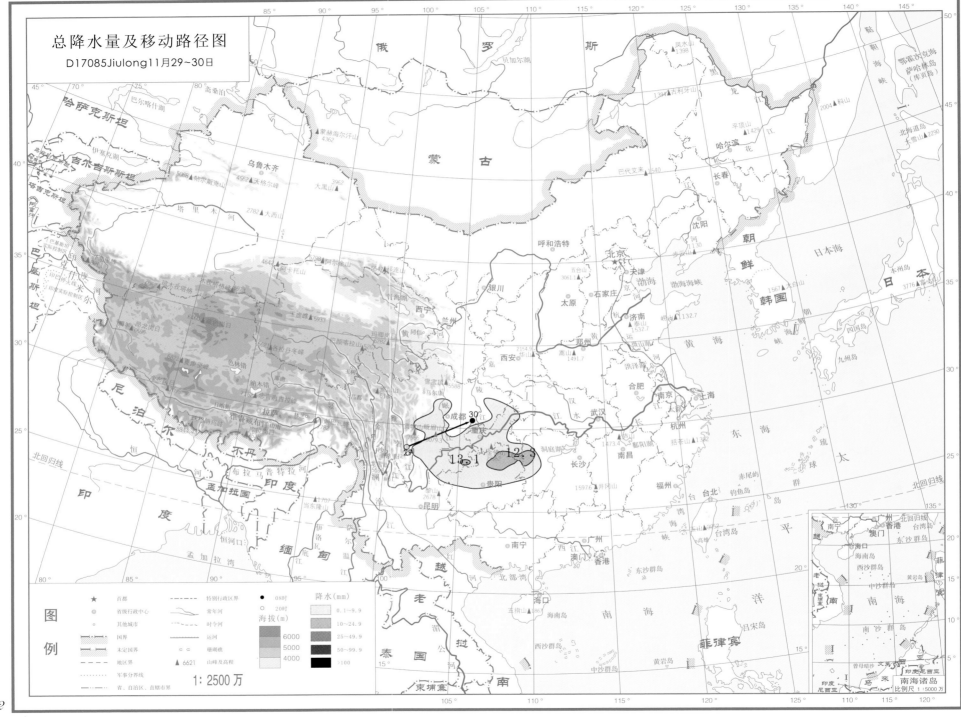

总降水量及移动路径图
D17085Jiulong11月29~30日

总降水日数图

D17085Jiulong11月29~30日

1:2500万

图例

- ★ 首都
- ◎ 省级行政中心
- ○ 其他城市
- 国界
- 未定国界
- 地区界
- 军事分界线
- 省、自治区、直辖市界
- ----- 特别行政区界
- 常年河
- 时令河
- 运河
- 珊瑚礁
- ▲ 6621 山峰及高程

海拔(m)
- 6000
- 5000
- 4000

降水日数
- 1天
- 2~3天
- 4天以上

南海诸岛
比例尺 1:5000万

203

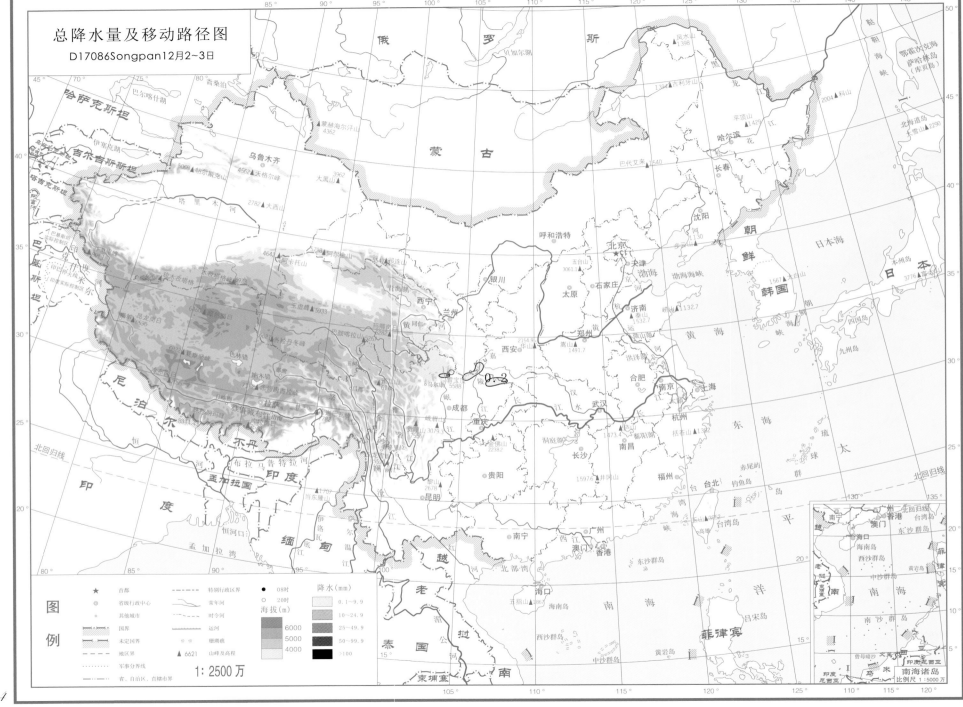

总降水量及移动路径图
D17086Songpan12月2~3日

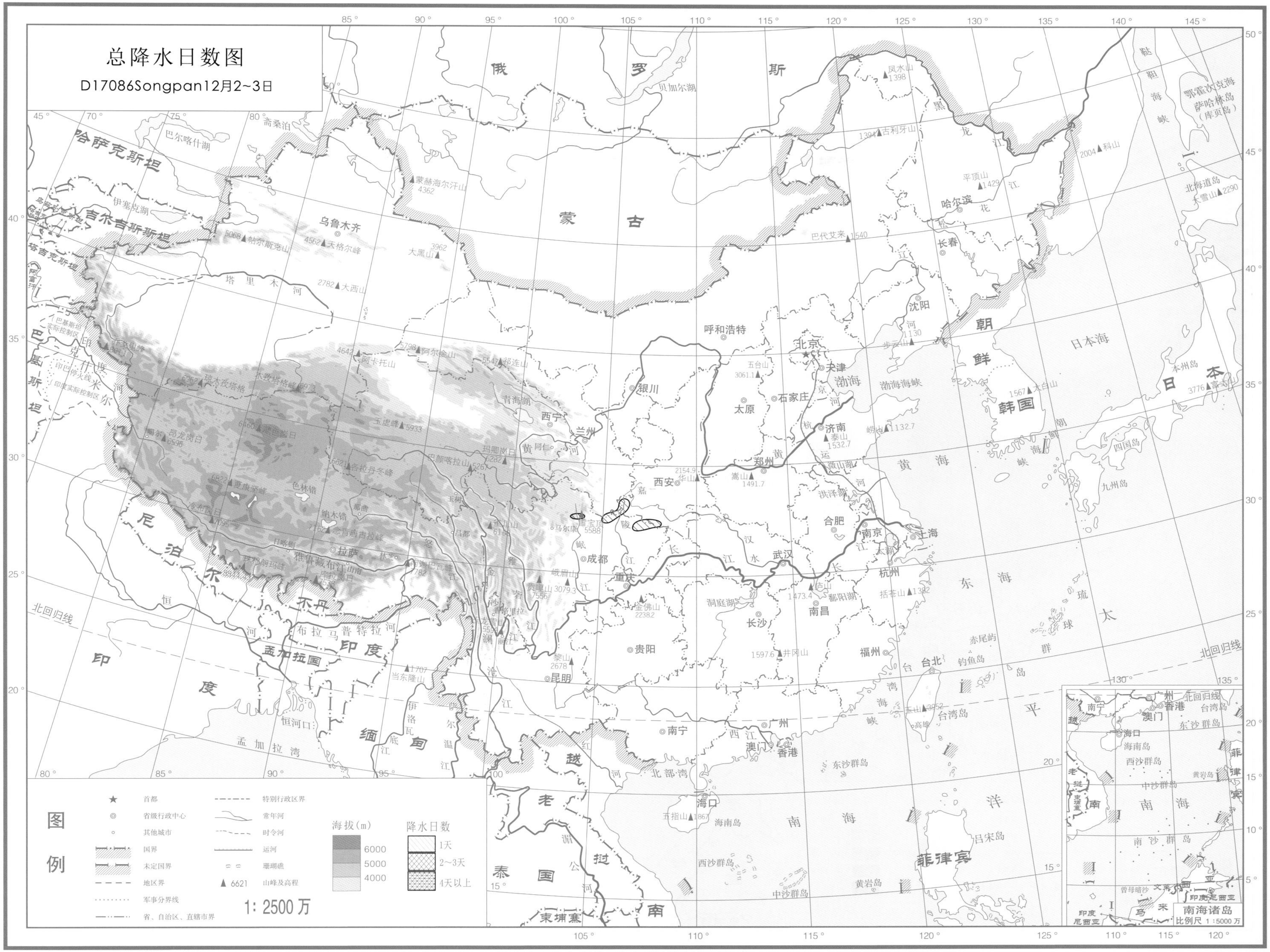

俄 罗 斯

哈萨克斯坦

蒙 古

吉尔吉斯斯坦

塔吉克斯坦

阿富汗

巴基斯坦

印度

尼泊尔

不丹

孟加拉国

缅甸

老挝

越南

泰国

柬埔寨

朝鲜

韩国

日本

乌鲁木齐

呼和浩特

北京

天津

沈阳

长春

哈尔滨

银川

西宁

兰州

太原

石家庄

济南

郑州

西安

成都

重庆

合肥

南京

上海

杭州

武汉

长沙

南昌

贵阳

昆明

福州

台北

南宁

广州

海口

澳门

香港

日本海

黄 海

东 海

太 平 洋

南 海

孟加拉湾

贝加尔湖

巴尔喀什湖

斋桑泊

青海湖

鄱阳湖

洞庭湖

北回归线

北回归线

南海诸岛

南海诸岛
比例尺 1:5000万

205

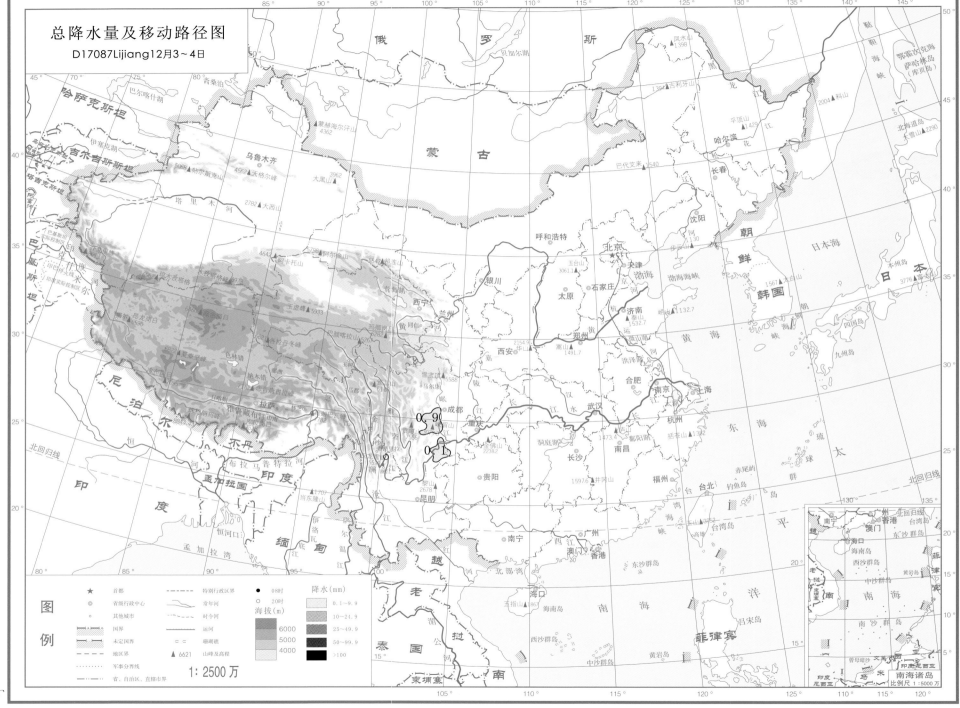

总降水量及移动路径图
D17087Lijiang12月3~4日

总降水日数图

D17087Lijiang12月3~4日

俄 罗 斯

蒙 古

哈萨克斯坦

吉尔吉斯斯坦

塔吉克斯坦

巴基斯坦

印度

尼泊尔

不丹

孟加拉国

缅甸

老挝

泰国

越南

柬埔寨

朝鲜

韩国

日本

贝加尔湖
巴尔喀什湖
斋桑泊
伊塞克湖

乌鲁木齐
蒙赫海尔汗山 4362
朝尔斯套山 4562 ▲天格尔峰
大凤山 3962
塔 里 木 河
2782▲大西山
4643▲阿卡托山
5798▲阿尔金山
祁连山
青海湖
西宁
兰州
银川
五道梁▲5933
玛曲
黄河
同仁
西安
呼和浩特
北京 ★
天津
渤海
沈阳
河 1130
哈尔滨
凤水山 1398
古利牙山 1394
科山 2004
鄂霍次克海
萨哈林岛(库页岛)
北海道岛 长雪山 2290
平顶山 1429
巴代艾来 1540
长春
五台山 3061.1▲
石家庄
太原
济南 泰山 1532.7▲ 崂山 1132.7
郑州 运
黄
合肥
洪泽湖
南京 上海
武汉 水
长江
杭州
括苍山 1382
舟山群岛
本州岛
富士山 3776
日本海
黄海
东海
九州岛
四国岛
琉
球
群
岛
太
平
洋
北回归线

拉萨
雅鲁藏布江
喜马拉雅山
珠穆朗玛峰
色林错
纳木错
念青唐古拉峰
唐古拉山
昆仑山
冈底斯山
雪宝顶 5588
岷山
成都
重庆
金佛山 2238.2
贵阳
昆明
五指山 867
南宁
北部湾
海口
海南岛
南昌 鄱阳湖
洞庭湖
长沙
井冈山 1597.6▲
福州
台北
钓鱼岛
赤尾屿
台湾岛
高雄 3952
广州
香港
澳门
东沙群岛
西沙群岛
中沙群岛
南沙群岛
黄岩岛
曾母暗沙
南 海
菲律宾

北回归线
蒙山 2678
恒河口
孟加拉湾
伊洛瓦底江
怒江
澜沧江
金沙江
元江

图 例

★ 首都	--- 特别行政区界
◎ 省级行政中心	常年河
○ 其他城市	时令河
国界	运河
未定国界	珊瑚礁
地区界	▲ 6621 山峰及高程
军事分界线	
省、自治区、直辖市界	

海拔(m)
6000 5000 4000

降水日数
1天
2~3天
4天以上

1:2500万

南海诸岛
比例尺 1:5000万

207

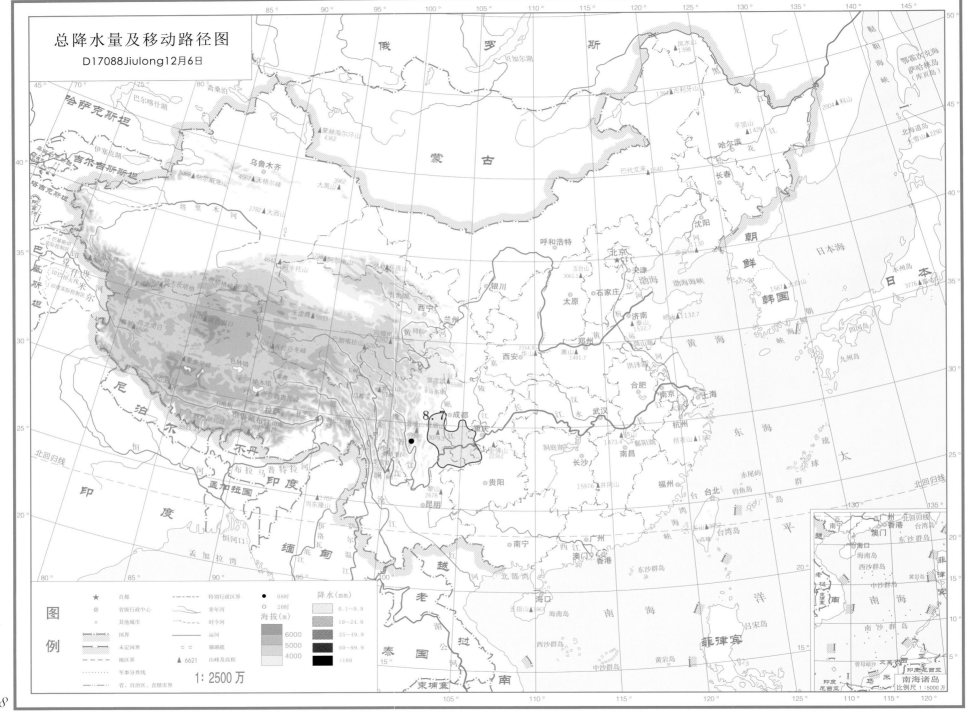

哈萨克斯坦

俄　罗　斯

蒙　古

朝鲜

韩国

日本

尼泊尔

不丹

印度

孟加拉国

缅甸

越南

老挝

泰国

柬埔寨

菲律宾

乌鲁木齐

呼和浩特

北京

天津

沈阳

哈尔滨

长春

银川

太原

石家庄

济南

西宁

兰州

郑州

西安

合肥

南京

上海

杭州

成都

重庆

武汉

长沙

南昌

福州

台北

贵阳

昆明

南宁

海口

广州

澳门

香港

青海湖

洞庭湖

鄱阳湖

黄　海

东　海

日本海

渤海

渤海海峡

南　海

太　平　洋

北回归线

北回归线

拉萨

图例

★ 首都

◎ 省级行政中心

○ 其他城市

国界

未定国界

地区界

军事分界线

特别行政区界

常年河

时令河

运河

珊瑚礁

▲6621 山峰及高程

海拔(m)

6000
5000
4000

降水日数

1天
2～3天
4天以上

1：2500万

南海诸岛

比例尺 1：5000万

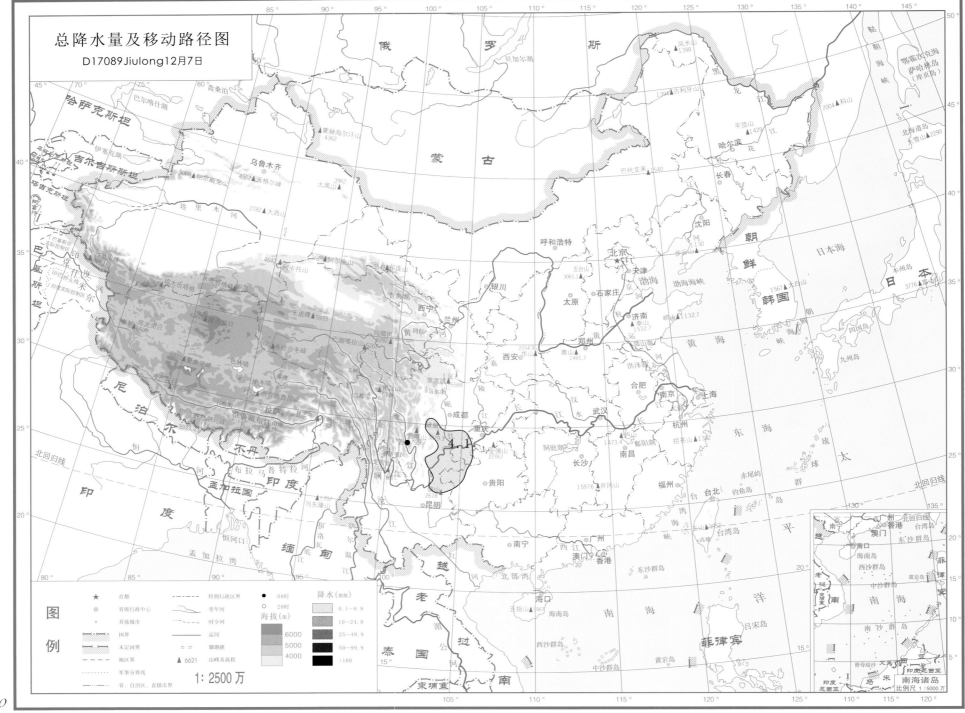

总降水量及移动路径图

D17089Jiulong12月7日

总降水日数图

D17089Jiulong12月7日

图例

★	首都	
◎	省级行政中心	
○	其他城市	
	国界	
	未定国界	
	地区界	
	军事分界线	
	省、自治区、直辖市界	
	特别行政区界	
	常年河	
	时令河	
	运河	
	珊瑚礁	
▲ 6621	山峰及高程	

海拔(m)
6000 5000 4000

降水日数
1天
2~3天
4天以上

1: 2500 万

南海诸岛
比例尺 1: 5000 万

211

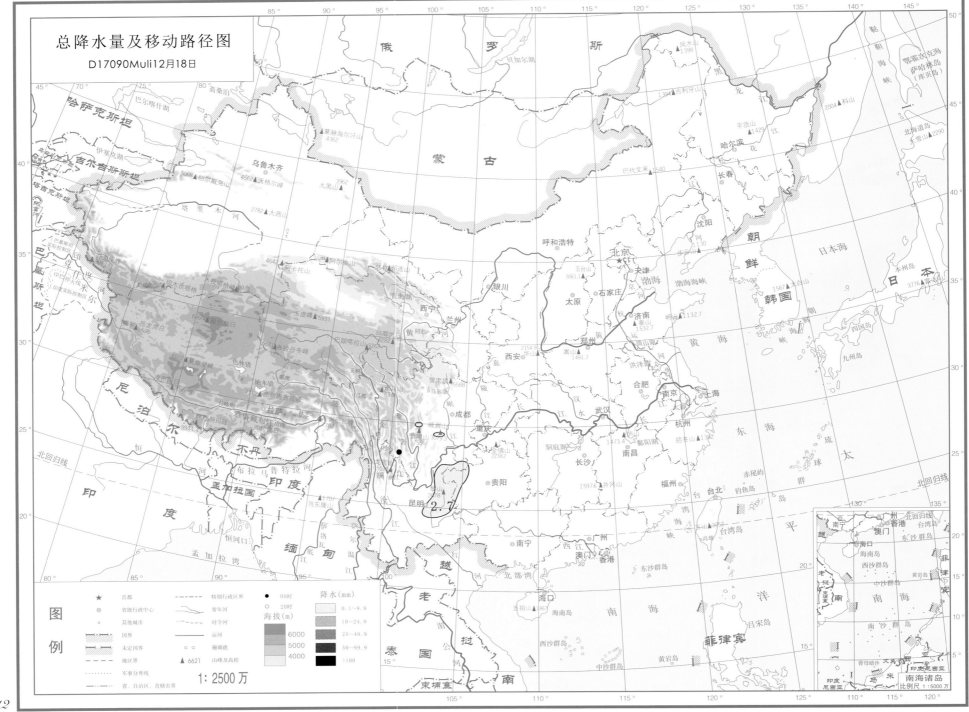

総降水量及移動路径图
D17090Muli12月18日

图例

★ 首都		----- 特别行政区界	● 08时	降水(mm)
◎ 省级行政中心		----- 常年河	○ 20时	0.1~9.9
○ 其他城市		----- 时令河	海拔(m)	10~24.9
—— 国界		----- 运河		25~49.9
---- 未定国界		≈≈≈ 珊瑚礁	6000	50~99.9
---- 地区界		▲ 6621 山峰及高程	5000	>100
····· 军事分界线			4000	
—·— 省、自治区、直辖市界				

1:2500万

南海诸岛
比例尺 1:5000万

总降水日数图

D17090Muli12月18日

哈萨克斯坦　吉尔吉斯斯坦　塔吉克斯坦

俄　罗　斯

蒙　古

贝加尔湖

黑　龙　江

凤水山 1398

鄂霍次克海
萨哈林岛
（库页岛）

巴尔喀什湖

斋桑泊

蒙赫海尔汗山 4362

吉利牙山 1394

科山 2004

北海道岛　雪山▲2290

乌鲁木齐

5066▲帖尔斯克山　4562▲天格尔峰

大黑山 3962

2782▲大西山

塔里木河

巴基斯坦
印巴实际控制区　印巴停火线　印度实际控制区

4643　2798▲阿东金山　5547▲祁连山

哈尔滨

松花江

平顶山 1429

长春

沈阳　辽河　1130▲

巴代艾来 1540

朝　鲜

日　本　海

喀喇昆仑

阿卡托山

青海湖　西宁

呼和浩特

北京★　天津

韩国　本州岛　3776▲富士山

玉虚峰 5933

兰州　黄河

五台山 3061.1▲

银川

太原　石家庄　京杭运河

渤海　渎海海峡

1567▲本白山

日　本

巴颜喀拉峰 5267

黄同仁

西安　2154.9▲　嵩山 1491.7

郑州　黄河

崂山 1132.7

济南　泰山 1532.7

黄　海

四国岛

九州岛

尼泊尔

雅鲁藏布江

拉萨

雪宝顶 5588▲　马尔康

成都　重庆　江

嘉陵江

洪泽湖　合肥

南京　上海

杭州　东　海

琉球群岛

太

布拉马普特拉河

印度

日喀则

峨眉山 3099.3▲　7556

武汉　长江

洞庭湖

1473.4▲　鄱阳湖

括苍山 1382

不丹

金佛山 2382.2

长沙　南昌

孟加拉

1707

当东隆山

昆明　3074.3

贵阳

1597.6▲井冈山

福州　台北　赤尾屿　群岛

钓鱼岛

平

孟加拉湾

恒河口

缅甸

恒河　伊洛瓦底江　怒江　澜沧江

元江

南宁　西江　广州

澳门　香港

东沙群岛

台湾岛

高雄

海口

五指山 1867▲

海南岛

洋

北部湾

南　海

西沙群岛

中沙群岛

黄岩岛

菲　律　宾

吕宋岛

越南

老挝

泰国

柬埔寨

湄公河

图例

★ 首都
◎ 省级行政中心
○ 其他城市

国界
未定国界
地区界
军事分界线
省、自治区、直辖市界

特别行政区界
常年河
时令河
运河
珊瑚礁
▲ 6621 山峰及高程

海拔(m)
6000
5000
4000

降水日数
1天
2~3天
4天以上

1：2500万

南海诸岛　比例尺 1：5000万

213

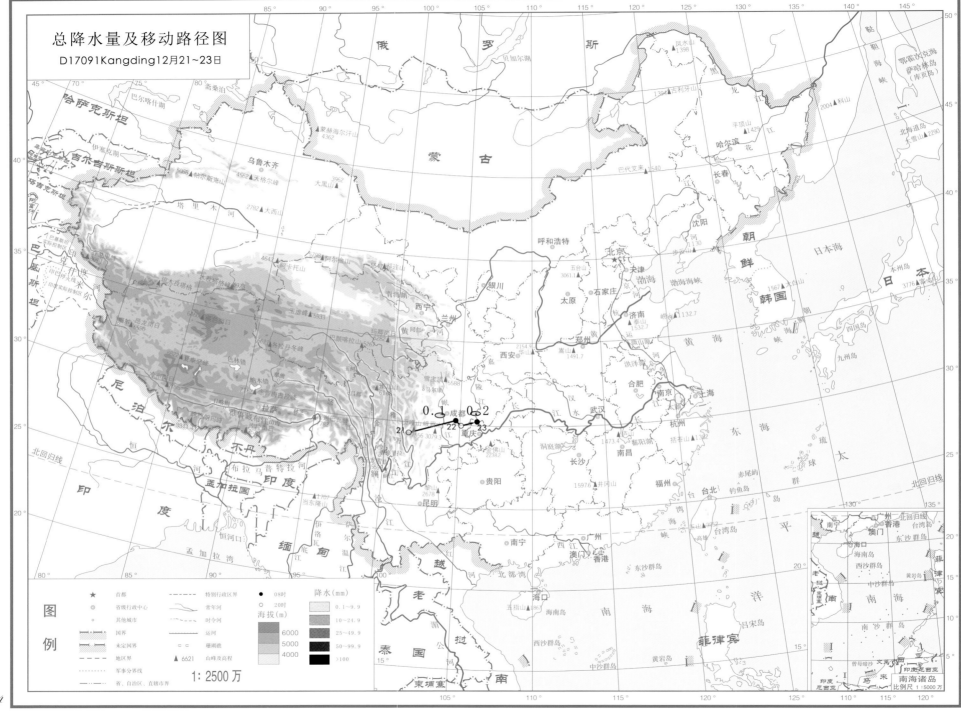

总降水量及移动路径图
D17091Kangding12月21~23日

总降水日数图
D17091Kangding12月21~23日

俄 罗 斯

蒙 古

哈萨克斯坦

吉尔吉斯斯坦

塔吉克斯坦

巴基斯坦

印 度

尼 泊 尔 不 丹

孟加拉国

缅 甸

老 挝

越 南

泰 国

柬埔寨

朝 鲜

韩 国

日 本

菲 律 宾

斋桑泊
巴尔喀什湖
伊塞克湖
贝加尔湖
黑龙江

乌鲁木齐
帕米尔 5668
天格尔峰 4562
大黑山 3962
蒙赫海尔汗山 4362
大西山 2782
塔 里 木 河
阿卡托山 4643
木孜塔格峰 6973
阿尔格山 5798
祁连山 5547
青海湖
西宁
兰州
黄 河
玛积雪山
乔戈里峰 8611
冈仁波齐峰
念青唐古拉峰
安格玛卿山
巴颜喀拉山 5267
玉龙峰 5933
雀儿山 6168
贡嘎山 7556
拉萨
雅鲁藏布江
纳木错
色林错
当惹雍错
珠穆朗玛峰
希夏邦马峰
恒 河
布拉马普特拉河
伊洛瓦底江
恒河口
孟加拉湾
萨尔温江
怒 江
澜 沧 江
金 沙 江
昆明
五指山 1867
海南岛
海口
南宁
贵阳
黎母山 2678
当隆山 1707
梅 公 河

呼和浩特
银川
北京
天津
太原
石家庄
五台山 3061.1
海 河
渤海
渤海海峡
沈阳
辽河
哈尔滨
松花江
长春
平顶山 1429
凤凰山 1398
巴代艾来 1540
科山 2004
鄂霍次克海
萨哈林岛（库页岛）
北海道岛 2290
本州岛
富士山 3776
四国岛
九州岛
日本海
黄 海
东 海
琉 球 群 岛
太 平 洋
韩 国
步云山 1130
千山 1167
西安
华山
嵩山 1491.7
郑州
嵩山 1440
雪宝顶 5588
马尔康
成都
峨眉山 3079.3
重庆
长 江
嘉 陵 江
汉 水
武汉
长沙
南昌
1473.4
洪泽湖
鄱阳湖
括苍山 1382
泰山 1532.7
济南
运河
合肥
南京
上海
杭州
福州
台北
台湾岛
玉山 3952
台 湾 海 峡
井冈山 1597.6
金佛山 2238.2
广州
澳门
香港
东沙群岛
钓鱼岛
赤尾屿
西 江
北部湾
南 海

图例
★ 首都
◎ 省级行政中心
○ 其他城市
国界
未定国界
地区界
军事分界线
省、自治区、直辖市界
特别行政区界
常年河
时令河
运河
珊瑚礁
▲6621 山峰及高程

海拔(m)
6000
5000
4000

降水日数
1天
2~3天
4天以上

北回归线

1：2500万

南海诸岛 比例尺 1：5000万
南宁
北回归线
广州
澳门
香港
海口
海南岛
西沙群岛
东沙群岛
中沙群岛
南沙群岛
曾母暗沙
黄岩岛
越 南
老 挝
菲 律 宾
印度尼西亚
文 莱
马 来 西 亚

215

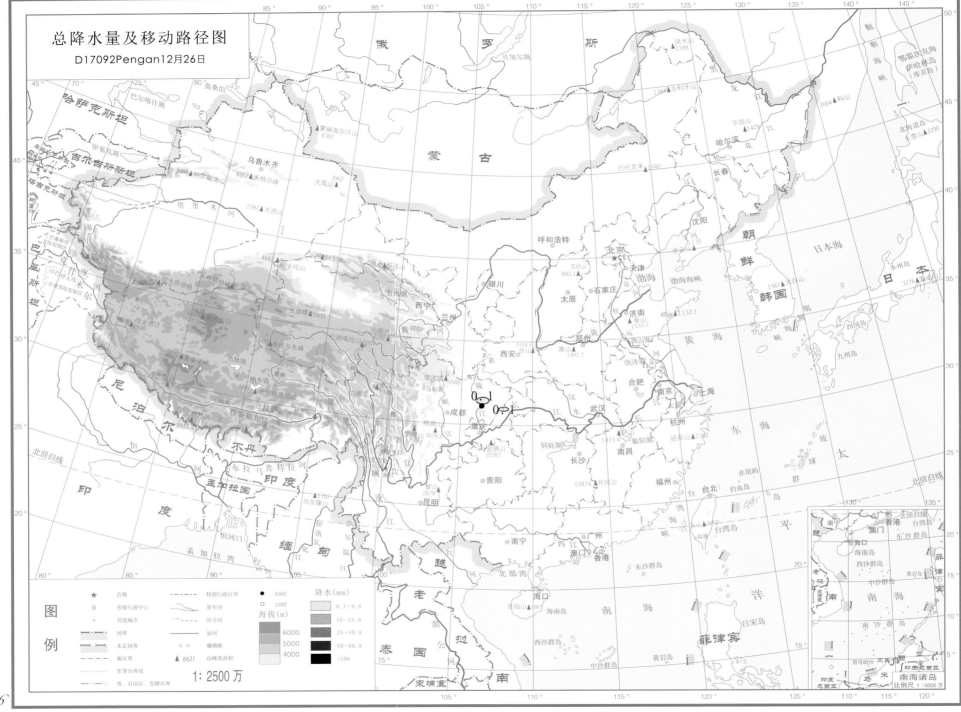

总降水量及移动路径图

D17092Pengan 12月26日

俄　罗　斯

贝加尔湖

哈萨克斯坦

巴尔喀什湖

伊塞克湖

吉尔吉斯斯坦

蒙　古

斋桑泊

蒙赫海尔汗山 4362

塔吉克斯坦

乌鲁木齐

帕米尔高原 5069　天格尔峰 4562

大黑山 3962

巴基斯坦

巴控克什米尔地区
实际控制区

塔里木河

2782 大西山

凤凰山 1398

古利牙山 1394

科山 2004

北海道岛　雪山 2290

哈尔滨

平顶山 1429

巴代艾来 1540

长春

沈阳
1130

朝
鲜

日本海

本州岛　3776富士山

印巴停火线

印度实际控制区

4643

5798 阿尔格山

阿卡托山

祁连山

青海湖

西宁

呼和浩特

北京
★　天津

渤海

韩国

白山 1567

日
本

古格若昂日

玉度峰 5933

兰州

黄河

银川

太原

石家庄

渤海海峡

五台山 3061.1

海
峡

四国岛

长喀喇拉山 6397

6860

玛瑶岗日

黄河

西安

华山 2154.9

嵩山 1491.7

郑州

济南

泰山 1532.7

崂山 1132.7

黄　海

九州岛

印　度

尼　泊　尔

不　丹

色林错

纳木错

拉萨　林芝

雅鲁藏布江

雪宝顶 5588

马尔康

岷江

峨眉山 3079.3

成都

重庆

嘉陵江

长

江

水

武汉

汉

洪泽湖

合肥

南京

上海

杭州

东　海

琉

球

群

太

孟加拉国

布拉马普特拉河

当东隆山 1707

恒河口

缅　甸

伊洛瓦底江

怒江

澜沧江

昆明

贵阳

金佛山 2238.2

黎山 2678

红河

越

南

北回归线

北部湾

洞庭湖

南昌

鄱阳湖

九山 1473.4

井冈山 1597.6

长沙

杏山 1382

福州

台台北

赤尾屿

钓鱼岛

岛

台湾岛　高雄 3952

海
峡

平

洋

北回归线

老

挝

泰　国

柬　埔　寨

广州

西江

南宁

澳门　香港

东沙群岛

海南岛

海口

五指山 1867

西沙群岛

南　海

中沙群岛

黄岩岛

南沙群岛

菲　律　宾

217

鄂霍次克海
萨哈林岛
(库页岛)

哈萨克斯坦

瑶母暗沙

印度尼西亚

乌

亚

南海诸岛
比例尺 1：5000万

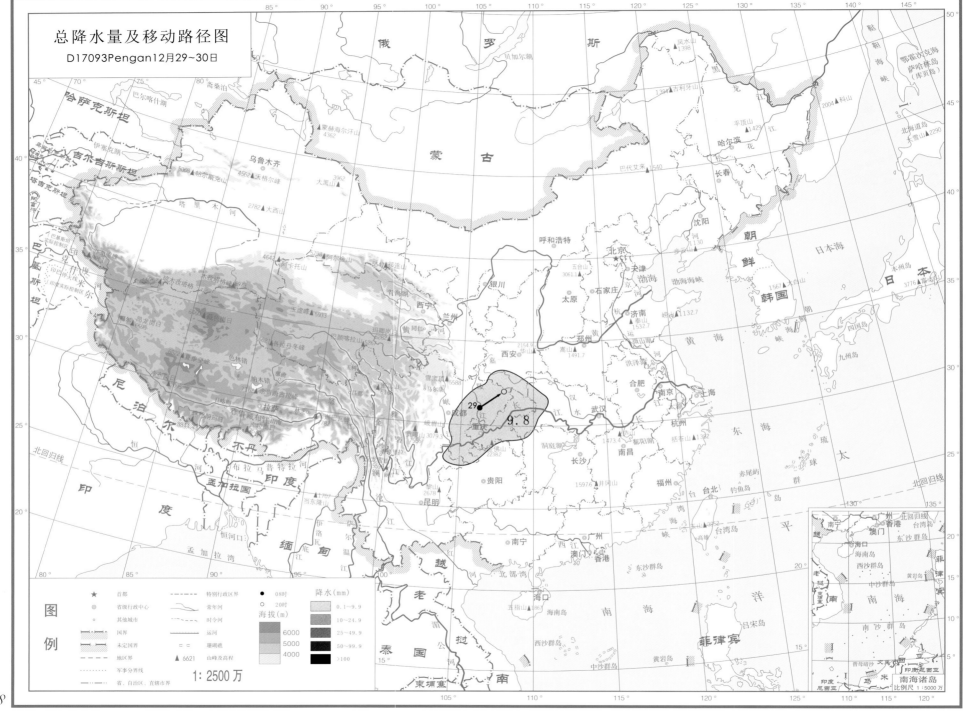

总降水量及移动路径图
D17093Pengan12月29~30日

总降水日数图
D17093Pengan12月29~30日

图例

★ 首都
◎ 省级行政中心
○ 其他城市
国界
未定国界
地区界
军事分界线
省、自治区、直辖市界
特别行政区界
常年河
时令河
运河
珊瑚礁
▲ 6621 山峰及高程

海拔(m)
6000
5000
4000

降水日数
1天
2~3天
4天以上

1:2500万

南海诸岛
比例尺 1:5000万

2017年西南低涡中心位置资料表

月	日	时	东经/(°)	北纬/(°)	位势高度/位势什米	月	日	时	东经/(°)	北纬/(°)	位势高度/位势什米	月	日	时	东经/(°)	北纬/(°)	位势高度/位势什米
① 1月5日						⑤ 2月8日						⑨ 2月20~23日					
（D17001）西充，Xichong						（D17005）盐源，Yanyuan						（D17009）丹棱，Danling					
1	5	08	105.97	31.10	306	2	8	08	101.06	27.47	308	2	20	20	103.37	30.04	297
		20	105.85	30.98	306	消失							21	08	105.18	31.06	298
消失						⑥ 2月9~11日								20	104.05	29.98	303
② 1月15~16日						（D17006）乡城，Xiangcheng							22	08	106.63	31.54	303
（D17002）茂县，Maoxian						2	9	08	99.91	29.16	306			20	106.07	30.28	304
1	15	20	103.61	32.09	304			20	101.30	29.46	295		23	08	109.23	31.54	306
	16	08	105.70	31.43	303		10	08	102.17	27.10	307	消失					
消失								20	102.43	27.15	306	⑩ 2月26~27日					
③ 1月31日							11	08	108.87	29.02	310	（D17010）得容，Derong					
（D17003）雅江，Yajiang						消失						2	26	08	99.26	28.66	304
1	31	20	101.35	30.08	302	⑦ 2月16~17日								20	101.51	27.54	307
消失						（D17007）茂县，Maoxian							27	08	105.07	29.94	309
④ 2月7日						2	16	20	103.66	31.64	307			20	105.78	30.93	307
（D17004）蓬溪，Pengxi							17	08	105.48	31.10	310	消失					
2	7	08	105.50	30.65	302			20	105.91	31.17	312	⑪ 2月27日					
		20	108.21	32.03	303	消失						（D17011）九龙，Jiulong					
						⑧ 2月17日						2	27	20	101.31	28.89	307
						（D17008）木里，Muli											
						2	17	08	101.24	28.52	311	消失					
消失						消失											

2017年西南低涡中心位置资料表（续-1）

月	日	时	中心位置 东经/(°)	中心位置 北纬/(°)	位势高度/位势什米	月	日	时	中心位置 东经/(°)	中心位置 北纬/(°)	位势高度/位势什米	月	日	时	中心位置 东经/(°)	中心位置 北纬/(°)	位势高度/位势什米
⑫ 3月1日 （D17012）中甸，Zhongdian						⑯ 3月7~8日 （D17016）乡城，Xiangcheng						⑳ 3月23~24日 （D17020）仁寿，Renshou					
3	1	08	99.85	28.43	311	3	7	08	99.75	29.03	304	3	23	20	104.34	29.89	304
消失								20	101.30	28.72	302		24	08	105.99	30.85	306
⑬ 3月3~4日 （D17013）盐亭，Yanting							8	08	101.58	27.44	307	消失					
3	3	20	105.51	31.12	299	消失						㉑ 3月26~27日 （D17021）九龙，Jiulong					
	4	08	105.69	31.47	300	⑰ 3月13日 （D17017）宣汉，Xuanhan						3	26	20	101.18	29.14	305
消失						3	13	08	107.98	31.63	301		27	08	101.23	29.19	311
⑭ 3月5日 （D17014）邻水，Linshui						消失						消失					
3	5	08	107.11	30.37	303	⑱ 3月17日 （D17018）巴中，Bazhong						㉒ 3月28~30日 （D17022）九龙，Jiulong					
		20	107.42	30.42	305	3	17	08	106.45	31.94	303	3	28	20	101.16	29.15	304
消失						消失							29	08	101.54	29.21	308
⑮ 3月5~7日 （D17015）雅江，Yajiang						⑲ 3月20日 （D17019）泸定，Luding								20	105.14	31.57	307
3	5	20	101.00	29.15	299	3	20	08	102.13	30.03	308		30	08	108.86	31.80	308
	6	08	100.94	29.41	302	消失						消失					
		20	103.21	29.86	304							㉓ 4月4日 （D17023）康定，Kangding					
	7	08	106.38	30.15	306							4	4	20	101.57	30.26	304
		20	106.55	30.38	305							消失					
消失																	

2017年西南低涡中心位置资料表（续-2）

月	日	时	中心位置 东经/(°)	北纬/(°)	位势高度/位势什米	月	日	时	中心位置 东经/(°)	北纬/(°)	位势高度/位势什米	月	日	时	中心位置 东经/(°)	北纬/(°)	位势高度/位势什米
㉔ 4月6日 （D17024）松潘，Songpan						㉘ 4月15~16日 （D17028）平武，Pingwu						㉛ 4月24~25日 （D17031）九龙，Jiulong					
4	6	20	103.52	32.82	301	4	15	08	104.16	32.82	308	4	24	20	101.20	29.16	300
消失								20	106.15	33.23	308		25	08	101.02	28.46	306
㉕ 4月7~10日 （D17025）梓潼，Zitong							16	08	106.30	31.94	307			20	101.66	28.67	305
4	7	20	105.12	31.89	303	消失						消失					
	8	08	105.91	30.93	306	㉙ 4月19~20日 （D17029）康定，Kangding						㉜ 4月26日 （D17032）叙永，Xuyong					
		20	106.04	31.33	304	4	19	20	101.32	29.25	299	4	26	08	105.74	29.69	310
	9	08	107.17	32.19	304		20	08	101.44	29.26	306			20	106.29	30.45	311
		20	107.17	32.16	303			20	101.90	29.12	299	消失					
	10	08	107.55	32.04	302	消失						㉝ 4月27~28日 （D17033）丽江，Lijiang					
消失						㉚ 4月24~26日 （D17030）遂宁，Suining						4	27	20	100.41	27.63	305
㉖ 4月11日 （D17026）蓬安，Pengan						4	24	20	105.17	30.43	305		28	08	101.54	27.14	309
4	11	08	106.33	31.00	305		25	08	107.01	30.29	306			20	101.53	27.47	311
消失								20	113.84	31.29	307	消失					
㉗ 4月11~12日 （D17027）九龙，Jiulong							26	08	121.32	30.87	309	㉞ 4月30日 （D17034）松潘，Songpan					
4	11	20	101.52	28.50	306	消失						4	30	08	103.67	32.92	307
	12	08	102.37	26.99	310							消失					
消失																	

2017年西南低涡中心位置资料表（续-3）

月	日	时	中心位置 东经/(°)	中心位置 北纬/(°)	位势高度/位势什米	月	日	时	中心位置 东经/(°)	中心位置 北纬/(°)	位势高度/位势什米	月	日	时	中心位置 东经/(°)	中心位置 北纬/(°)	位势高度/位势什米
㉟ 5月3日 （D17035）广安，Guangan						㊵ 5月14日 （D17040）剑川，Jianchuan						㊹ 6月1~3日 （D17044）盐源，Yanyuan					
5	3	08	106.71	30.67	305	5	14	20	99.68	26.53	310	6	1	20	101.64	27.54	307
消失						消失							2	08	100.87	29.58	306
㊱ 5月5~6日 （D17036）石棉，Shimian						㊶ 5月22日 （D17041）木里，Muli								20	105.69	30.11	306
5	5	08	102.32	29.09	309	5	22	20	100.70	28.45	308		3	08	104.97	29.80	307
		20	105.60	30.07	313	消失						消失					
	6	08	107.21	32.11	313	㊷ 5月23~25日 （D17042）丽江，Lijiang						㊺ 6月3~5日 （D17045）康定，Kangding					
消失						5	23	20	99.75	27.13	310	6	3	20	101.13	29.26	303
㊲ 5月6日 （D17037）石棉，Shimian							24	08	100.37	27.73	311		4	08	106.20	31.43	304
5	6	20	102.41	29.16	311			20	101.26	27.33	310			20	107.35	31.99	304
消失							25	08	101.80	24.06	313		5	08	109.17	34.03	304
㊳ 5月11日 （D17038）仪陇，Yilong						消失						消失					
5	11	08	106.49	31.42	308	㊸ 5月31日 （D17043）平昌，Pingchang						㊻ 6月5~6日 （D17046）盐源，Yanyuan					
消失						5	31	20	106.86	31.51	305	6	5	20	101.66	27.42	308
㊴ 5月14日 （D17039）潼南，Tongnan													6	08	100.78	25.00	312
5	14	08	105.75	30.01	310	消失						消失					
消失																	

2017年西南低涡中心位置资料表（续-4）

月	日	时	中心位置		位势高度/位势什米
			东经/(°)	北纬/(°)	
㊼6月8日（D17047）康定，Kangding					
6	8	08	101.02	29.34	309
消失					
㊽6月9日（D17048）九龙，Jiulong					
6	9	20	101.62	29.28	302
消失					
㊾6月12~13日（D17049）岳池，Yuechi					
6	12	08	106.51	30.45	309
		20	107.99	29.75	310
	13	08	108.82	31.34	310
消失					
㊿6月15日（D17050）盐源，Yanyuan					
6	15	08	101.41	27.51	310
		20	100.64	27.72	308
消失					
(51)6月17~18日（D17051）木里，Muli					
6	17	20	100.48	28.19	306
	18	08	101.22	27.43	304
		20	101.23	27.73	305
	19	08	102.62	26.68	308
消失					
(52)6月17~20日（D17052）安岳，Anyue					
6	17	20	105.45	29.92	308
	18	08	105.59	29.92	309
		20	105.46	29.08	308
	19	08	105.89	29.10	309
		20	107.38	28.65	308
	20	08	106.67	27.73	308
消失					
(53)6月22日（D17053）九龙，Jiulong					
6	22	08	101.71	28.76	308
		20	105.45	28.98	308
消失					
(54)6月23~25日（D17054）雅江，Yajiang					
6	23	08	101.04	30.41	308
		20	101.34	29.06	307
	24	08	101.15	27.34	307
		20	101.05	27.55	307
	25	08	102.41	27.12	309
消失					
(55)6月23~24日（D17055）广安，Guangan					
6	23	20	106.61	30.52	307
	24	08	107.89	28.32	308
消失					
(56)6月29日（D17056）九龙，Jiulong					
6	29	08	101.32	29.07	309
		20	101.30	27.42	308
消失					

2017年西南低涡中心位置资料表（续-5）

月	日	时	中心位置		位势高度 / 位势什米	月	日	时	中心位置		位势高度 / 位势什米	月	日	时	中心位置		位势高度 / 位势什米
			东经/(°)	北纬/(°)					东经/(°)	北纬/(°)					东经/(°)	北纬/(°)	

月	日	时	东经/(°)	北纬/(°)	位势	月	日	时	东经/(°)	北纬/(°)	位势	月	日	时	东经/(°)	北纬/(°)	位势
㊗57 7月6~7日 （D17057）九龙，Jiulong						㊙59 7月19~21日 （D17059）安岳，Anyue						㊛63 8月12日 （D17063）九龙，Jiulong					
7	6	08	101.38	28.72	308	7	19	08	105.16	29.92	311	8	12	08	101.34	28.77	309
		20	101.16	27.67	305			20	105.52	28.57	309			20	105.89	30.82	308
	7	08	100.98	27.30	309		20	08	103.33	27.30	310	消失					
消失								20	100.85	25.47	310	㊜64 8月13日 （D17064）九龙，Jiulong					
㊘58 7月6~9日 （D17058）平昌，Pingchang							21	08	100.38	24.85	312	8	13	20	101.29	29.07	309
7	6	08	107.16	31.81	308	消失						消失					
		20	105.77	30.71	308	㊝60 8月1日 （D17060）木里，Muli						㊞65 9月1~3日 （D17065）仪陇，Yilong					
	7	08	109.13	31.50	309	8	1	08	100.86	28.81	308	9	1	20	106.39	31.65	309
		20	107.08	29.16	310			20	99.52	27.46	302		2	08	106.98	31.83	309
	8	08	108.91	31.66	310	消失								20	106.48	30.61	309
		20	108.52	31.01	309	㊟61 8月10日 （D17061）中甸，Zhongdian							3	08	106.59	32.01	310
	9	08	110.38	31.15	308	8	10	20	99.73	28.12	308			20	106.55	32.16	310
						消失						消失					
消失						㊠62 8月11~12日 （D17062）资阳，Ziyang						㊡66 9月3日 （D17066）木里，Muli					
						8	11	20	105.00	30.14	307	9	3	08	100.80	28.36	308
							12	08	109.12	31.45	308	消失					
						消失											

225

2017年西南低涡中心位置资料表（续-6）

月	日	时	中心位置 东经/(°)	中心位置 北纬/(°)	位势高度/位势什米
67 9月4日（D17067）松潘，Songpan					
9	4	08	103.43	32.35	309
消失					
68 9月5日（D17068）西充，Xichong					
9	5	08	105.95	31.15	312
		20	107.62	32.06	311
消失					
69 9月9日（D17069）木里，Muli					
9	9	20	101.21	28.66	309
消失					

月	日	时	中心位置 东经/(°)	中心位置 北纬/(°)	位势高度/位势什米
70 9月17~20日（D17070）江油，Jiangyou					
9	17	20	104.76	31.74	313
	18	08	107.29	31.73	312
		20	106.59	31.50	311
	19	08	106.31	31.66	311
		20	108.04	31.78	312
	20	08	116.59	31.62	312
消失					
71 9月18~19日（D17071）九龙，Jiulong					
9	18	08	101.67	29.18	308
	19	08	99.62	29.68	311
		20	100.91	28.26	311
消失					

月	日	时	中心位置 东经/(°)	中心位置 北纬/(°)	位势高度/位势什米
72 10月1~4日（D17072）九龙，Jiulong					
10	1	08	101.23	29.00	312
		20	101.21	28.60	310
	2	08	106.06	31.45	313
		20	106.17	32.05	313
	3	08	106.00	31.82	314
		20	106.43	32.13	314
	4	08	107.72	32.20	314
消失					
73 10月6日（D17073）松潘，Songpan					
10	6	20	103.89	32.81	308
消失					
74 10月14日（D17074）广安，Guangan					
10	14	08	106.99	30.57	311
消失					
75 10月15日（D17075）丽江，Lijiang					
10	15	08	99.67	27.08	312
消失					

2017年西南低涡中心位置资料表（续-7）

月	日	时	中心位置 东经/(°)	中心位置 北纬/(°)	位势高度 / 位势什米	月	日	时	中心位置 东经/(°)	中心位置 北纬/(°)	位势高度 / 位势什米	月	日	时	中心位置 东经/(°)	中心位置 北纬/(°)	位势高度 / 位势什米
⑦⑥ 10月15日（D17076）广安，Guangan						⑧⑩ 11月10日（D17080）剑阁，Jiange						⑧⑤ 11月29~30日（D17085）九龙，Jiulong					
10	15	08	106.97	30.52	313	11	10	08	105.48	31.90	312	11	29	20	101.49	28.76	306
		20	108.56	31.57	314	消失							30	08	105.86	30.57	311
消失						⑧① 11月15日（D17081）九寨沟，Jiuzhaigou						消失					
⑦⑦ 10月21日（D17077）会理，Huili						11	15	20	103.90	32.95	307	⑧⑥ 12月2日（D17086）松潘，Songpan					
10	21	20	102.27	27.03	311	消失						12	2	20	103.90	32.82	307
消失						⑧② 11月22日（D17082）蓬安，Pengan						消失					
⑦⑧ 10月22~23日（D17078）南充，Nanchong						11	22	08	106.57	30.95	309	⑧⑦ 12月3日（D17087）丽江，Lijiang					
10	22	08	106.05	30.91	312			20	105.31	30.09	310	12	3	20	100.37	27.67	307
		20	105.71	30.95	312	消失						消失					
	23	08	107.26	30.77	312	⑧③ 11月25日（D17083）资阳，Ziyang						⑧⑧ 12月6日（D17088）九龙，Jiulong					
消失						11	25	08	104.69	30.13	310	12	6	08	101.63	29.00	305
⑦⑨ 11月1日（D17079）巴中，Bazhong						消失						消失					
11	1	08	106.78	31.93	312	⑧④ 11月28日（D17084）盐亭，Yanting						⑧⑨ 12月7日（D17089）九龙，Jiulong					
消失						11	28	08	105.59	31.27	308	12	7	08	101.38	28.94	307
								20	105.87	30.94	308	消失					
						消失											

2017年西南低涡中心位置资料表（续-8）

月	日	时	中心位置 东经/(°)	中心位置 北纬/(°)	位势高度 /位势什米	月	日	时	中心位置 东经/(°)	中心位置 北纬/(°)	位势高度 /位势什米	月	日	时	中心位置 东经/(°)	中心位置 北纬/(°)	位势高度 /位势什米
⑩ 12月18日 （D17090）木里，Muli						㉑ 12月21~23日 （D17091）康定，Kangding						㉒ 12月26日 （D17092）蓬安，Pengan					
12	18	08	100.70	28.34	311	12	21	20	101.56	29.49	308	12	26	08	106.45	31.24	310
							22	08	104.78	30.37	306	消失					
								20	105.13	30.11	307	㉓ 12月29日 （D17093）蓬安，Pengan					
消失							23	08	106.18	30.40	308	12	29	08	106.30	31.16	310
						消失								20	107.90	32.15	311
												消失